Raspberry Pi
×
Python
×
Prolog

虛實整合的AI人工智慧專案開發實戰

Beginning Artificial Intelligence with the Raspberry Pi

本書謹獻給我的好友與同事 Lundy Lewis 博士。Lewis 博士與我任教於新罕布夏州曼徹斯特市的南新罕布夏大學（Southern New Hampshire University）的資訊科技與電腦科學學系。

Lundy 在人工智慧與機器人領域都是知名專家，經常受邀在國際研討會或各大學演講。在 AI 的領域中，他對我不僅是良師益友，更是專業顧問。

Beginning Artificial Intelligence with the Raspberry Pi
by Donald J. Norris, ISBN: 978-1-4842-2742-8
Original English language edition published by Apress Media.

目錄

本書作者 ix

技術審閱 x

譯者序 xi

前言 xii

CHAPTER 1　人工智慧簡介

AI 的歷史起源 1

智慧 8

強 AI vs. 弱 AI，廣 AI vs. 狹 AI 10

推理 11

AI 的種類 12

AI 與大數據 15

總結 17

CHAPTER 2　AI 基本觀念

布林代數 19

　　額外的布林定律 21

推論 22

專家系統 23

　　衝突解決 24

　　反向鏈結 26

Raspberry Pi 設定 26

認識 SWI Prolog 27

在 Raspberry Pi 上安裝 Prolog 28

基礎 Prolog 範例 29

認識模糊邏輯 31

　　　模糊邏輯範例 31

　　　解模糊化 33

解決問題 34

　　　廣先搜尋 35

　　　深度優先搜尋 35

　　　深度限制搜尋 36

　　　雙向搜尋 36

　　　其他解決問題範例 36

機器學習 37

　　　預測 38

　　　分類 39

　　　進一步的分類法 42

神經網路 45

淺層學習 vs. 深度學習 51

演化運算 52

　　　基因演算法 52

總結 54

CHAPTER 3　專家系統範例

範例 3-1：Office 資料庫 56

範例 3-2：分辨動物 63

範例 3-3：tic-tac-toe 68

範例 3-4：感冒或流感診斷 74

範例 3-5：搭配 GPIO 腳位控制的專家系統 77

　　　安裝 PySWIP 77

　　　硬體設置 79

　　　Rpi.GPIO 設定 80

　　　可控制 LED 的專家系統 82

總結 83

CHAPTER 4　遊戲

範例 4-1：剪刀石頭布 86

　　　剪刀石頭布遊戲加裝開關與 LED 91

　　　中斷 96

範例 4-2：Nim（拈） 99

　　　安裝 LCD 與開關的 Nim 遊戲 105

　　　LCD 螢幕 109

　　　載入 Adafruit LCD 函式庫 110

　　　測試 LCD 113

　　　automated_nim.py 114

總結 121

CHAPTER 5　模糊邏輯系統

零件清單 123

軟體安裝 124

基礎 FLS 125

初始化：定義語意變數與詞彙 126

範例 5-1：使用 FL 來計算小費 126

初始化：建構隸屬函數 127

　　　隸屬函數視覺化 130

初始化：建立規則集 131

推論：根據規則集來評估模糊集 132

集成：評估各規則後組成結果 136

解模糊化：將模糊集轉換為明確的輸出值 136

範例 5-2：tipping.py 程式修改版 144

範例 5-3：FLS 冷熱控制系統 146

　　　模糊化 149

　　　推論 150

　　　Aggregation 151

　　　解模糊化 151

　　　測試控制程式 154

範例 5-4：HVAC 程式修改版 156

總結 158

CHAPTER 6　機器學習

零件清單 159

範例 6-1：選擇顏色 160

　　演算法 161

　　輪盤演算法 163

範例 6-2：全自動機器人 166

　　自動化演算法 167

　　測試 175

　　其他學習方法 175

範例 6-3：考慮到能量消耗的適應性學習 180

　　測試 185

總結 186

CHAPTER 7　類神經網路

零件清單 187

Hopfield 網路 188

範例 7-1：數字圖形辨識範例 196

範例 7-2：運用 ANN 的自動機器小車 203

範例 7-3：可避障的機器小車 Python 腳本 206

　　測試 212

範例 7-4：追光機器人 212

　　未知因素 215

　　腦繪測 216

　　光感測器 218

　　可尋找目標之機器小車 Python 腳本 220

　　測試執行 225

　　閃避障礙物與追尋光源 226

總結 227

CHAPTER 8　機器學習：深度學習

廣義 ANN 230

　　較大的 ANN 235

三層 ANN 的後向傳播 239

更新權重矩陣 242

應用梯度下降法於 ANN 250

用於判斷權重變化的矩陣乘法 254

逐步範例 255

ANN 學習會碰到的問題 256

初始權重選擇 257

範例 8-1：ANN Python 腳本 259

初始化 259

測試執行 262

範例 8-2：訓練 ANN 263

測試執行 266

總結 268

CHAPTER 9　機器學習：ANN 實務示範

零件清單 270

範例 9-1：MNIST 資料集 270

將 MNIST 紀錄圖像化 275

調整輸入與輸出的資料集 277

配置能夠辨識手寫數字的 ANN 281

測試運轉 283

範例 9-2：使用 Pi Camera 辨識手寫數字 290

調整 trainAN.py 腳本 296

使用 ANN 來自動辨識數字 297

測試執行 300

結論 301

CHAPTER 10　演化運算

Alife 304

演化程控 305

範例 10-1：人工演算 306

Python 腳本 307

範例 10-2：康威生命遊戲 316
    Sense HAT 硬體安裝 318
    Sense HAT 軟體安裝 319
    Python 版生命遊戲 320
    測試執行 330
    單一世代的生命遊戲 331
總結 336

CHAPTER 11　行為導向式機器人學

零件清單 337
人類的腦部結構 338
包容式架構 340
    傳統做法 342
    行為導向式的機器人作法 342
範例 11-1：breve 專題 346
範例 11-2：製作包容式架構之機器人小車 357
範例 11-3：Alfie 機器小車 362
    加入其他行為 370
    測試執行 372
總結 373

APPENDIX A　Alfie 機器小車組裝手冊

機器小車的電源供應模組 378
CR 伺服機的驅動 PWM 技術 379
安裝板 379
電路與接線說明 383
    超音波感測器 385
    MCP3008 類比 - 數位轉換器（ADC）................................387
軟體安裝 388
最後的一點想法 389

本書作者

Donald J. Norris 擁有電機工程學位以及生產管理 MBA。他目前在南新罕布夏大學負責大學部與研究所的電腦科學課程，以及一些機器人的相關課程。他在許多大專院校擔任兼任教授已經 33 年了。Don 是由美國海軍的民政服務單位退伍，專攻核動力潛艇的聲學以及進階數位訊號處理。從此以後 23 年的時光，他以專業軟體開發者的身分活躍著，包含 C、C#、C++、Python、MicroPython、Node.js 與 Java，並包含 6 年的認證 IT 安全顧問資歷。

他共有六本著作，其中兩本與 Raspberry Pi 有關，其他則介紹了如何製作與操控四旋翼機、MicroPython、物聯網與 Edison 微控制器開始。Don 成立了一家顧問公司，叫做 Norris Embedded Software Solutions（dba NESS LLC），專攻各種運用微處理器與微控制器的應用方案。他喜歡自視為終身的 hobbyist 與技術咖，不斷嘗試新做法與各種跳 tone 實驗。他還是有執照的私人飛機駕駛、攝影玩家、業餘無線電操作員，還有跑步狂熱者。

技術審閱

Massimo Nardone 在資安、網路 / 行動應用開發、雲端 /IT 架構等領域已有22年以上的資歷，但醉心的領域還是在資安與 Android。他使用 Android、Perl、PHP、Java、VB、Python、C/C++ 與 MySQL 來開發與授課已經超過 20 年了。他擁有義大利 Salerno 大學的電腦科學碩士學位。Massimo 身兼多職，包括專案經理、軟體工程師、研發工程師、資安主架構師 / 經理、PCI/SCADA auditor 與資深 IT 領域的資安 / 雲端 /SCADA 架構師。

其專精技術領域包含資安、Android、雲端、Java、MySQL，Drupal，Cobol，Perl，網路 / 行動應用開發、MongoDB、D3、Joomla、Couchbase、C/C++、WebGL、Python、Pro Rails、Django CMS、Jekyll 與 Scratch 等。

他現在是 Cargotec Oyj 公司的資安長，並擔任芬蘭赫爾辛基理工大學網路實驗室的訪問講師。他擁有四項國際專利（PKI，SIP，SAML 與 Proxy 領域）。

Massimo 已為諸多出版社審訂過超過 40 多本 IT 相關的書籍了。他也是 Pro Android Games（Apress，2015）一書的作者之一。

譯者序

AI 是以軟體演算法為基礎，但是效能卻是用硬體砸出來的。這點在使用 Raspberry Pi 來實作各種進階機器人功能時特別有感覺（的慢…）。但能確定的事情是，相同預算所能取得的硬體效能只會愈來愈好。Google 與 Raspberry Pi 基金會日前才聯手宣布 Tensorflow 已正式支援 Raspberry Pi 平台，對於業餘玩家以及學校單位來說都是一大福音。

另一方面，從物聯網終端收集的各種感測器資料，要如何過濾出有用的資訊進而萃取出知識，就需要具備相當程度算力的終端裝置來處理不斷產生的資料，因此，IoT 結合 AI 變成的 AIoT 可說是水到渠成。

本書使用 Raspberry Pi 來實作諸多有趣的 AI 專題，包含遊戲、專家系統、模糊邏輯以及本團隊最喜歡的行為導向式機器人，您可以在實作中慢慢把基礎建立起來。畢竟 AI 說到底都是在談演算法，並非一蹴可幾。期待您在本書中找到喜歡的專題，帶您進入這個引人入勝的領域喔！

譯者在 MIT 擔任訪問學者時，還特別去上了 Rodney Brooks 教授的機器人行為學導論，真是大師風采啊！

更多有趣的主題：blog.cavedu.com

曾吉弘
CAVEDU 教育團隊 創辦人
MIT 電腦科學與人工智慧實驗室訪問學者

前言

人工智慧，或簡稱 AI，是個引人入勝的領域，我寫本書的目的在於傳遞這份熱情給您。我會使用 Raspberry Pi 單板電腦做為主要開發工具，藉此帶領您理解 AI 的運作原理，並由此讓您知道如何把 AI 整合到您的專題與應用程式中。

我想在一開始先講清楚：讀完並做完本書所有專題並不會讓您變成 AI 專家。這狀況有點類似初學者在上完第一門護理課程之後，也不可能說自己變成了專業的醫生或護士一樣的道理。要想成為 AI 專家，您得修習許多不同領域的大學課程（包含大學部與研究所），包含數學、電腦科學、邏輯甚至還需要修哲學課。也有來自其他專業領域的 AI 專家，例如音樂與聯合藝術。延續上述觀點，我希望您能理解到，藉由閱讀本書與其他諸多現成資源已足以獲得相當程度的 AI 基礎知識。只是真的不要讀完這本書之後就說自己是 AI 專家就是了。

接著，我會解釋為什麼 Raspberry Pi 相當適用於驗證 AI，它是一款相當夠力的電腦。雖然速度與記憶體大小無法與 PC 或 Mac 電腦相比，但它一點都不拖泥帶水，尤其是 Raspberry Pi 3。這款 Pi 的時脈為 1 GHz、四核心並有 1 GB 的動態記憶體。尤其是當您發現它只要 $35 美金時，印象應該會更深刻。不過，讓 Raspberry Pi 與 AI 範例如此相配的原因，主要在於它本身就是一個微控制器。這代表您可以根據 AI 事件的結果直接控制某些東西。微控制器要連接各種感測器也相當方便，使得我們的 AI 應用範例能與真實世界來互動。

雖然 PC 也可以做到感測與控制，但通常會要用到昂貴且複雜的介面才能達到類似的功能。Raspberry Pi 從最初的設計上就能做到以最低的介面需求，另外更重要的是最低的軟體門檻，就能做到感測與控制。PC 的軟體介面通常相當複雜、昂貴並且通常有專利保護，如果使用者想要修改，是相當困難甚至根本不可能的任務。

本書所用的 Raspberry Pi，作業系統是一款叫做 Jessie 的 Raspian Linux 版本。這個版本完全是開放原始碼，從 Raspberry Pi 基金會的網站就能直接下載。這是款相當穩定的作業系統，支援多款相當大型的開放原始碼應用程式。也就是說，本書用到的所有軟體都能方便又快速地下載到 Raspberry Pi 上。

我使用了多種程式語言與應用程式來完成本書各個範例與專案，包括 Python、Prolog 與 Wolfram。這些語言各自有獨到之處，讓本書的範例做起來又快又簡單。我所採用的應用程式則是 Mathematica，是一款預裝於 Jessie 作業系統中的強大符號處理程式。Mathematica 實際上是一款要價數百美金的商用程式，但感謝 Wolfram 公司與其 CEO，Stephen Wolfram 博士的慷慨，Pi 玩家都能免費使用它。

本書試著按部就班來鋪陳，因此，我在第一章先介紹了什麼是 AI。要對從未聽過 AI 的人介紹這是什麼是相當有難度的事情，雖然大家最後會發現 AI 已經深深影響了大家的日常生活了。我在第一章中提供了相當多的資料，試著定義何謂 AI 以及它如何普遍地應用在各種生活情境中。您很快就會意識到，AI 在現今社會中是如何地無孔不入，不管您是否喜歡。請注意，這裡使用「無孔不入」一詞並非貶意，只是想表達 AI 已經應用於許多領域，有些可能會讓您大吃一驚呢！另外，我還提到了商業智慧（business intelligence, BI）一詞，它與 AI 的關聯性相當高，通常也是 AI 藉以影響大多數人的主要管道。某些 AI 開發者會把 BI 視為應用於商業上的 AI。不過，您很快會發現不僅僅是這樣而已。我之所以這樣說是因為這是個相當實用的簡化方式。

接著在第二章介紹了更多 AI 的基本觀念。討論了一些基礎邏輯學，它們對於理解何謂推論，也就是 AI 的基石，來說相當重要。接著討論的是專家知識系統，它是更一般性的知識管理系統（knowledge management system, KMS），同時也是 BI 的重要一環，其中的主要部分。接著就談到機器學習，在現今的 AI 中是最龐大的研究領域。本章最後結束於模糊邏輯（fuzzy logic, FL）的相關介紹，本書後續章節有完整的實作範例。

第三章示範如何運用 Prolog 程式語言來實作一套可運作的專家系統。我介紹了一些 Prolog 的關鍵功能並說明這套特殊的程式語言為何適用於實作各種 AI 概念，並且不像 C/C++ 或 Java 這類一般性程式語言需要大量的程式設計技巧才能做到。本章範例實作了一個簡易的問答程式介面。

第四章則是聚焦在 AI 於遊戲上的應用。當然啦，這些遊戲都很陽春；不過，本章目標只是要說明如何讓 AI 能夠結合遊戲邏輯。這些遊戲的 AI 概念後續很容易能延伸出更複雜的遊戲。我使用 Python 程式語言來完成這些遊戲，藉由傳統的文字介面來控制。可別期待在本章中看到類似《魔獸世界》這種高等級的畫面啊，但我肯定魔獸的開發團隊一定有在遊戲中用到 AI。

第五章，我再次使用來實作一個模糊控制專案，並加入了一些簡化的專家規則系統。Raspberry Pi 系統將透過溫度與濕度感測器來做出一套虛擬的冷熱控制系統。

第六章介紹淺層機器學習的概念。我們寫一個 Python 程式讓電腦能夠 "學習" 您所喜歡的顏色，並根據您所選的顏色來「判斷」。本章最後結束於適應學習（adaptive learning）的相關討論，它在 BI 中扮演了相當重要的角色。

第七章接續用類神經網路（artificial neural network, ANN）來討論機器學習。ANN 可說是用於實作機器學習最普遍的方法。我用了相當大的篇幅來討論如何產生一個 ANN，並用 Python 來示範一個能實際運作的神經網路。

第八章繼續探討機器學習，並接紹了深度學習。本章的專題說明了多層 ANN 的運作原理，還談到了梯度搜尋功能。

第九章使用多層 ANN 來完成兩個深度學習專案。第一個專案可根據 MNIST 的訓練與測試資料集來辨識手寫數字。第二個則讓 Pi 運用 Pi Camera 來取得手寫數字的影像，並運用先前訓練好的 ANN 來判斷最符合的結果。

第十章所介紹的是演化運算（evolutionary computing, EC），其中包含了（但不限於）演化程式設計、基因演算法與基因程式設計。我提供了幾個有趣的範例來強調一些 EC 亮點，讓您對這個有趣的領域有一個好的入門。

第十一章的內容是包容式架構，這是行為導向機器人的研究領域之一，與 AI 有相當的關連性。我使用了第七章中的機器小車來完成一些範例。您很快就會發現，運用了包容式行為的機器人對於人類行為的模仿程度出奇地高，成功運用了 AI 把人類思考與馬達行為連結起來了。

讀完本書並做完大部分（如果沒辦法全部的話）書中專題與範例之後，我有信心您一定能具備豐富的 AI 知識，並充分理解如何整合 AI 到您未來的專題中。

## CHAPTER 1

人工智慧簡介

本章先從關於人工智慧（Artificial Intelligence, AI）的簡短介紹開始，這有助於提供一個完整的框架，讓我們理解 AI 究竟是什麼，以及它如何成為一個引人入勝又快速發展的研究領域，就從關於 AI 起源的歷史事件開始。

AI 的歷史起源

AI，或是類似的東西，顯然已經存在很長一段歲月了。根據文獻，古希臘哲學家就曾討論到自動裝置（automaton）或所謂本身具有一定智慧的機器。西元 1517，來自布拉格的 Golem 誕生了；如圖 1-1。

圖 1-1 布拉格 *Golem*

Golem 是由黏土做的，根據猶太人的民間傳說，它不但會動，還會對閃族的敵人進行許多復仇與懲罰的行為。

知名法國哲學家笛卡兒在 1637 年所寫的《方法論（*Discourse on Method*）》一書中提到機器智慧是根本不可能的事情。笛卡兒並非 AI 的擁護者，但從書中還是看得出來他有把這當一回事。

有個很炫的 AI 實驗性範例，或者更準確一點的說，其實是場騙局，是一台自動化西洋棋手，約在 18 ～ 19 世紀誕生於歐洲，又名 The Turk（土耳其人）。圖 1-2 是以平版印刷印在現代郵票上的它。

圖 1-2　自動化西洋棋手

傳說中的智慧機器不但能下棋，還能與人類棋手對抗。事實上，有一個真人棋手躲在機器底下的支撐箱裡面。他操作各種器械來移動機器下棋。我猜想一定有一支小型潛望鏡之類的裝置讓這個人類棋手能看到棋盤。*The Turk* 這個怪名字是來自德文的 *Schachtürke*，就是「自動棋手」的意思。那個躲在箱子裡的人類棋手厲害到能打贏像是 Napoleon Bonaparte 與 Benjamin Franklin 這種知名棋手。真的能下西洋棋的機器則是等到多年以後才誕生。

AI 的科學化方法則到了 1943 年才誕生，由 McCulloch 與 Pitts 合著的一篇論文中提到「神經元（perceptron）」一詞，這是以真正的生物大腦細胞，也就是神經元（neuron）為基礎的數學模型。這篇文章中，他們精準地描述了神經細胞如何以二元的方式觸發，就好像二元的電子電路一樣。

但可不只這麼簡單的比較而已，他們還示範了細胞如何隨著時間去動態改變自身的功能，但基本上就是一些很簡單的行為而已。這篇文章算是諸多文章中的領頭羊，建立了關於神經網路這個重要的 AI 研究領域。我會在後續章節詳細介紹這個主題。

艾倫·圖靈 Alan M.Turing（譯註：公認計算機科學與人工智慧之父）在 1947 年寫道：

> 就我看來，如何在短時間之內讓大量的記憶體普遍化，遠比用更高的速度去執行乘法這類的運算來得更重要。如果機器要運作快到一個程度才有商用價值的話，這時速度就很重要；但如果它要能勝任不只是瑣碎雜事的話，那麼儲存容量夠不夠才是重點。因此儲存容量就變成了更基礎的需求了。

圖靈，多數讀者應該都知道他對於破解德國 Enigma 密碼機所付出的卓越貢獻，讓第二次世界大戰得以提早結束，本段另外要提到的是，未來任何所謂的機器「智慧」都可確認是建立在機器具備足夠的記憶體這件事上，而非單獨仰賴運算速度。本章後續介紹到圖靈測試時，我會再多談到一些關於他的事蹟。

到了 1951 年，Marvin Minsky 這位年輕的數學博士候選人，與 Dean Edmonds 一同根據 McCulloch 與 Pitts 在論文中所提到的神經元設計並打造了一台類比電腦。這台電腦名為 SNARC（Stochastic Neural Analog Reinforcement Computer），包含了 40 個真空管神經模組，用於控制許多閥門、馬達、齒輪、離合器與致動器等等。這套系統是以隨機方式連接於 Hebb 網路中的突觸來建立一套神經網路學習機器。SNARC 應該是第一台人造的自我學習機器。它成功建立了在迷宮中找食物的老鼠行為模型。這套系統呈現了某些非常基礎的「學習」行為，讓模擬的老鼠能順利走出迷宮。

AI 發展的一個重要轉捩點是 1956 年於達思茅斯學院舉辦的一場 AI 研討會。這場會議是遵循 Minsky、John McCarthy 與 Claude Shannon 的指示，為了探討新的 AI 領域所舉辦。Claude Shannon 常被尊為「資訊理論之父」，這是為了表揚他在美國新澤西州霍姆德爾當地極富名望的貝爾電話實驗室做出的卓越貢獻。

John McCarthy 也沒閒著，他也是第一個使用「人工智慧（artificial intelligence）」一詞的人，並且是 Lisp 程式語言系列的創辦人。他對於 ALGOL 程式語言的發展有重大的影響力。他對電腦分時（timesharing）這個概念上貢獻卓越，這催生了現今的電腦網路。Minsky 與 McCarthy 也是 MIT Media Lab 的創辦人，現稱為 MIT 電腦科學與人工智慧實驗室（Computer Science and AI Lab）。

回到 1956 年那場研討會，McCarthy 提出了這個最經典的 AI 定義，至少就我了解是這樣，當多數人試著定義 AI 時，這仍是金科玉律：

> 製作智慧機器的基礎在於科學與工程，尤其是指智慧電腦程式。這與讓電腦去理解人類智慧是有相關的電腦人類智慧，但 AI 不需要受限於可經由生物性觀察的方法才對。

McCarthy 在這段定義中使用了人類智慧（*human intelligence*）一詞，本章後續會進一步討論。在這場研討會也提出了許多其他的 AI 基礎概念，本書無法一一深入說明，但我鼓勵有興趣的讀者進一步了解。

1960 年代對於 AI 研究來說是突飛猛進的十年。就在此時，Newell 與 Simon 對於通用問題解決器（General Problem Solver）演算法的詳細解法誕生了。這個方法同時採用了電腦與人類的解決問題方式。不幸的是，電腦發展還不成熟，具有足夠記憶體與運算速度來處理這個演算法的電腦根本不存在（回想一下我之前談過的圖靈警告）。通用問題解決器這個專題最終還是被放棄了，不是這個理論不對，而是能實現它的硬體當時還沒問世。

1960 年代的另一個 AI 重要貢獻是 Lofti Zadeh 所提出的模糊集與邏輯，奠定了模糊邏輯（*fuzzy logic*）這個重要 AI 分支的基礎。Zadeh 提出了為什麼電腦不需要以精確與離散邏輯的模式來運作，而可採用更像人類的模糊邏輯方法。我會在第五章介紹一個相當有趣的模糊邏輯專題。

對於 1960 年代正在進行中的各項研究來說，一項不幸的結果就是認為電腦足以模仿人腦。當然啦，當年要能夠完成對於人腦實際運作之基礎研究的運算能力基本上還不存在。這也讓整個 AI 社群感到非常失望與夢碎。

模仿或所謂複製人腦運作的方式，或把這樣的功能移植到機器上，稱為傳統（*classical*）AI 方法。這在 AI 社群中產生了非常多的分支，因為許多研究者認為機器應該以自己的方式變得更有智慧，而不是一味模仿人類。後者就稱為現代（*modern*）AI。

1960 年代對於電腦如何透過自然語言而非電腦程式碼來與人類溝通有長足的進步。Joseph Weisenbaum 在這期間推出一款聰明的程式，叫做 ELIZA。雖然相較於今天的標準來說相當原始，但已足以騙過一些使用者，讓他們覺得是在與人類交談而非機器。ELIZA 專題引出了一個非常有趣的議題，談到了人類如何決定機器是否達到了一定程度的「智慧」。一個眾所皆知的好方法就是圖靈測試（Turing test），這在之前談過了。

1950 年，圖靈在 *Journal of Computing Machinery and Intelligence* 期刊發表的一篇文章中提到，他認為機器要滿足哪些條件，才算是達到了所謂「有智慧的」狀態。他主張如果機器可以成功騙過博學多聞的人類觀察員，讓對方覺得他是和另一個人類而非機器在對談的話，那這台機器就算是有智慧的。當然啦，這樣的對談得透過一個中立的通訊頻道才行，以避免機器的聲音或外觀這種很明顯的線索被抓到。1950 年代用來完成這個中立頻道的通訊裝置是台電報機。即便與今日的科技相比，圖靈測試還是相當合適的。我們依然能藉由高效能的現代語音辨識與合成技術來騙過這觀察者。相較於其他哲學家與興趣團體，圖靈對於智慧的本質是比較保守的。

到了 1970 年代，AI 則因為運算科技發展腳步減緩而跟著慢了下來。大家對於自然語言處理與影像辨識分析有了高度興趣，但糟糕的是研究者可用的電腦不多，且無法勝任這些困難的任務。大家很快理解到，在電腦處理效能大躍進之前，AI 不太可能有什麼進展。再者，有一些大力挑戰 AI 的哲學觀點，包含由 John Searle 提出的知名「中文房間（Chinese room）」論述。Minsky 則回擊了 Searle 的假說，認為這只會對正在進行中的研究造成混亂與帶錯方向。同時，McCarthy 主張對於現代 AI 來說，人類智慧與機器智慧是不同的兩回事，不應該用同一種方法來處理。

由於個人電腦的誕生與愈來愈多研究者採用 McCarthy 的實用主義方法，AI 在 1980 年代有相當可觀的進展。專家系統也在這時候誕生了，不僅讓大家重燃希望，在企業與工業（尤其是製造業）上也有許多實際的應用。後續有一章會示範幾個專家系統的應用。傳統 AI 的方法論還在不斷發展；但同時人們對於現代 AI 方法的接受度也不斷提升，但也許更重要的是，已被用於各種現實生活狀況中。也真是恰好，這時期也是機器人學與各種實體機器人蓬勃發展的年代。由於 AI 與機器人看起來完全是為彼此而生，各種 AI 研究自然就被拉到這個領域來了。隨著近代運算的發展，實用 AI 的年代終於來臨，各種未來的應用也接踵而至。此時摩爾定律（Moore's law）的影響力與日俱增。摩爾定律是引用 Gordon Moore，Intel 公司的創辦人之一，在 1965 年所提出的觀點：「積體電路中每平方英吋所容納的電晶體數量，約每年增加一倍」。

這股密度上的爆發性成長看來與電腦運能的突飛猛進息息相關，AI 的改良與成長完全仰賴於此。

1990 年代則達到了幾個重要的里程碑，包含 IBM 的深藍（Deep Blue）電腦系統在 1997 年對戰世界西洋棋王 Garry Kasparov 的重要勝利。但除了令人印象深刻的勝利之外，也有人對這件事潑了冷水。這場勝利火辣辣的現實就這樣被緩和下來了，當 McCarthy 特別被問到關於電腦可否在圍棋這個古老的中國棋盤遊戲上勝出時，他是這麼說的：

> 圍棋也是一種雙方玩家輪流走棋的棋盤遊戲。圍棋凸顯了我們對於用於人類遊戲的智慧機構的認識還非常不足。即便已經下了相當大的功夫（還比不上西洋棋），但電腦圍棋程式仍然是相當糟糕的玩家。問題在於，圍棋棋盤上的一個位置需視為多個子位置的集合，必須根據它們之間的互動關係去個別分析。人類在西洋棋中也運用了這項技巧，但西洋棋程式是把位置視為一個整體。如果西洋棋程式是上千倍的計算量，那麼以 *Deep Blue* 來說就是幾百萬倍，來補足這個在智慧機構上的缺陷。

如果有讀者害怕電腦有一天會像科幻電影中那樣具備與人類相同智慧的話，這個先知卓見的分析應該可以讓他們不那麼緊張，像是《魔鬼終結者》系列（*The Terminator*）、《2001 太空漫遊》（*2001: A Space Odyssey*），還有經典的《戰爭遊戲》（*War Games*）等電影。在電腦系統真的具備智慧之前，還有好長一段路要走。下一段的主題就要來討論這件事。

智慧

關於智慧（intelligence）本質上的討論一直是基礎 AI 課程的主題之一。當試著去理解如何定義 AI 與如何辨識它時，學生最後通常都陷入了循環論證之中。探究何謂智慧最後通常就剩下無止盡的問題，例如：

- 老鼠算是有智慧的嗎？
- 怎樣的機器算是有智慧的？
- 海豚是海中最聰明的哺乳類動物嗎？
- 外星人如何看待地球上的智慧生物？

這樣的問題根本無窮無盡。或者回想一下，光是要產生這樣的問題就足以稱為智慧了。現在知道我說循環論證的意思了吧。結果大家都同意，假設還不到不可能，要為智慧給出一個通用型的定義相當困難。以下是引用自韋氏（*Meriam-Webster*）線上詞典中關於智慧（intelligence）的定義：

1. *a (1)*：學習、理解、處理或處理／嘗試新狀況的能力：reason；*also*：*the skilled use of reason (2)*：*the ability to apply knowledge to manipulate one's environment or to think abstractly as measured by objective criteria (as tests)* 的能力，*b Christian Science*：*the basic eternal quality of divine Mind, c*：*mental acuteness*：shrewdness

2. *a*：*an* intelligent *entity*；*especially*：angel, *b*：*intelligent minds or mind <cosmic* 智慧 >

3. 理解的行動：comprehension

4. *a*：information, news *b*：*information concerning an enemy or possible enemy or an area*；另見：獲得這類資訊的 *an agency engaged*

5. 執行各種電腦功能的能力

不難看出，字典的編輯群對於智慧的定義相當分歧，包含了人類行為、精神觀點、宗教，最後第五項相當有趣，說到執行電腦功能的能力。

麥克米倫（*Macmillan*）線上字典對於智慧的定義就簡潔多了：

The ability to understand and think about things, and to gain and use knowledge

理解與思考事物、取得以及運用知識的能力

我相信如果去其他線上字典找找的話，一定會看到更多定義，這就是為什麼要抓準何謂智慧變得如此困難。也因如此，尚未有個公認的標準來評估智慧到底是什麼，這也使得如果要在一個穩固且公認的基礎上來認定智慧，只能說近乎不可能。

智慧也與各種感官輸入與致動輸出／馬達有關。顯然，大腦已經包含在身體當中，並具備了五大感官系統：視覺、聽覺、味覺、觸覺與嗅覺。這些感官系統與我們的智慧密不可分；不過，我們時常會看到這類案例，即便失去一或多種感官，還是有相當高智慧的人類存在。當某個感官系統受損或甚至毀壞時，人類身體會展現非常出色的補償力。同樣地，人類智慧多少也與運動機能有關；不過我會證明智慧不需要太多的感官輸入。無法說話並不會降低史蒂芬·霍金教授的聰明才智。走、跑、駕車或開飛機等能力讓我們有機會去探索並理解周遭的環境，並得以擴展本身的知識與經驗，但並不一定會增進智慧，除非你同意知識與智慧兩者為一體兩面這件事。

換個角度，研究各種動物與判斷牠們是否擁有智慧只有一步之遙。鳥兒能飛，視力比人類好多了。但這代表至少在這兩個領域上，牠們比人類來得更有智慧嗎？答案很明顯是未知的，這會到以下這個合理的結論：動物與機器這兩種智慧應該就其本質來看待，不必與人類智慧相提並論。硬要與後者來比的話，就像是蘋果橘子大對抗，根本沒意義。

我在後續討論的目標是重申現今 AI 做法的前提，其中之一就是機器智慧應該單獨討論，不必與人類智慧相提並論。這也是本書的前提，雖然我們運用各種專題去探索機器的長處，但我們不期待也不會想要去模擬人類智慧。

強 AI vs. 弱 AI，廣 AI vs. 狹 AI

從本段標題不難看出，現今的 AI 還有更多形容詞。試著去模擬人類的推理到能力可達的最大極限，這類 AI 研究有時稱為強（*strong*）AI。我覺得傳統 AI 的擁護者要承認這個術語會有點勉強啦。強這個形容詞與弱 AI 的弱是相當強烈的對比，後者只希望讓 AI 系統運作更有效率，而不去與人類做比較。我只是把這個做法拿來與所謂的現代做法（*modern approach*）相比。

我不知道強、弱這兩個形容詞是怎麼來的，但我猜想它們只是為了幫現代做法上加入一點特權感，其實這兩種做法的成效差不多，自然應該受到同等的重視與對待。這些名詞我只是介紹一下而已，這樣當你讀到關於 AI 的應用或專題時就能理解它們的重要性。但這兩個名詞我都不會採用；反之我只專注於 AI 的應用，它們是強或弱都無所謂。

本段標題的另一組名詞是廣（*broad*）AI 與狹（*narrow*）AI。廣 AI 關注的是一般性的推理而非特定任務或應用。我認為廣 AI 與強 AI 兩者很自然就會結合起來，因為兩者都與人類的推理與思考活動相關。狹 AI 則聚焦於特定任務的 AI，通用性並不高。但還是有些例外很容易就打破廣狹的界線。Google 所開發的系統，對於描述或安排各種「事物」的預測與特徵化的成效都非常不錯。Google 的應用程式在一般性問題與特定的編目功能兩方面，都已經成功展示了廣狹 AI 兩者的觀點。同樣地，Amazon 也試著在使用者的一般性與特殊推薦上，透過各種智慧助理提供良好的服務。

我用圖 1-3 來總結這一段，這是我在 Raspberry Pi 3 使用 Mathematica 程式所產生的字雲。本圖是把 AI 領域中各種熱門的常用詞語以圖形化方式呈現。圖中所有文字皆引用自維基百科。

圖 1-3 關於人工智慧的文字雲

推理

我在之前內容中不斷用到推理（*reason*）這個字。但它真正的意義為何，與 AI 又有什麼關係呢？推理代表建立或思量出一個理由，代表去思考事物與想法是如何與那些已知的東西（簡單來說就是知識）連結起來的。在此有一些關於推理的範例，有助於釐清我想要傳達的想法。

- 學習是根據驗證或討論現有的知識集來建立新知識集的過程。集（set）在此是指各種資料的總和，不論是否基於現實都可以。

- 運用語言是運用文字的轉換，可用書寫或語言方式來表達各種想法與支持性關係。

- 根據邏輯來推論，意思是根據邏輯關係來決定某件事物是否為真實。

- 根據證據來推論，意思是根據所有既有的支持性證據來決定某件事物是否為真實。

- 自然語言產生器是為了運用指定語言來達成通訊上的目標。

- 解決問題是判斷如何達到一組目標的過程。

上述任何一件事都一定會牽涉到如何運用推理來得到一個滿足的最終結果。請注意清單中的項目都不僅僅限於人類的推理。這些活動其中有些很適合由機器來做，有時候甚至動物也可以。有太多實驗都足以說明動物是可以解決某些問題的，尤其是與覓食有關的時候。

最近市面上可由語音啟動的聯網裝置可說是爆炸性發展，包括 Amazon Alexa、Microsoft Cortana、Apple Siri 與 Google Home。它們可能是一台獨立裝置或裝在智慧型手機中的程式。不論如何，它們都被精心設計來辨識各種語音問題、將問題轉譯為可執行的網路需求，最後則是用最容易理解的格式將結果呈現給使用者，通常是談吐優雅的女性嗓音。這些裝置 / 程式一定會用到某種程度的推理功能來做到它們所預期的功能，包含回答無法理解使用者的要求也算。

AI 的種類

我把現今 AI 領域大多數的重要領域整理如表 1-1。我覺得這還不太完整，應該有些項目不小心漏掉了。不過有些項目我是故意省略的，例如關於 AI 的歷史與哲學就與本表內容不太相干。

表 1-1 現今的 *AI* 類型

類型	簡述
情感運算 Affective computing	研究如何開發可辨識、理解、處理與模擬人類情感的系統與裝置。
人工免疫系統 Artificial immune system	以規則為基礎的智慧化機器學習系統，主要是以脊椎動物免疫系統的既有構造與運作方式為基礎。
聊天機器人 Chatterbot	一種對話型的代理或電腦程式，設計上藉由文字或語音來模擬與一或多位人淚使用者的智慧交談。
認知架構 Cognitive architecture	關於人類心智架構的理論。主要目標之一是將認知心理學的概念加入綜合性的電腦模型中。

續下頁

類型	簡述
電腦視覺 Computer vision	電腦能夠由數位影像／影片中獲得高階資訊的跨領域學科。
演化運算 Evolutionary computing	演化演算法是以達爾文的演化論為基礎也因此得名。 這些演算法屬於試誤型問題解決器的一種，並運用 啟發式或隨機式的總體性方法來判斷各種解法。
遊戲 AI Gaming AI	將 AI 用於遊戲來產生智慧行為，主要是用於非人類角色（NPC），通常是模擬類人智慧。
人機介面（HCI）	HCI 研究電腦科技的設計與運用方式，專注於人（使用者）與電腦之間的各種介面。
智慧軟體助理或智慧個人助理 Intelligent soft assistant or intelligent personal assistant (IPA)	代理軟體（software agent）可為我們執行各種任務或服務。這些任務或服務通常是根據使用者輸入內容、所在地，以及從各種線上資源獲得資訊的能力而定。 這類軟體包括 Apple Siri、Amazon Alexa、Amazon Evi、Google Home、Microsoft Cortana、開放源碼的 Lucida、Braina（由 Brainasoft 針對 Microsoft Windows 作業系統所開發）、Samsung S Voice 以及 LG G3 Voice Mate。
知識工程	關於製作、維護與使用知識系統所需的所有科技、科學與社會觀點
知識呈現 Knowledge representation （KR）	以電腦系統可用於解決複雜任務的形式來呈現關於這個世界的資訊，例如醫學診斷或以自然語言來對話。
邏輯程式設計	大幅仰賴正式邏輯的一種程式類型。任何用邏輯程式語言編寫的程式實際上是一組邏輯性的語句，用於呈現特定問題領域的事實與規則。主要的邏輯程式語言系列包含 Prolog、答案集程式（answer set program, ASP）與 Datalog。

續下頁

類型	簡述
機器學習（ML）	將 ML 運用於 AI，就能讓電腦不再需要外部程式控制就能夠學習。淺層學習與深度學習是兩個主要的子領域。
多重代理系統 (M.A.S.)	M.A.S. 是在特定環境中多個彼此互動的智慧代理（intelligent agent）所組成的電腦化系統。
機器人學	機器人學是源自工程與科學的跨學科分支，包含機械工程、電機工程、電腦科學、AI 等等。
機器人	機器人就是一種機器，尤其是指可由電腦程式化控制的那種，可自動執行一系列複雜的動作。
規則引擎或系統	也是一種規則系統，透過儲存與操作各種知識來理解資訊並運用。
圖靈測試	圖靈測試是由 Alan Turing 在 1950 年所發展出的一種測試方法，測試機器在展示智慧行為的能力上是否等於，或優於人類。

容我再說一次，本表並未包含所有現代的 AI 研究領域，但多數重要的應該都介紹了。本書只會示範上表中的幾個 AI 分類，但應該已經足以讓你知道如何運用相對簡易的電腦資源來做到各種 AI 的效果。

到此，我相信可以這麼說：AI 正以超乎本書所能囊括的方式在影響現今的社會。在此簡單介紹是希望加強各位讀者的知識，並理解 AI 是如何在日常生活中影響我們，不論個人或群體。

AI 與大數據

多數讀者對於大數據（*big data*）一詞應該不陌生，但與多數人一樣，對於它到底是什麼以及它如何影響現今社會，你可能還不太清楚。與 AI 一樣，大數據的定義非常多，但我個人喜歡簡單一點的定義：

> *a data collection characterized by huge volumes, rapid velocity, and great variety.* 大量、快速與多樣性高的資料集合

大量（*huge volume*）到底有多大呢？通常是以 petabyte（PB）為單位，1PB 可是高達一百萬 gigabyte（GB）呢！這真的是超大量的資料。定義中所提到的快速（*rapid velocity*）則說明了資料產生的速度到底有多快。只要看看 Facebook 就能知道數百萬的線上使用者是以多麼驚人的速度在產生新內容。最後，定義中的多樣性（*great variety*）則是說明這麼巨大的資料流中各式各樣的資料形態，包括圖片、影像、聲音以及傳統的文字。一張上傳到 Facebook 的照片通常會用掉 4 到 5MB 的空間。把這個數字乘以數百萬張不斷上傳的照片，你很快就知道大數據的本質是什麼了。

那麼，AI 如何影響大數據呢？答案是應用於大數據集的 AI 學習系統讓使用者得以從超大量且有不太乾淨（雜訊）的輸入中萃取出有用的資訊。可處理超大量資料的電腦系統通常是由數千顆處理器以平行運作的方式來大幅加速資料簡化的流程，或稱為 MapReduce。IBM 公司的 Watson 電腦就是這類系統的主要之一。它運用規則引擎來實做了一套醫療專家系統，並已經處理至少數千（如果沒到百萬筆的話）筆病例。結果誕生了一套能協助醫生診斷疾病與潛在病症的電腦系統，後者可能不會有明顯或與已知疾病的相關症狀。

Amazon 網站整合了一套非常棒的 AI 系統，輕輕鬆鬆就能把各個潛在客戶與重複造訪網站的真實用戶的個人資料分析地一清二楚。它會把某位消費者的搜尋紀錄與其他搜尋了類似商品的消費者的紀錄進行比對。還會根據過去的搜尋紀錄與訂單，試著去預測哪些東西可能會讓訪客感興趣。Amazon 系統運用的所有資料都屬於交易性質，基本上是用於辨識哪些東西可能會讓消費者感興趣。這些交易資料，很容易被視為大數據，就是 Amazon 的 AI 電腦系統的主要輸入項目。輸出結果就是之前介紹過的個人資料，但也可視為加諸在潛力或實際消費者身上的一組特徵描述；像是購物網站的購物建議：

「因為你買過了以下書籍，你應該也會對 Robert Heinlein 的 *The Moon is a Harsh Mistress*（譯註：中譯書名《怒月》，2009 年，林翰昌譯，貓頭鷹出版社）一書感興趣：」

- *Full Moon*
- 星際大戰五部曲：帝國大反擊（*Star Wars：The Empire Strikes Back*）
- 刺激 1995（*The Shawshank Redemption*）

這些看似毫不相關的書單顯示了這位消費者對於月亮、外太空戰鬥或監獄中的不平等對待等主題有興趣，這些都在 Heinlein 的書中看得到（巧的是，Heinlein 的著作在 1967 年得到了雨果獎的最佳科幻小說獎）。要找出顧客過往的購書紀錄與 Heinlein 書籍內容之間的隱密關係找出來，就需要一台超級電腦和超大的資料庫來幫忙。

大數據分析領域最大的全球性使用者就是美國政府在執行全球反恐怖主義戰爭（Global War on Terrorism, GWOT）。美國國家安全局（National Security Agency, NSA）站在第一線偵查那些發生在美國本土上的可能 / 潛在恐怖攻擊，每年的核定預算估計超過 150 億美金，絕大部分都是花在收集與分析各種來源的大數據以對抗 GWOT。至於收集哪些資料與怎麼執行大數據分析都是最高機密，但可以說所有合適的 AI 技術都已經掌握在這些 NSA 專家的手裡，我猜想其中很多人應該正在進行一些機密 AI 研究。我在此並非要提出什麼陰謀論，但就算是外行人也應該想得到這一點。

本段介紹了對於 AI 的引言，雖然濃縮了點，但還是希望能給你足夠的資訊能建立起研究某個特定 AI 概念的基礎。這會在下一章討論。

總結

本章先從回顧 AI 的歷史開始,從古時候一路講到現今社會。說明了人類長久以來如何去讓機器做到各種有智慧的事情。但一直到了近代電腦在功能上有大幅進步,才得以做到上述的事情。

本章有一段介紹了 AI 發展的傳統與最新做法有何不同。簡單來說就是去比較,讓電腦去模擬或模仿人腦的傳統做法,以及運用電腦既有的速度與運算能力來實作 AI 的新穎做法,兩者間的差異。我也定義了像是廣 / 狹 AI、強 / 弱 AI 等等諸多名詞。

我們也簡單介紹了關於智慧的本質,希望能激發你的好奇心,並且去思考如何去分辨機器或動物所呈現出的某種智慧。接著則是討論什麼是推理,裡頭有一些範例談到整合在 AI 應用中的推理過程。

接著介紹了一連串 AI 的不同領域,希望能夠解釋許多對於 AI 研發上重要且進行中的成果。不過,本書只能示範少數幾個 AI 領域就是了。

本章最後介紹了 AI 如何影響了現今的社會,尤其是在處理大數據方面。

## CHAPTER 2

AI 基本觀念

本章將介紹 AI 領域中至關重要的基礎觀念。

了解 AI 在其最基礎階段的運作方式,對於深入研究這些概念是相當重要的。如果沒有先做點功課的話,到時碰到進階的 AI 專題就很難繼續探討下去。我只會介紹對本書專題來說必要的觀念。現在從一些基礎觀念開始討論。

布林代數

布林代數是由 George Boole 在 1847 年提出的。這是一種代數學,用於操作真值(truth value):true 與 false,或記為 1 與 0。最基本的布林算式並不多,但在 AI 算式中卻很常用。這些算式是以變數 A 與 B 來表示,說明如下:

- A AND B
- A OR B
- NEGATE A
- NEGATE B

算式 A AND B 也可以寫作 A * B，* 符號代表 AND 運算。這與在一般代數中的乘法符號不同，但與多數人心中所想的相當類似了。同樣地，敘述式 A OR B 可用 A + B 來表示，這與一般代數中的加法 + 在符號上相同，但運算結果為真。你很快就會看到在布林代數的 1 + 1 = 1，但這式子在非布林代數顯然不成立。NEGATE（或補數）運算為一元（*unary*）運算，代表它只接受一個運算子（就是變數）；但是 AND 與 OR 就是二元的，會用到兩個邏輯變數。NEGATE 運算有個正式的符號（¬），但在程式語法中並不常用。反之，多數邏輯算式中常用的作法是在符號上加一橫槓，我後續也是這樣作。

表 2-1 說明了上述運算式搭配不同 A 與 B 輸入值的輸出結果。在此用 C 來代表輸出結果。

表 2-1 基礎布林運算

運算式	輸入變數		輸出變數
	A	B	C
A * B	0	0	0
A * B	0	1	0
A * B	1	1	1
A + B	0	0	0
A + B	1	0	1
A + B	0	1	1
A + B	1	1	1
$\bar{A}$	0	-	1
$\bar{A}$	1	-	0

你可以把多個邏輯符號組合成各種簡易或更複雜的布林代數式。例如，AND 運算可以這樣表示：

$$C = A * B$$

使用兩個以上的變數並結合基礎運算式就能產生更複雜的算式，這應該不難理解。然而，重點在於所有的敘述式最終的結果都只會輸出一個 true 或 false，換言之非 1 即 0。

另外還有三個布林代數的次級運算：

- EXCLUSIVE OR（互斥或）
- MATERIAL IMPLICATION（實質蘊含，或真值蘊含）
- EQUIVALENCE（全等）

後續在介紹推論時，我會用到上述三者的其中兩種算式（真值蘊含與全等），但不會用它們在布林代數的名稱來稱呼。各種 AI 科技的子領域彼此的重疊性相當大；因此，使用某個子領域中的概念去代表另一個子領域中的某個概念，但後者在原本的子領域中實際上已經有個既有的名稱或對照，這件事在 AI 領域中可說是見怪不怪。在理解底層的概念之後，這些差異應該不會太困擾你才對。

額外的布林定律

多理解一點布林代數定律是好的，因為本書許多章節中都會用它們結合多個邏輯敘述。在此簡單介紹一下。

以下是簡單的迪摩根定理（De Morgan's law）：

$$\overline{(A * B)} = \overline{A} + \overline{B}$$

$$\overline{(A + B)} = \overline{A} * \overline{B}$$

以下是結合律範例：

$$(A * B) * C = A * (B * C)$$

$$(A + B) + C = A + (B + C)$$

以下是交換律範例：

$$A * B = B * A$$

$$A + B = B + A$$

以下是分配律範例：

$$A * (B + C) = (A * B) + (A * C)$$

$$A + (B * C) = (A + B) * (A + C)$$

推論

推論（inference）是第一章所介紹的推理過程中的一部分。推理過程包含了從某個初始假設或事實狀態逐漸移動到一個邏輯性的結論。

推論一般分成三大類。

- 演繹（*Deduction*）：運用各種邏輯定律與規則，根據已知（或假設）為真之假設所推導出的邏輯性結論。

- 歸納（*Induction*）：根據特定假設所做出的一般性結論。

- 逆推或提設（*Abduction*）：將多個假設簡化為單一最佳解釋。

後續段落中我會採用演繹推論法，因為它最適用於專家系統，後續會再介紹這件事。

肯定前件（*modus ponens*）這個拉丁單字意思是「以肯定來肯定的方式」。這是演繹推論的基本規則。用邏輯術語來說，這條規則可寫作「P 蘊含（imply）Q，因此當 P 為真時，Q 必為真」。這規則可回溯到中古世紀，歷代以來直到今日皆普遍為邏輯學者所採用。這規則可以分成兩段。第一段是條件主張（conditional claim），傳統的格式為若…則（*if* … *then*）。第二部分則是條件主張的結果（*consequent*）或後件，就是跟在 *then* 之後的邏輯敘述。

一般規則的條件主張包含了兩個假設：P 蘊含 Q，且 P 為真。P 也稱為條件主張的前件（*antecedent*）。結果顯然就是 Q 為真。本定理在 AI 中的應用簡單來說就是正向鏈結（*forward chaining*），這在專家系統中至為關鍵。請看下一段介紹。

專家系統

專家系統（*expert system*）是指能在特殊問題領域中運用各種事實的電腦程式。它可根據這些事實來產生結論，做法與人類專家使用相同事實來推理並得到類似結論的方法是差不多。這樣的程式，或稱專家系統，需要用到領域中的所有事實，以及根據一群規則來編寫程式，人類專家也是根據這些規則並搭配相同的事實來推導結論。有時這樣的專家系統也稱為規則庫（*rules-based*）系統或知識庫（*knowledge-based*）系統。

第一台能媲美真人專家的超大型專家系統名為 MYCIN。它可作為協助醫生診斷各種血源性傳染病的智慧小幫手。MYCIN 整合了大約 450 條規則。它可產生正確的診斷書，等級大概和新手醫師差不多。MYCIN 採用的規則集是藉由與大量領域專家的訪談結果，根據他們的經驗與知識所產生的。更擴大來說，這些規則擷取了真實世界中的資料與知識，不只限於醫學教科書與標準流程。用於 MYCIN 中的規則格式與我先前介紹過的完全相同：

if (conditional claim) then (consequent)

請看以下範例：

if（血液中有細菌）then（敗血病）

順帶一提，敗血病是一種非常嚴重的血源性疾病，需要立即處理。

條件主張，我之後會簡稱為條件（condition），在使用各種邏輯運算子與其他條件組合起來之後會變得相當複雜，這在布林代數那一段談過了。我會用結論（*conclusion*）而非邏輯性術語的後件（*consequent*），因為前者是專家系統領域比較常見的名詞。

以下是一些複雜規則的常見格式：

- if (條件 1 and 條件 2) then (結論)
- if (條件 1 or 條件 2) then (結論)
- if ((條件 1 or 條件 2) and 條件 3) then (結論)

不難想像，根據 MYCIN 的問題領域以及所要處理的所有變數或條件，它所建立的規則當然複雜多了。針對 MYCIN 所開發的工具與技術後續也用於其他的專家系統。

是否有可能在賦予同一組事實或條件的情況下，卻得到不同的結論？答案是 *yes*，這時候就需要某些做法來解決這些衝突。

衝突解決

衝突（conflict）是指當只需要一個結論時，使用指定條件來應用規則之後，卻得到數個不同的結論。這個衝突一定要解決才行。解決衝突有以下幾種做法：

- **最高規則優先**（*Highest rule priority*）：專家系統中的每一條規則都指定一個優先順序或數字。結論會來自具有最高優先權的規則。在這些情況下也會運用某些僵局處理流程。

- **最高條件優先**（*Highest condition priority*）：專家系統的每一個條件都指定一個優先順序或數字。結論會來自具有最高優先權的條件（可能多個）。這情況下一定會先準備好一些僵局處理流程。

- **最特殊優先**（*Most specific priority*）：選用運用了最多條件的結論。

- **最近優先**（*Recent priority*）：選用最新一個由規則所產生的結論。

- **特定任務優先**（*Context-specific priority*）：專家系統規則會先分成幾個小組，任何時段中只能使用一或少數幾個規則。只能從某一個已經啟用的規則小組所產生的結論去選擇其中一個結論。

決定要採用哪種衝突解決方法與專家系統的特性息息相關。很可能需要運用不同方法之後再評估哪一個效果最好。再者，別忘了也可以不使用任何衝突解法，只單純列出所有結論讓人類使用者來決定的這種預設決策方法。

多個規則可以階層式結合起來成一個「合乎邏輯」的途徑，藉此呈現人類專家處理一組指定條件的方式。以下範例有助於釐清規則組合的運作方式。我選用美國國家美式足球聯盟（National Football League, NFL）的幽靈四分衛（Quarter Back, QB）作為我的虛擬專家。假設 QB 所屬的隊伍目前處於第三次進攻，再七碼就能取得續攻權。合理推測下，這個 QB 專家應該會選擇傳球來取得所需的碼數，因為要在第三次進攻一口氣取得七碼的成功機率實在不高，至少在 NFL 是這樣。

QB 接下來要考慮的是如何防守，因為這會大大影響如何傳球。QB 可能會改變傳球方式，特別是覺得對方很可能採用突擊戰法（blitz）時，代表對方可能會多用一或兩個突擊手來攔截。

突擊戰會讓防守變成一對一的緊迫盯人防守，好增加傳球的成功機率。一般來說，突擊會讓 QB 去嘗試長碼數的傳球。不過當擺出突擊陣形卻沒有執行的話，QB 會嘗試採用較短碼數掩護傳球，一般來說結果都是短碼數推進。

上述的情境可以分為規劃與動作兩個階段。規劃階段從兩隊彼此列隊就開始了。動作階段則是從進攻方中心把球丟給 QB 開始。當階層式規則產生之後，這兩個階段就會轉換為各層以下是針對美式足球情境的階層式規則集。

以下是第一層規則：

if（第三次進攻 且 需要取得長碼數）*then*（規劃傳球）
if（懷疑突擊戰）*then*（規劃長碼數傳球）

接著看到第二層規則：

if（發生突擊戰）*then*（執行長碼數傳球）
if（未發生突擊戰）*then*（執行掩護傳球）

這些規則明顯經過簡化了，因為在現實狀況中 QB 根據自身的體能狀況還有其他玩法，例如自己持球並試著自己跑完第一次進攻。第一層中的規則是全數彼此獨立，但第二層中的規則卻是彼此相依的，代表兩者中一定會執行或發射（fired）其中一個，但絕不會同時發生。最後，規則集在此是動態的，因為在任何規則發射的前一刻，所有條件都是未定的。這與多數的傳統專家系統大大不同，因為這類系統的條件都是固定的，並且在應用於規則集之前都完全已知。

反向鏈結

觸發規則來產生結論的過程，逐次將各個條件應用於所有規則中，就是上一段說的正向鏈結。正向鏈結是專家系統的常見運作方式，但有時候從結論開始也是實用的重要做法，並試著從最終結論回推出究竟需要哪些條件。這過程稱為反向鏈結（*backward chaining*），常用於驗證系統是否照預期運作，以及確保不會產生不合適或「錯誤」的結論。對於以安全為優先考量的專家系統來說，這樣的驗證過程尤其重要，例如用於海陸空載具的控制系統。

反向鏈結也可用於在運用某一組輸入條件時，決定是否需要發展額外的規則來避免產生未預期或奇怪的結論。

到目前為止，你應已具備足夠的背景知識來運用 Raspberry Pi 製作 AI 專題了。本專案首先要在 Raspberry Pi 上安裝 SWI Prolog 語言，接著對一個小型知識庫進行查詢。但首先要看看如何設定 Raspberry Pi 才能開始操作 Prolog。

Raspberry Pi 設定

我的 Raspberry Pi 是以無螢幕或經由 SSH 連進去的獨立設定，客戶端電腦是一台 MacBook Pro，我用它完成了本書所有的原稿。而且要從擷取 Raspberry Pi 的終端機畫面也很簡單。這種連線型態的效率相當好，我可以在 Mac 上存取 Raspberry Pi 的所有檔案。終端機視窗中的所有東西都可以在 Raspberry Pi 的螢幕上看到。當然，在 Raspberry Pi 端的檔案操作都要透過命令列來完成，而非拖拉放（Mac 端只要這樣作就能搞定了）。

認識 SWI Prolog

Prolog 這套 AI 語言是由一群來自蘇格蘭、法國與加拿大的研究員在 1960 至 70 年代早期所建立的。與現今快速發展的電腦語言相比，它算是存在很長一段時間了。這個專案一開始的目標是以自動化方式對法文文字進行演繹推論。內容包含了自然語言處理、各種電腦演算法以及邏輯分析方法的發展。*Prolog* 其實是三個法文單字的組合：

PROgrammation en LOGique.

Prolog 是一種宣告式（declarative）程式語言，因為它運用一組稱為*知識庫*（*knowledge base*）的事實與規則。Prolog 使用者可對這個知識庫進行查詢或發問，這稱為*目標*（*goal*）。Prolog 會使用邏輯演繹過程來對這個（或多個）目標回應一個答案，如先前我們在推論那一段所討論的。這個答案通常就是真／假或是／非，但根據目標的呈現方式，答案也可能為數字甚至文字。

Prolog 也被視為符號式語言，完全不會用到硬體或特殊的實作。由於本身的抽象化程度，就算不太具備電腦知識的人也可以運用 Prolog。多數使用者不需要任何程式語言經驗就能有效運用 Prolog，至少在最基礎等級上，你很快就會知道是怎麼回事。

Prolog 從一開始就因為運用各種符號所能做到的成果，被 AI 社群視為明日之星。這套語言基本上就是以各種思考與智慧為基礎的推理與邏輯過程。雖然一開始相當簡單，但在研究者加入更多功能之後，Prolog 已經變得相當複雜了。就我看來，這對於推廣這個語言來說算是有好有壞。雖然它對非 AI 使用者可說是簡單又有吸引力，但對於 AI 初學者來說，已經相當複雜。不過，別怕！後面的 Prolog 範例我會盡量做得簡單直覺。但請注意，這只是 Prolog 所能做到的冰山一角而已。

執行 Prolog 所需的運算能力已經與 1970 年代完全不同了，當年需要超級電腦才能做到的事情，相較於今天，要價 35 美金的單板電腦就能把各種 Prolog 查詢處理地又快又好。

在 Raspberry Pi 上安裝 Prolog

以下指令將協助你在 Raspberry Pi 上安裝一個強大又好用的 Prolog 版本，叫做 SWI Prolog。SWI 是 *social science informatics* 的縮寫，但是採用荷蘭字母的縮寫。SWI Prolog 的官方網 站[1] 上有非常多實用的教學與關鍵資料，一定要看看。

在安裝 SWI Prolog 之前，請先更新你的 Raspian 作業系統。我假設多數讀者都使用由樹莓派基金會所提供的作業系統，Jessie，在本書編寫期間這是最新的版本。

你要執行的第一個指令就是用來更新 Rasperry Pi 的 Linux 版本：

```
sudo apt-get update
```

更新過程大概需要幾分鐘。接著請輸入以下指令來安裝 SWI Prolog：

```
sudo apt-get install swi-prolog
```

本指令會安裝 SWI Prolog 語言與所有要能順利執行於 Raspberry Pi 所需的相依套件，根據你所採用的 Raspberry Pi 型號，過程應該幾分鐘或再久一點。

請輸入以下指令來檢查是否安裝成功：

```
swipl
```

你應該會在畫面上看到以下訊息：

```
pi@raspberrypi:~ $ swipl
Welcome to SWI-Prolog (Multi-threaded, 32 bits, Version 6.6.6)
Copyright (c) 1990-2013 University of Amsterdam, VU Amsterdam SWI-Prolog
comes with ABSOLUTELY NO WARRANTY. This is free software, and you are welcome
to redistribute it under certain conditions.
Please visit http://www.swi-prolog.org for details.

For help, use ?- help(Topic). or ?- apropos(Word).

?-
```

---

1 http://www.swi-prolog.org

?- 代表 Prolog 正在等候你輸入指令。只要看到它，就可以開始操作 Prolog，這就是下一段的主題。

基礎 Prolog 範例

如前所述，你需要一個知識庫才能查詢 Prolog。在此直接使用 SW Prolog 網站教學中的知識庫。知識庫中包含了太陽（恆星）、行星與月亮。這個知識庫其實只是一個文字檔，下載後放在 Raspberry Pi 的 home 目錄即可。我用系統預設的 nano 編輯器來建立這個文字檔。我非常推薦 nano；當然啦，你也可以改用其他自己慣用的文字編輯器。但請不要使用 Microsoft Word 之類的大型文件編輯軟體，因為這些軟體可能會在文字檔中放入一些隱藏的格式設定。任何隱藏格式都會讓 Prolog 程式發生錯誤而導致知識庫無法使用。

以下是知識庫的內容，檔名為 satellites.pl，路徑就是在 /pi 目錄下。

```
%% 簡易 Prolog 知識庫

%% 事實
orbits(earth, sun).
orbits(saturn, sun).
orbits(titan, saturn).

%% 規則
satellite(X) :- orbits(X, _).
planet(X) :- orbits(X, sun).
moon(X) :- orbits(X, Y), planet(Y).
```

關於這個知識庫，你需要先知道幾件事情。註解是由 %% 符號開始。註解是給人類看的；Prolog 直譯器會直接跳過註解。檔案中的大小寫要注意，代表 x 與 X 是不同的符號。各個事實與規則都是以句號 . 來結尾。

你需要運用 consult 指令才能讓 Prolog 去使用知識庫。以這個狀況來說，這個指令會使用知識庫名稱（不需要 .pl 副檔名）作為引數：

```
?- consult(satellites).
```

以下是同一個指令的精簡語法：

```
?- [satellites].
```

一旦知識庫準備好了的話，就可以進行查詢或設定目標了。以下是一項簡易查詢，想知道地球是否是太陽的衛星：

```
?- satellite(earth).
```

Prolog 的回應是 *true*，因為知識庫中有一個事實提到地球繞著太陽公轉，然後有一條規則說到衛星是繞著太陽公轉的任何符號。當然，用於本規則的符號就是「earth」。圖 2-1 中可以看到包含了衛星、行星與月亮等等五個查詢。

```
pi@raspberrypi:~ $ swipl
Welcome to SWI-Prolog (Multi-threaded, 32 bits, Version 6.6.6)
Copyright (c) 1990-2013 University of Amsterdam, VU Amsterdam
SWI-Prolog comes with ABSOLUTELY NO WARRANTY. This is free software,
and you are welcome to redistribute it under certain conditions.
Please visit http://www.swi-prolog.org for details.

For help, use ?- help(Topic). or ?- apropos(Word).

?- [satellites].
% satellites compiled 0.00 sec, 7 clauses
true.

?- satellite(sun).
false.

?- satellite(earth).
true.

?- satellite(titan).
true.

?- planet(titan).
false.

?- moon(titan).
true.

?- halt.
pi@raspberrypi:~ $ ▮
```

圖 2-1 *Prolog* 知識庫查詢

技術上來說，月亮是繞著太陽轉，因為它跟隨的行星也是繞著太陽轉，但這樣很快就會搞混，就留給讀者來衡量了。請看一下圖 2-1，在 Prolog 對話視窗最後有個 halt. 指令，它會停止 Prolog 並把控制權還給原本的作業系統。

顯然我們可以在知識庫中加入更多事實來囊括各種關於太陽系的事情。還能加入與行為有關的規則，而非單單決定行星、衛星與月亮的狀態。Prolog 既有的強大之處就是在於處理這類更複雜更廣泛知識庫的彈性上。

現在你應該明白藉由運用知識庫，Prolog 是實作專家系統的絕佳方案。我們會在下一章特別針對專家系統來深入檢查這樣的系統。現在是時候來看看如何在 AI 中運用模糊邏輯了。

認識模糊邏輯

我用這個論述開啟本段：在模糊邏輯（fuzzy logic, FL）背後的理論沒有任何模糊或不精確的地方，它之所以得名是因為它比非真即假（或稱為二元決策）這種傳統邏輯敘述的核心概念上，效果來得更好。

在 FL 中，一句敘述可能部分為真又部分為假。或者在敘述中包含了機率，例如「*本敘述有 60% 的機率為真*」。FL 反映了人類感知的現實狀況，我們不只會作出非真即假的二元式決定，也會根據不同程度或階段來作決定。

當調整熱水器的溫度時，做法並非只有冷熱兩種，比較可能會聽到的是熱一點或冷一點。好比在開車時，你是根據交通流量來調整車速，可能會稍微超過速限；而非加速或停車二選一。這些決策（根據強度或程度）充斥在我們的生活中。在 AI 運用 FL 能幫助進行這樣的決策。以下範例應該更能清楚說明什麼是 FL 以及其運作方式。

模糊邏輯範例

回到淋浴的範例來說明 FL 是如何運作的。在此選用的水溫範圍相當誇張：最低溫是 50°F，最高溫則是 150°F。我這麼做只是方便把整體溫度範圍控制在 100°F 而已。當然啦，這兩個高低溫顯然都不適合洗澡。現在選定一個範圍百分比來看看會發生什麼事。先把熱水器溫度設為範圍的 40%，這會讓實際水溫為舒適的 90°F，對多數人來說應該是挺舒服的。建立這個百分比與某個實際溫度之間的關係就是整個流程的起點，稱為模糊化（*fuzzification*），就是把真實世界中的條件與 FL 值彼此關聯起來，以本範例來說就是溫度對應到百分比。以下是熱水器水溫範例的模糊化條件集：

- 50°F 對應於 0%、60°F 對應於 10%，以此類推直到 150°F 對應於 100%
- 每 1°F 的差異正好是範圍的 1%

這樣一來，很容易從百分比與溫度之間的關係得到一個等式：

$$Percentage = (T - 50)，T 為 °F，範圍從 50 到 150。$$

一旦真實世界中的數值被模糊化之後，就可以藉由一連串的規則來求值。這些規則與我在專家系統所提到的完全一樣，有助於整合各種 AI 科技。這些 FL 模型有時也稱為模糊推論系統（*fuzzy inference system*）。

不過，像是 *if (* 條件 *) then (* 結論 *)* 這樣的一般性假定得修改一下才能適用於 FL。這代表以下規則也可適用於傳統的邏輯論述：

if（水溫是冷的）then（開啟熱水器）
if（水溫是熱的）then（關閉熱水器）

可取代為簡易的 FL 規則：

if（水溫是熱的）then（開啟熱水器）

先等等！乍看之下，這條規則根本沒道理。它居然說如果水是熱的話，就啟動熱水器。這是因為你還是用傳統的真／假或開／關的概念來思考。

現在，請不要用非真即假來看待水溫是熱的這個條件，而是以介於 0 到 100% 之間的模糊化百分比來重新思考，你應該會理解到啟動熱水器這個結論也會轉變成百分比，不過變化方向是相反的。例如，如果水溫是熱的條件只有 10% 為真，那麼啟動熱水器結論應該就是其最大值的 90%，應該很接近它的最高運作效能。不過，如果水溫是熱的條件 90% 為真的話，則啟動熱水器結論就應該只有其最大值的 10%，這時加熱器基本上就是關閉的。

要讓你把改用 FL 觀點來思考以及如何將其運用於規則系統中應該要花點工夫，但我保證這絕對值得一試。

如先前專家系統所討論的，規則結合的方式在此也差不多。在此假設熱水器是安裝在電力分配網之下，每度電（千瓦 - 時，kw-hr）在一天中不同時段的計價方式也不同。就可以得到把不同的電力成本也納入考量的規則了，如下所示：

if（水溫是熱的 且 每度電價為高）then（開啟熱水器）

現在，指定模糊化後的水溫值為 45%，且模糊化後的電力成本值為 58%，組合之後的條件值會是多少呢？結果是在 FL 的規則中，當在條件算式中使用 and 運算子時就會得到最小百分比。以本範例來說，該值為 45%。同樣地，當在條件算式中使用 or 運算子時就會得到其最大百分比。你也許會好奇，當更複雜的算式中同時包含 and 與 or 運算子時，最後的模糊值又是什麼呢？答案是採用最終的 and 最小值來計算，因為在邏輯運算中，and 運算子的優先權比 or 來得高，本章先前已經討論過了。

解模糊化

解模糊化（defuzzification）是組合多個規則的數值結論來產生一個整體性結論值的過程。最簡單也最直觀的做法是把所以結論直接平均來產生一個數字。這個做法當所有規則都一樣重要時的效果還不錯，但通常沒這麼簡單。我們可運用權重因子（weighting factor）來指定各條規則的重要程度；舉例來說，以下有四條規則，各自有不同的權重值，如表 2-2。

表 2-2 權重規則範例

規則編號	權重	結論值	結論值 * 權重
1	2	74	148
2	4	37	148
3	6	50	300
4	8	22	176

組合值或解模糊化值的算法是把先把所有的結論值乘以各自的權重值，接著加總起來，最後除以所有規則權重值的和。如下所示：

Defuzzified value = (148 + 148 + 300 + 176)/(2 + 4 + 6 + 8) = 772/20 = 38.6

解模糊後的數值也稱為權重平均（*weighted average*）。

衝突的解決方法在 FL 規則中通常不會是大問題，因為這些權重值已經賦予規則不同的優先權了。

第五章會介紹一個相當完整的 FL 範例，到時候也會透過一個特殊的 FL 專題來介紹模糊集的概念。與單單看過抽象討論相比，我覺得你看到模糊集是如何應用於現實生活之後會更有意義。現在讓我們把焦點轉回到解決問題這件事上。

解決問題

關於 AI 的討論到目前為止，所有與特定問題領域有關的問題 / 解法都已經用完整的規則集來說明過了。但牽涉到解決問題的通用性時就不是這樣了。思考一下如何判斷汽車 GPS 系統的起點與終點，這是個相當經典的問題。在兩個地方之間通常有相當多種移動方式，但不考慮兩點之間只有單一道路這種沒意義的狀況。這種問題類型就是 AI 所擅長的，通常可以解得又快又好。

在此設定一個情境來驗證解決本問題的各個面向。思考一下如何從波士頓到紐約，完成這趟旅程有許多種方式。由於這裡的人口非常密集，兩地之間也有很多城鎮，因此從波士頓到紐約的路徑自然也非常多。這裡會用到一些常識性的準則，例如路徑上的任何城鎮只能路過一次，因為在旅程中重複造訪某個城鎮好像沒什麼意義。

實際在選擇路徑上的關鍵點在於所要控制的成本：旅途時間、路徑長度、油錢與交通狀況，這些都會造成實際或潛在性的延遲。這些成本通常是彼此相關的，例如路徑愈長當然會花更多油錢，不過當替代道路是高速公路的話就不一定會增加旅途時間，因為相較於行駛小鎮之間的鄉野小路，在高速公路上可以高速巡航。但是高速公路也可能因為大塞車而導致整體速度降低，把過路費也算進去的話可真是雪上加霜。

第一個用於決定最佳路徑的方法就是廣先搜尋（*breadth-first*）搜尋。

廣先搜尋

廣先（breadth-first）搜尋法會先考量波士頓到紐約之間所有可能的路徑、處理各條路徑，最後計算並累加各路徑的總成本。這種暴力破解法既耗時又很浪費記憶體，因為電腦在從上千條路徑中找到最佳解之前必須仔細追蹤所有成本。當然，這種演算法應該會自動排除所有替代道路而只專注於州際高速公路來簡化搜尋流程。

目前大多數的車用 GPS 系統的一般成本都是針對路徑長度來最佳化（路徑最短），但實務上並不一定是這樣。有時候將旅程時間降到最低也是主要目標；這根據 GPS 系統的軟體開發者所設定的需求而定，當然也有其他搜尋路徑的方式。

深度優先搜尋

在深度優先（depth-first）搜尋中，會先把某條路徑從頭看到尾，再算出總成本。接著再去看另一條路徑。這兩條路徑的成本相比之後，剔除掉成本較高者。然後再去看下一條路徑並比較成本，一路做到把所有可能的路徑都看完為止。由於只會保留最新一筆與最便宜的路徑，因此這種做法可讓記憶體用量最小。

這類搜尋法的實際問題在於要花很久時間才能算完，尤其是當第一條路徑選得很差的時候。搜尋演算法通常只會稍微修改一下起始路徑並重算成本，因此也不難想像為什麼要花很長的時間才能找到一條合適的路徑。

下一個搜尋法針對本方法做了非常多改進。

深度限制搜尋

深度限制搜尋（depth-limited）搜尋與深度優先搜尋相當類似，但在計算成本之前會先設定一定的城鎮數量。當達到這個選定數量就會比較成本，並將較便宜的路徑保留下來。

這個作法的假設是：如果某條路徑一開始就比另一條更便宜的話，之後也很有可能是這樣，這算是很合理的假設。上述我談過的路徑搜尋演算法在搜尋大範圍不同方向時會排除極端繞道的狀況來避免成本超乎預期地暴增。這個演算法的關鍵就是如何選擇合適的深度數目。太少的話容易漏掉最佳路徑，但太多又會回到深度優先搜尋而造成運算負擔。一般而言，深度數目限制在 10 ～ 12 都還算合理。

雙向搜尋

雙向（bidirectional）搜尋是深度限制搜尋的變化形，目的在於大幅改善後者的運算效率。雙向搜尋中所要驗證的路經會先一分為二，再進行兩次搜尋：一個是向後回到起點，另一個則是向前直到終點。

這兩個分岔出來的搜尋路徑都屬於深度限制，因此，只會搜尋那些預先選好的城鎮數量。成本比較的方式與深度限制搜尋的做法相同，只保留最便宜的路徑。

這套搜尋演算法的基本精神是當要盡快決定哪條路徑成本較低時，分成兩段是比較有效率的做法。它也可以解決在一般深度限制搜尋中，初始路徑選得不好所產生的負面影響。

其他解決問題範例

路徑搜尋也可以應用於其他許多狀況。迷宮就是個好範例，雙向路徑搜尋就算面對超複雜的迷宮也有不錯的效果。搜尋演算法也可用於魔術方塊，最終目標是讓方塊每一面的顏色都一樣。

西洋棋與路徑搜尋問題就屬於不同領域了。這是因為遊戲中有一個會主動回擊的智慧對手，最終目標是要將你一軍。這個動態現象在旅行者路徑搜尋問題中並不存在，因為所有路徑都是靜態且不會改變。但到了西洋棋，電腦不再能僅僅去檢查所有未來可用的走法，因為這與對手的下一步有關（可能的數量只能說是天文數字）。反之，電腦則因此加入了深度機器學習，下一段就會討論這個。

機器學習

機器學習（machine learning）學習一詞首先由美國麻省理工學院的 Arthur Samuel 教授於 1959 年提出，他在電腦科學與人工智慧兩個領域都是公認的先驅。Samuel 教授指出：「機器學習這個研究領域讓電腦不需要外部程式介入就可以自行學習」。他所推動的事情基本上就是讓電腦可藉由演算法來程式控制，讓電腦可以從輸入資料中來學習，並根據相同的資料做出預測。這代表這種學習演算法與先前任何一種需要預先寫好程式或靜態演算法完全不同，而是根據輸入資料所產生的模型來自行產生由資料所驅動的結論與預測。

機器學習已被應於各種最新情境，包含過濾垃圾電子郵件、光學字元辨識（OCR），內容搜尋引擎以及電腦視覺等等。回想一下專家系統，要實作機器學習可能比你所想的還簡單。傳統專家系統中包含了一系列與人類專家訪談後所產生的規則，並根據輸入條件來「觸發」。如果機器可以把這些規則中的一項或多項稍微修改一下，並接續使用這些由修改版的規則所產生的結論又會如何？如果這些新版規則得到了更好的最終結論，則這些規則就會被保留並也許會獲得比先前規則更高一點的優先權，做法和解決衝突的做法差不多。另一方面，如果使用修改後規則的結論不太理想的話，就會被退貨並由其他的修改版規則所取代。如果這個過程不斷持續的話，是否就能說電腦真的在學習呢？這個問題的答案一直是 AI 社群爭論不休的地方。

實作機器學習的方法有很多。我會在後續段落介紹幾種。不過談到學習，我覺得還是先複習一些基礎概念（預測與分類）會比較好，並且它們後續也會用到。

預測

預測（prediction）是指在某個輸出模型中根據特定輸入值來決定新一筆輸出值的方法。最簡單的預測子（predictor）應該是一條在 XY 平面上通過原點的斜直線。這條線可由下列等式來建模，如圖 2-2。

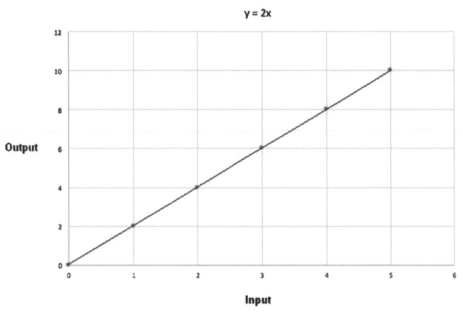

圖 2-2 $y = 2x$ 直線圖

在使用預測子上有一些潛在的限制。首先是輸入值的允許範圍。在圖 2-2 中可以看到五個對應介於 0 到 10 輸出值的輸出值。一般來說，你可以假設輸入值不受限於相同的範圍之內，但現實生活中的模型就可能有諸多限制，例如不得使用負數之類的。再者，雖然等式在範圍中為線性，但不保證在現實生活中的輸入值如果超出範圍的話，模型可能變成非線性。

看完前面的敘述，你的心裡應該有個底，任何預測最多只能做到和用於預測的模型一樣好。現實的模型通常會比上述的線性方程式來得更複雜，因為要對現實世界的行為來建模本來就不是件容易的事情。現在是時候來介紹分類了，這件事與預測可說是同等重要。

分類

說到分類（classification），讓我們提出一個假設性狀況：將特定品種的蘑菇分類出來是很重要的。請注意，這裡所說的蘑菇完全是虛構的，所以如果你是菌類大師（真菌專家）不用急著跳出來。假設有兩種類型的蘑菇：一種美味且無毒，另一種則是有毒而且明顯不可食用。兩者看起來幾乎完全一樣；不過，可食用的品種比較大且比較不稠密，有毒種則比較小且更稠密。有兩個用於分類蘑菇種類的參數（或輸入值）：重量（單位為公克）與菇冠（或稱菇傘）周長，單位為 mm。這裡說的稠密度是計算出的參數，如果需要的話可以從重量與周長這兩個基本參數算出來。圖 2-3 是這兩種類型蘑菇的 x-y 分布圖。

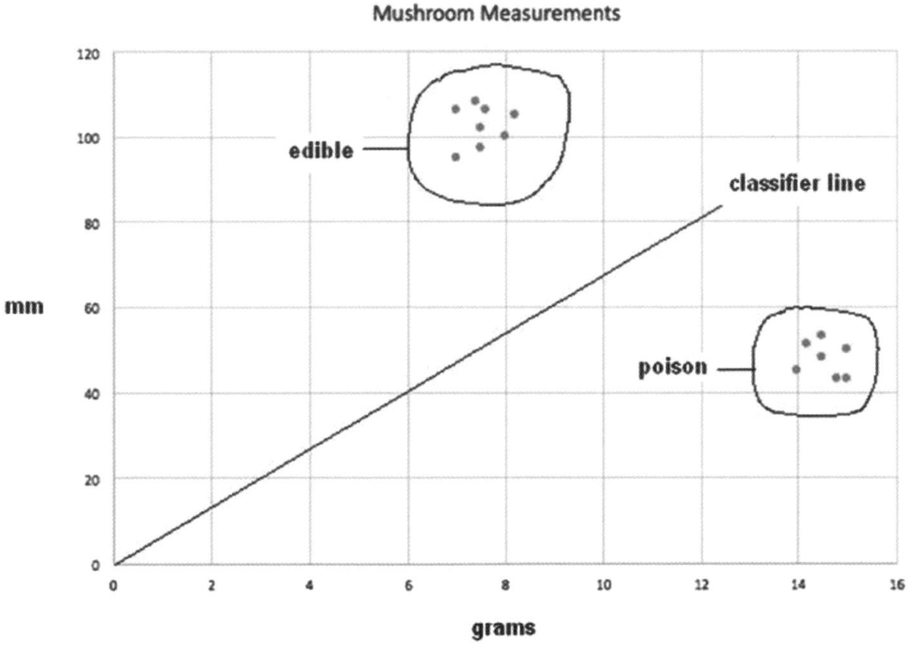

圖 2-3　蘑菇分布圖

在圖 2-3 中，我把兩種蘑菇種類的所有資料點都圈起來，並加入一條區分用的斜線，標示為分類線（classification line）。如你所見，這條線把兩個族群確實區分開來，但問題也正在於如何保留與透過分析方法來決定最佳的分類線。這條線的方程式與圖 2-1 中的完全一樣，其一般式為

$$y = mx$$

m 代表斜率。先試看看 $m = 2$ 會發生什麼事，結果如圖 2-4。

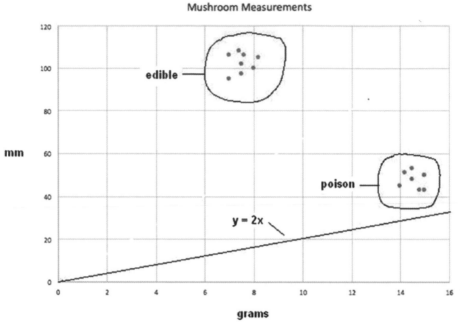

圖 2-4 分布圖與分類線 $y = 2x$

這個結果顯然不夠好，因為這時兩個族群都在線的同一側，代表這個 m 值不是一個好的分類器。在此需要的是決定 m 值的精確方法，而非盲目瞎猜。這個方法就是機器學習過程的起點。

首先要建立的是訓練資料集（*training data set*），用來估算當下的分類函式的效果。這個資料是各個叢集中的某個資料點，如表 2-3。

表 2-3 訓練資料

資料點 #	公克 (x)	mm (y)	蘑菇類型
1	15	50	有毒
2	8	100	可食用

將資料點 1 的 x 值代入等式 $y = 2x$，會得到 y 值 30 而非 100，這是所謂的真實值或目標值。這個 +20 的差異就是誤差值（*error value*）。誤差值一定要盡量最小化才能算是一個可用的分類器。增加分類線的斜率是將誤差最小化的唯一方法。在此用 Δ 號來表示斜率變化，ϵ 代表誤差，yt 代表期待的目標值。誤差可以這樣表達：

$$\epsilon = y_t - y$$

展開上述等式，假定 Δ 是我們用來求出 yt 的某數並展開上述等式：

$$\epsilon = y_t - y = (m + \Delta)x - mx$$

展開並整理之後得到以下等式：

$$\epsilon = y_t - y = mx + \Delta x - mx$$

$$\epsilon = y_t - y = \Delta x$$

這個誤差值的簡單算式最後簡化成 Δ 值除以輸入值，但可以想像你得花一些時間才能釐清。把最後的等式整理一下，可以算出 Δ：

$$\Delta = \epsilon / x$$

代入初始試驗值會得到新的 Δ 值：

$$\Delta = 20/15 = 1.3333$$

現在 m 的新值為 $1.3333 + 2$ 等於 3.3333，因此修正後的分類線等式為

$$y = 3.3333x$$

換成前一個 x 訓練值，就是 15，可以得到期望目標值 50。圖 2-5 是把修正後的分類線加入分布圖。

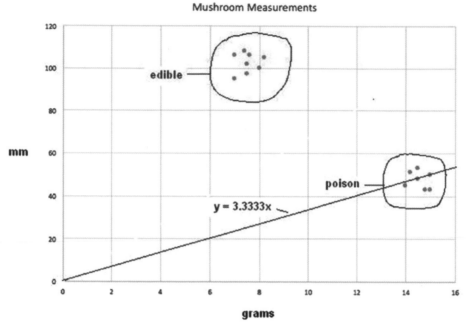

圖 2-5 修正後的分類線 $y = 3.3333x$

進一步的分類法

這條修正後的分類線好多了,但從上圖可以看到還是有一些毒蘑菇的資料點正好在線上或在線的上方,代表分類線依然不合格。

現在改用第 2 號資料點搭配這個修正後的分類線看看會發生什麼事。使用 $x = 8$ 會得到 y 值為 26.664。但資料點實際的 y 值為 100,代表誤差 $\epsilon = 100 - 26.664 = 73.336$。新的修正後 m 值可以這樣算出來:

$$m = 73.336/8 + 3.333 = 12.5$$

代入訓練值 X,就是 8,會得到期望目標值 50。圖 2-6 是再次把修正後的分類線放在分布圖上。

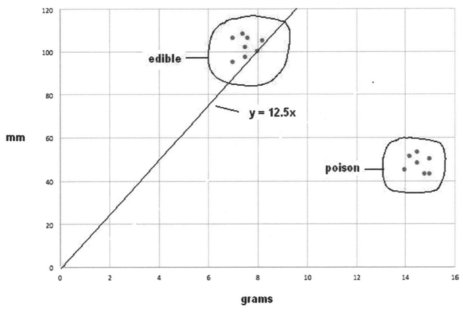

圖 2-6 修正後的分類線 $y = 12.5x$

這次修正後，新的分類線確實把所有可食用的蘑菇與毒菇區分開了，，但還是不合格：因為有些可食用的蘑菇落到了分類線下方因此被錯誤地排除在外。不過現在有個更大的問題，因為所有的訓練資料點都用完了。如果回頭再次使用第一個資料點，會讓分類線變回 $y = 3.3333x$。這是因為這個做法不會納入任何先前資料點的影響；也就是不具備記憶性。有個做法就是引入學習率（learning rate）的概念來和緩這類來回修正的狀況，好讓它們不會一下子跳到極值，也就是現在所碰到的狀況。

AI 領域中的標準學習率符號為 η（希臘字母 Eta）。學習 率是用於 Δ 方程式中的乘數：

$$\Delta = \eta \text{€}/x$$

如果只應用一半的更新內容的話，設定 $\eta = 0.5$ 是個好的開始。對初始資料點來說，新的 $\Delta = 0.5 * 1.333 = 0.667$。因此新的分類線就是 $y = 2.667x$。這次修改的結果我就不放出來了，因為比上一版更糟。不過沒關係，下一版應該會更好。

對資料點 2 來說，運用新的 η 學習率之後可得到新的分類線 $y = 6.25X$。圖 2-7 中把新的分類線放上分布圖。

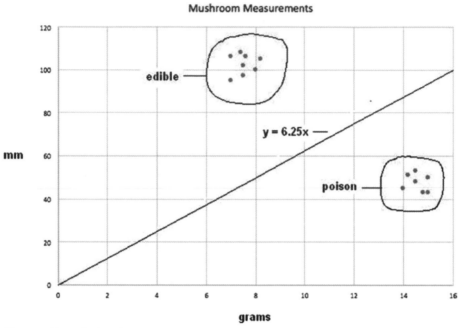

圖 2-7　修正後的分類線 $y = 6.25x$

圖 2-7 中的分類線看得出來相當不錯，正確地區分了兩種類型的蘑菇，也將錯誤分類的機率最小化。

差不多是時候讓你認識神經網路（*neural network*）的基礎概念了，在實作機器學習上可說是不可或缺的一環。

神經網路

神經網路的概念可回溯到 McCulloch 與 Pitts 兩人在 1943 年的一項關於神經運算（neurocomputing）的研究主題上。我在第一章已經介紹過這兩位前瞻性研究者了。該研究指出就算是簡易的神經網路，原則上，也足以勝任任何算數性或邏輯性的功能。在了解神經網路之前，你得先認識生物邏輯神經網路的關鍵，也就是神經元。圖 2-8 是人類的神經元。

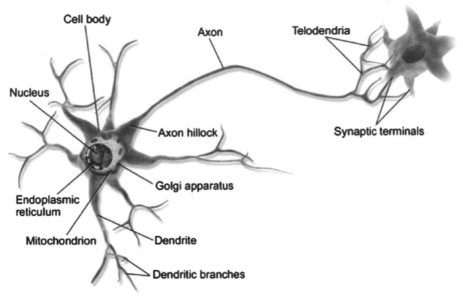

圖 2-8　人類神經元示意圖（來源：維基百科）

圖 2-9 是西班牙神經科學家 Santiago Ramon y Cajal 於 1889 年所畫的鴿子腦部神經元草圖，圖中可以清楚看到樹突與終端。

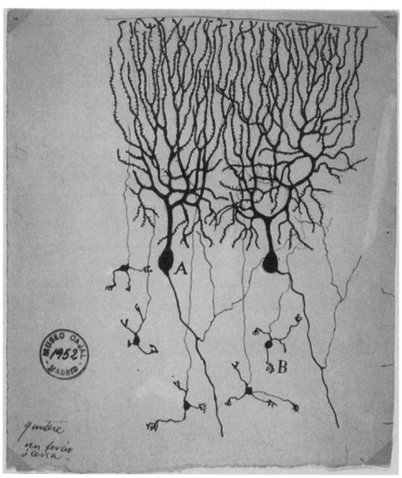

圖 2-9 鴿子腦部神經元草圖（來源：維基百科）

現在問題變成了：相較於電腦，為什麼人腦更能勝任智慧性任務？其中一個答案就是完整發展的人腦大約擁有超過一千億個神經元，但是詳細的運作方式依然未知。如果想對如此大量神經元所能做到的事情有點概念的話，你可以拿蚯蚓來對比一下，雖然牠只有 302 個神經元，但能做到的事情已足以難倒大型電腦。

了解單一神經元如何運作有助於說明如何建立神經網路來解決各種 AI 問題。
神經元的輸出訊號可以對其所連接的另一個神經元造成激發或抑制。當某個
神經元對所連接的其他神經元發送一個激發訊號時，這個訊號會與那個神經
元同時收到的所有輸入訊號累加起來，當所有輸入的激發超過某個預先設定
的水準（或閾值，threshold），該神經元就會發射。發射並不只依賴某一個
輸入訊號的大小；而是根據是否超過閾值來進行發射。圖 2-10 是典型神經元
電訊號的時間序列（time trace）。

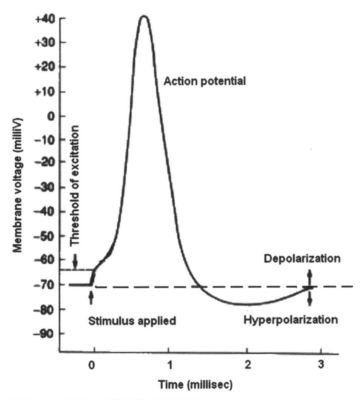

圖 2-10 神經元發射的時間序列

如圖 2-10,峰值電壓只有 40 毫伏特,且總脈衝時間大約只有 3 毫秒。多數的神經元都只有一個軸突,也就是在某個神經元的刺激輸入與激發輸出之間只有 3 毫秒。把這時間與人類的反應時間對比一下是相當有趣的。經紀錄證明,最快的人類反應時間是 101 毫秒,平均值則大約是 215 毫秒。這是從感官輸入(例如視覺)到動作輸出(例如按一下滑鼠)所需的全部時間。假設從眼睛發送一個訊號到腦部的某個神經元需要 10 毫秒;從神經元送出一個神經訊號來控制手指肌肉動作也許要 20 毫秒,另外驅動肌肉需要 40 毫秒。這樣留給腦部運算的時間大概是 145 毫秒。這段時間長度就限制了神經元的鏈結數量最多就只能到 14 或 15 層。這個數字意味著有大量的短距離平行神經元鏈結彼此協力來解譯視覺訊號、回想要採取哪個合適的動作,並對手指發送神經控制訊號來按下滑鼠等任務。所有這些事情完成的同時,其他身體的維生機能依然在運作。

神經元的激發動作大致上可用階梯函數來建模,如圖 2-11。

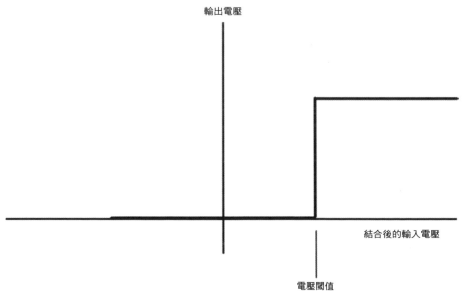

圖 2-11 階梯函數

在自然界中沒有比階梯函數更陡峭的東西了，對生物性函數來說尤其如此。
AI 研究者覺得 S 型函數更貼近真實神經元的閾值函數模型。S 型函數如圖
2-12：

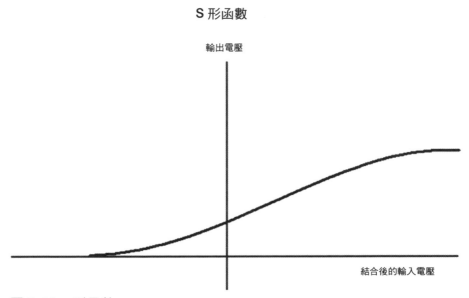

S 形函數

圖 2-12　*S* 形函數

S 形函數的分析式為：

$$y = 1/(1 + e^{-x})，e 為自然數 2.71828\cdots$$

當 $x = 0$，$y = 0.5$，也就是 y 軸與 S 形函數的交點。本函數可用於我們神經元模
型的閾值函數。圖 2-13 是具有三個輸入（$x1$、$x2$ 與 $x3$）以及一個輸出（y）
的基礎神經元模型。

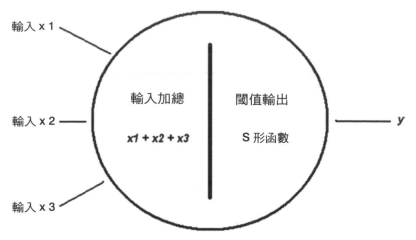

圖 2-13　三個輸入的基礎神經元模型

上面這個基礎模型雖然有用但還不算是完整答案，因為神經元必須連上網路才能以一個學習實體來運作。圖 2-14 是由三層神經元所構成的簡易神經網路，分別標示為輸入（*input*）、隱藏（*hidden*）與輸出（*output*）層。

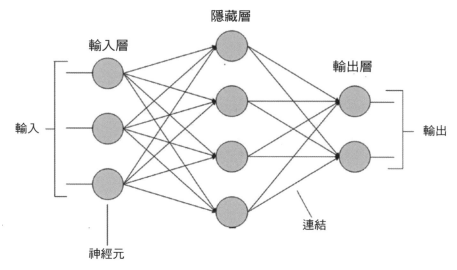

圖 2-14　神經網路範例

另一個重要的問題是「網路是如何學習的？」最簡單的方式就是調整連線的權重，也就是調整從某個輸入與輸出之間的強度。因此高權重代表某條連線是更加強的，反之低權重則是減弱。圖 2-15 顯示指定給各神經元（或稱節點、連結）的權重。它們是以 $w_{n,m}$ 來表示，n 代表來源節點編號，m 則代表目標節點編號。

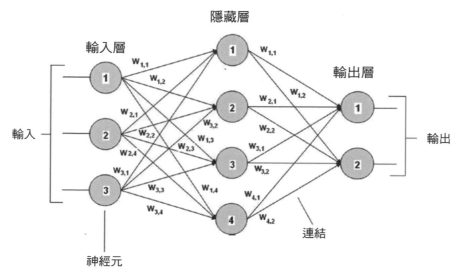

圖 2-15　指定連線權重後的神經網路

在進入神經網路專章之前就先談到這裡，到時候我會指派不同的權重值來示範一套學習系統。目前討論的重點主要是讓你對於實作神經網路有所準備。

淺層學習 vs. 深度學習

在機器學習領域中你可能聽過淺層（*shallow*）與深度（*deep*）這兩個形容詞。淺層一詞聽起來好像很普通也沒什麼學習，但深度聽起來就很厲害。但實際上淺層學習與深度學習只是用於神經網路的主動形容詞，根據實作網路所用的層數來區別。並沒有一個正式的定義來區分淺層或深度學習，因為神經網路的有效性受到很多因素所影響，其中一個就是網路的層數。之所以題到這個是因為我並不在意某個神經網路到底是被歸類為淺或深，我所關心的是它在指令需求與標準下所執行的有效性。

演化運算

演化運算（*evolutionary computing*）是另一個快速發展中的 AI 研究領域。它源自於生物學的演化理論，但運用了以族群式試誤問題解法為基礎的演算法。接著這些問題解決方法會使用啟發式技術，代表這是以統計與機率方法為基礎而非決定論的嚴格分析技術。廣義來說，某個演化運算問題會從多組候選方案其中一組開始，隨後會測試其最佳化程度。如果確定它並非最佳，這個解法會隨機換掉一小部分並再次測試。每個新一代的候選方案會藉由移除上一代所決定的那些不太好的方案來更加改良。舉個生物性的對比就是受限於天擇與突變的族群。結果是整個族群逐漸演化來增加整體的適應程度來適應各種環境條件。對於演化運算而言，對比的過程就是將演算法預先選擇的適應函數最佳化。事實上，演化生物學領域的研究者有時會將演化運算用於研究通用流程的實驗性作法。

演化運算也可用於其他 AI 領域。回想一下我曾經稍微提到演化運算，先前在介紹機器可以採取一或多項規則並稍微修改，並隨後試著去運用由修改後規則所產生的結論。要建立一個根據演化篩選流程的專家規則下的候選規則集雖然不太容易但應該還是做得到。

演化運算有個相當有名的子領域就是基因演算法，下一段就會介紹到。

基因演算法

基因演算法（Genetic Algorithm）會從某個候選方案族群開始，這在上一段演化運算時談過了。這些方案用 GA 的術語來說就是個體（*individual*）、生物（*creature*）或顯型（*phenotype*）。它們會用於某個最佳化流程中來找到改良後的方案。每個候選方案都會有一組可替換或突變的屬性，稱為染色體（*chromosome*）或基因型（*genotype*）。一般的做法是用一連串二元性數字，就是一堆 1 與 0，來代表各個候選方案。演化流程進行時，某個隨機產生的候選方案中的所有個體適應性都會被評估過。適應性更好的個體會從族群中隨機選出，並進一步修改這些個體的基因組來組成下一代。

下一代會重複運用 GA 直到以下兩件事其中之一發生為止。第一，達到了重複次數上限，不論是否找到最佳方案都會導致流程結束。第二，達到了某個滿意的適應性程度，這個優先權高於第一項。

GA 一般來說會需要：

- 相容於問題領域的基因式呈現
- 可有效評估方案的適應性函數

這些二元性數字，也就是位元，是產生候選方案最常用的方式。當然還有其他的型態或結構，但位元目前看來是 GA 用於現代 AI 最普遍的方式。一般來說，它會是個固定長度的位元字串，這樣要進行**交配運算**（*crossover computing*）**時會比較容易**。它與其他運算一樣，在每一基因世代間的修改與突變上都會派上用場。

如果你覺得以上解釋有講跟沒講一樣，別灰心。後續章節我會用一個 GA 範例來釐清這個主題，說不定你會想要嘗試一些 GA 演算法。想要進一步認識 GA 的讀者請參考 intelligence.org 這個網站，有更多有趣的主題。

本章關於基礎的 AI 概念介紹就結束於 GA。你應該覺得差不多準備好可以看看後續章節中的範例與專題了。但我先說喔，後續專題章節裡還會介紹新的 AI 主題，因為本來就不可能在一章裡面全部介紹完。

總結

本章主要目標在於介紹與討論一些後續專題章節會用到的基礎 AI 概念。我先從布林邏輯與相關邏輯運算開始，因為它們在 AI 運算裡相當常見。本章接著介紹以下內容：

- 推論、專家系統與衝突解法，這些都與實作專家系統有關
- 在 Raspberry Pi 上安裝 SWI Prolog
- Prolog 範例，我用它來實作一個專家系統專題
- 模糊邏輯的簡易範例，幫助你搞清楚相關概念
- 一連串關於機器學習的介紹
- 神經網路（NN），以生物的腦部神經元來建模
- 以基因演算法為主軸的演化運算

## CHAPTER 3

專家系統範例

本章將介紹多種專家系統，都可以在 Raspberry 3 獨立桌面版上執行。第一個簡單的範例，範例 3-1，要示範如何在 Raspberry Pi 上使用 Prolog。我會用一些篇幅來介紹如何使用命令列與圖形化介面的追蹤功能，後者是相當實用的 Prolog 除錯功能。第二個範例（範例 3-2）稍微複雜一點，程式會詢問使用者一些關於動物的問題，並試著根據這些問題的答案來做出結論。

下一個專家程式，範例 3-3，由於實作了 OOXX 遊戲，當然就更複雜了。我會談到這支遊戲程式的詳細運作方式，希望能給你一些關於述詞（predicate）的靈感以及如何將它運用於 Prolog 程式中。範例 3-4 則會協助診斷你到底是得了感冒或流感。不過這只是個範例，可別真的相信它而不去看醫生啊。範例 3-5 則是結合了 Prolog 專家系統與 Raspberry Pi 的 GPIO 腳位的實體操作。我會告訴你如何安裝並使用 PySWIP 函式庫，它可在 Python 程式中去呼叫並執行 Prolog 指令。

上述所有範例應該都能在舊版的 Raspberry Pi 上執行，只是速度會慢一點。並且在範例 3-5 中會用到一些額外的零件，列於表 3-1。

表 3-1 零件表

說明	數量	Remark
Pi Cobbler 腳位擴充板	1	40 腳位的版本，T 型或 DIP 型都可以
免焊麵包板	1	860 孔，並有電源供應軌
跳線	1 包	
LED	2	
220Ω 電阻	2	1/4 瓦特

許多線上商店都不難取得這些零件，包含 Adafruit Industries、MCM Electronics、RS Components、Digikey 與 Mouser 都找得到。我會從一個簡易的資料庫來開始示範專家系統，會用到 trace 指令來說明 Prolog 如何解決使用者的目標或查詢。

範例 3-1：Office 資料庫

以下程式與說明大部分是根據 MultiWingSpan 網站上一份關於 Prolog 追蹤功能的詳盡教學而來。以下是一個 Prolog 資料庫，檔名恰好就是 office.pl。

```
/* 辦公室程式 */
adminWorker(black).
admnWorker(white).

officeJunior(green).

manager(brown).
manager(grey).
supervises(X,Y) :- manager(X), adminWorker(Y).
supervises(X,Y) :- adminWorker(X), officeJunior(Y).
supervises(X,Y) :- manager(X), officeJunior(Y).
```

這個資料庫相當簡單：根據辦公室角色有五個事實，另外根據誰監督誰則有三個規則。圖 3-1 是互動式 Prolog 對話畫面，在此根據各種辦公室成員的角色與他們所監督的對象來向 Prolog 進行查詢。查詢也相當直觀，但至於 Prolog 是如何得到結論則不是很清楚。

圖 3-1 互動式 *Prolog* 對話

trace 指令是 Prolog 一個重要的除錯工具，由於它可在一個 Prolog 查詢中依序執行，因此很適合用來檢視所有目標。當目標失敗時，你也可檢視任何一個已發生的「向後追蹤（backtracking）」。請由本指令來進行追蹤：

?- trace.

Prolog 會這樣回覆：

true.

追蹤完成之後，請用本指令來關閉它：

?- notrace.

Prolog 會這樣回覆：

true.

trace 指令是 SWI Prolog 中 20 多種除錯指令的其中之一。如果要把 Prolog 除錯工具的所有使用方式都介紹一遍的話，應該可以讓我再寫一本書。在此我只想示範一些直觀的除錯方法，這應該有助於你理解 Prolog 與資料庫的運作方式。

以下是使用方才介紹的辦公室資料庫的命令列追蹤對話。圖 3-2 是一段完整的追蹤對話畫面。

圖 3-2 辦公室資料庫的追蹤對話

表 3-2 是追蹤對話的逐行說明，如圖 3-2。**SWI Prolog** 除錯程式支援六個標準語法，包含 **Call**、**Exit**、**Redo**、**Fail**、**Exception** 與 **Unify**。下列說明中可以看到其中幾種，分別代表 **Prolog** 直譯器根據資料庫中事實與規則所採取的動作。語法後括號中的數字代表現在正在處理的資料庫內容行號。

表 3-2 追蹤對話的逐行說明

Prolog 對話 / 追蹤輸出結果	說明
Swipl	啟動 SWI-Prolog
[office].	載入一個叫做 office 的資料庫，這算是 consult 函式的縮寫。
trace.	開始追蹤
supervises(Who, green).	使用者輸入查詢，判斷誰是員工 green 的主管
Call: (6) supervises(_G2345, green) ? creep	Prolog 會去尋找第一個用於 supervises(X,Y) 的規則，並產生一個 Y 去比對 green，如查詢語法所示。按下 Enter 鍵時會出現 creep 這個字，代表 Prolog 已收到指示要進到下一個指令去了。 Prolog 的記憶體參照 _G2345 是用於 X 這個引數，從此時開始命名為 Who。
Call: (7) manager(_G2345) ? creep	Prolog 會試著去滿足該規則的第一個子目標，例如 manager(X).
Exit: (7) manager(brown) ? creep	在此找到經理是 brown。Prolog 接著會去測試這是否可導出一個結論。Exit 一詞代表 Prolog 已針對最後一次呼叫找到了一個結論。它會把 X 設為 brown。
Call: (7) adminWorker(green) ? creep	如果 brown 是 green 的主管的話，green 就一定是 adminWorker。
Fail: (7) adminWorker(green) ? creep	由於 green 並非 adminWorker，因此無法滿足規則中的第二個子目標。
Redo: (7) manager(_G2345) ? creep	Prolog 回溯到第一個子目標，並從之前離開 manager(X) 的地方重新開始。

續下頁

Prolog 對話 / 追蹤輸出結果	說明
Exit: (7) manager(grey) ? creep	Prolog 找到了 grey，並用這個新的值來產生 X。
Call: (7) adminWorker(green) ? creep	Prolog 會再次檢查 green 到底是不是 adminWorker。
Fail: (7) adminWorker(green) ? creep	再次失敗，代表這個規則無法產出結論。
Redo: (6) supervises(_G2345, green) ? creep	Prolog 回溯到初始規則並繼續處理最上層的目標。
Call: (7) adminWorker(_G2345) ? creep	Prolog 這次會用去找身為 supervisor 的 adminWorker（第二條規則）。
Exit: (7) adminWorker(black) ? creep	Prolog 找到了 black，並用這個新的值來產生 X。
Call: (7) officeJunior(green) ? creep	Prolog 檢查第二個子目標是否滿足。
Exit: (7) officeJunior(green) ? creep	green 是 officeJunior，因此也接著滿足第二個子目標了。
Exit: (6) supervises(black, green) ? creep	最上層的目標滿足了。

圖中所看到的 Who = black. 語法並非 trace 的一部分，它是 Prolog 針對一開始的 supervises(Who, green) 這個查詢所產生的回覆。

每次按下 Enter 鍵，都會在每一行 trace 指令之後顯示 creep 這個字，它代表 Prolog 準備要接著處理下一個 trace 指令。關於 trace 指令還有非常多資訊可以參考，請輸入以下指令來認識更多 trace 指令的功能：

```
?- help(trace).
```

你應該注意到 trace 指令無法用於 Prolog 的內建函式，你得仰賴 Prolog 豐富
的說明文件來學習這些函式。

除了上述所提的命令列之外，SWI Prolog 也提供了除錯用的圖形化使用者介
面（Graphical User Interface, GUI）。圖 3-3 是在上個範例中呼叫 GUI 的命令
列對話畫面，資料庫與查詢指令都是一樣的。

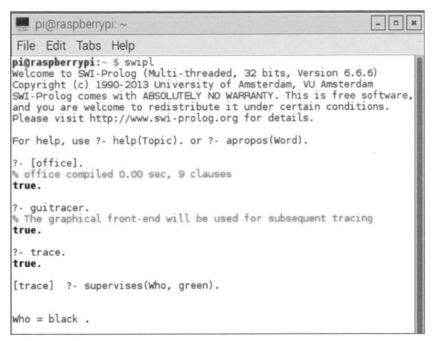

圖 3-3 *Invoking the GUI tracer*

呼叫命令列與 GUI 兩者之間的唯一差別就是要在 consult 指令後接著輸入
guitracer. 指令。Prolog 會這樣回覆：

% The graphical front-end will be used for subsequent tracing true.

然而，在你輸入 trace. 指令與目標（本範例中的 supervises(Who, green)）之
前，不會看到任何圖形化介面。從現在起，所有使用者的追蹤與除錯動作都能
在圖形對話介面上看到了，如圖 3-4。

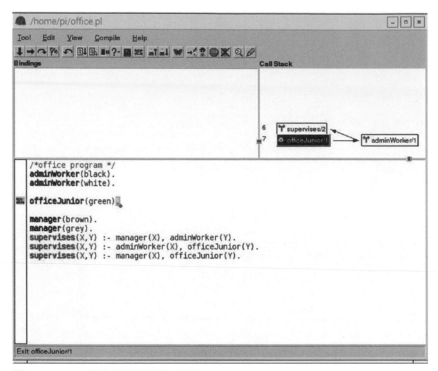

圖 3-4 *trace* 對話的圖形化介面

一直點擊工具列左上方的右箭頭，就能一步步看到表 3-2 中所說的 Prolog 操作了。圖 3-4 是以下 Prolog 語法的執行狀態，幫你從表 3-2 節錄出來。

`Call: (7)` `officeJunior(green) ? creep`	Prolog 檢查第二個子目標是否滿足。

該次呼叫堆疊（call stack）的圖形化關係圖會顯示在視窗的右上角區域。相較於命令列，許多 Prolog 使用者會比較喜歡圖形化介面，但我保證兩者的 trace 結果都一樣好。

在圖形化介面中用於停止 GUI trace 的指令與命令列版本的相當類似：

```
?- noguitracer.
```

下一個專家系統範例是許多 AI 入門學生常見的經典遊戲。

範例 3-2：分辨動物

本範例中的專家系統是一款辨認動物遊戲，這是款 Prolog 版的 Lisp 程式，最初是在 *The Handbook of Artificial Intelligence 第四卷*一書中所提到，作者為 Barr、Cohen 與 Feigenbaum（Addison-Wesley, 1990）。這個簡單的小程式會試著辨識你所想的動物是下列七種動物的哪一種：

- 獵豹
- 老虎
- 長頸鹿
- 斑馬
- 鴕鳥
- 企鵝
- 信天翁

程式會詢問你一系列問題，並試著判斷是哪一種動物。我建議你可以在我介紹它的運作方式之前先玩玩看。你只要輸入 yes 或 no 來回答各個問題就好，或用 y 或 n 也可以。載入程式之後請輸入以下指令：

```
?- go.
```

以下是 Prolog 動物程式腳本內容。

```
/* animal.pl
   動物辨識遊戲，請輸入 ?- go. 指令開始玩      */

go :- hypothesize(Animal),
      write('I guess that the animal is: '),
      write(Animal),
      nl,
      undo.

/* 要測試的假設 */
hypothesize(cheetah)    :- cheetah, !.
hypothesize(tiger)      :- tiger, !.
hypothesize(giraffe)    :- giraffe, !.
hypothesize(zebra)      :- zebra, !.
```

```
hypothesize(ostrich)   :- ostrich, !.
hypothesize(penguin)   :- penguin, !.
hypothesize(albatross) :- albatross, !.
hypothesize(unknown).              /* no diagnosis */

/* 動物辨識規則 */
cheetah :- mammal,
           carnivore,
           verify(has_tawny_color),
           verify(has_dark_spots).
tiger :- mammal,
         carnivore,
         verify(has_tawny_color),
         verify(has_black_stripes).
giraffe :- ungulate,
           verify(has_long_neck),
           verify(has_long_legs).
zebra :- ungulate,
         verify(has_black_stripes).

ostrich :- bird,
           verify(does_not_fly),
           verify(has_long_neck).
penguin :- bird,
           verify(does_not_fly),
           verify(swims),
           verify(is_black_and_white).
albatross :- bird,
             verify(appears_in_story_Ancient_Mariner),
             verify(flys_well).

/* 分類規則 */
mammal    :- verify(has_hair), !.
mammal    :- verify(gives_milk).
bird      :- verify(has_feathers), !.
bird      :- verify(flys),
             verify(lays_eggs).
carnivore :- verify(eats_meat), !.
carnivore :- verify(has_pointed_teeth),
             verify(has_claws),
             verify(has_forward_eyes).
ungulate :- mammal,
            verify(has_hooves), !.
ungulate :- mammal,
```

```
        verify(chews_cud).

/* 詢問方式 */
ask(Question) :-
    write('Does the animal have the following attribute: '),
    write(Question),
    write('? '),
    read(Response),
    nl,
    ( (Response == yes ; Response == y)
      ->
      assert(yes(Question)) ;
      assert(no(Question)), fail).

:- dynamic yes/1,no/1.

/* 驗證 */
verify(S) :-
    (yes(S)
     ->
     true ;
     (no(S)
      ->
      fail ;
      ask(S))).

/* 重置所有 yes/no 回覆 */
undo :- retract(yes(_)),fail.
undo :- retract(no(_)),fail.
undo.
```

這段程式相當有趣，因為它會試著去驗證各個屬性來求出結論。各個問題的答案也會儲存起來用於後續的推論。當被詢問某個問題且答案是 yes 時，插入 yes(question) 來記錄這個答案並視為成功；否則，就插入 no(question) 來記錄這個答案並視為失敗。之所以要記錄這個 yes 答案是因為後續在驗證同一個假設時，如果對於另一問題有一個 no 答案，會造成整個假設驗證失敗；但同樣的 yes 答案則會讓後續過程中的另一個假設驗證成功。把答案記錄起來是程式避免再次詢問相同問題的方法。我們是藉由檢查記憶體中是否有 yes(question) 並已成功，或是否有 yes(question) 來並已失敗來驗證問題中所指定的狀況。如果兩次檢查都不為 true，則 ask(question) 視為完成。

圖 3-5 是本程式的執行畫面，我做了幾次完整的問答流程。

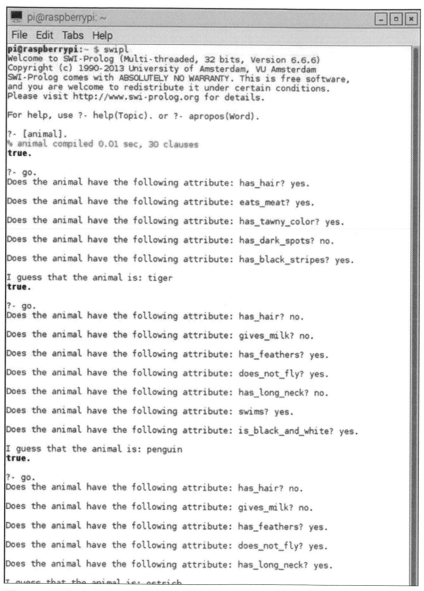

圖 3-5　互動式動物程式對話

我故意讓程式在判斷肉食性動物時會得到錯誤的結論，根據一條額外的規則，它只根據是否有尖牙、爪子與正視前方的眼睛來分類為肉食性動物。圖 3-6 是當我被問到動物是否吃肉，我回答 no；以及問到動物的爪子與眼睛，我回答 yes 的互動對話畫面，系統判斷答案是獵豹。

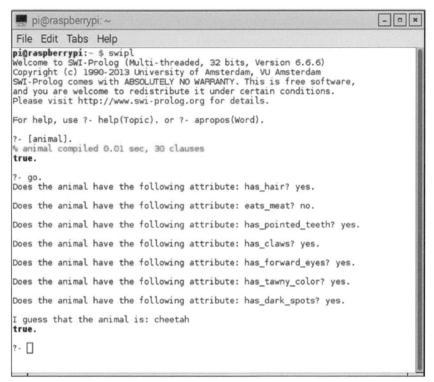

圖 3-6 錯誤的動物判斷結論

這套特殊的專家系統說明了，如果規則沒有與真實世界中的模型相符的話，就會得到錯誤的結論。就定義上來說，肉食性動物當然是吃肉的，即便我刻意對那個問題回答 no。在下個範例中，我不再管大貓或鳥類，改用另一個不那麼兇猛但還是很有趣的專家系統。

範例 3-3：tic-tac-toe

Tic-tac-toe，美國是這麼稱呼的，其他國家可能稱為 OX 遊戲，是個連小朋友都能輕鬆上手的小遊戲。它也可透過專家系統來實作。以下是就是 tic-tac-toe 的範例程式，名為 tictactoe.pl，請輸入以下指令來與電腦對戰：

```
?- playo.
```

也有自我對戰的選項來看電腦自己打自己，這個選項最後一定是 X 贏。請輸入以下指令來自我對戰：

```
?- selfgame.
```

tictactoe.pl 程式如下所列：

```
% A Tic-Tac-Toe program in Prolog.   S. Tanimoto, May 11, 2003.
% To play a game with the computer, type
% 要與電腦對戰請輸入 playo.
% 要看電腦自己打自己請輸入 selfgame.

% 用於定義勝利條件的述詞

win(Board, Player) :- rowwin(Board, Player).
win(Board, Player) :- colwin(Board, Player).
win(Board, Player) :- diagwin(Board, Player).

rowwin(Board, Player) :- Board = [Player,Player,Player,_,_,_,_,_,_].
rowwin(Board, Player) :- Board = [_,_,_,Player,Player,Player,_,_,_].
rowwin(Board, Player) :- Board = [_,_,_,_,_,_,Player,Player,Player].

colwin(Board, Player) :- Board = [Player,_,_,Player,_,_,Player,_,_].
colwin(Board, Player) :- Board = [_,Player,_,_,Player,_,_,Player,_].
colwin(Board, Player) :- Board = [_,_,Player,_,_,Player,_,_,Player].

diagwin(Board, Player) :- Board = [Player,_,_,_,Player,_,_,_,Player].
diagwin(Board, Player) :- Board = [_,_,Player,_,Player,_,Player,_,_].

% 自我對戰時用於攻守互換的輔助述詞

other(x,o).
other(o,x).
```

```prolog
game(Board, Player) :- win(Board, Player), !, write([player, Player, wins]).
game(Board, Player) :-
  other(Player,Otherplayer),
  move(Board,Player,Newboard),
  !,
  display(Newboard),
  game(Newboard,Otherplayer).
```

% 以下述詞用於控制如何移動

```prolog
move([b,B,C,D,E,F,G,H,I], Player, [Player,B,C,D,E,F,G,H,I]).
move([A,b,C,D,E,F,G,H,I], Player, [A,Player,C,D,E,F,G,H,I]).
move([A,B,b,D,E,F,G,H,I], Player, [A,B,Player,D,E,F,G,H,I]).
move([A,B,C,b,E,F,G,H,I], Player, [A,B,C,Player,E,F,G,H,I]).
move([A,B,C,D,b,F,G,H,I], Player, [A,B,C,D,Player,F,G,H,I]).
move([A,B,C,D,E,b,G,H,I], Player, [A,B,C,D,E,Player,G,H,I]).
move([A,B,C,D,E,F,b,H,I], Player, [A,B,C,D,E,F,Player,H,I]).
move([A,B,C,D,E,F,G,b,I], Player, [A,B,C,D,E,F,G,Player,I]).
move([A,B,C,D,E,F,G,H,b], Player, [A,B,C,D,E,F,G,H,Player]).
```

```prolog
display([A,B,C,D,E,F,G,H,I]) :- write([A,B,C]),nl,write([D,E,F]),nl,
 write([G,H,I]),nl,nl.
```

```prolog
selfgame :- game([b,b,b,b,b,b,b,b,b],x).
```

% 使用者進行遊戲時所需的述詞：

```prolog
x_can_win_in_one(Board) :- move(Board, x, Newboard), win(Newboard, x).
```

% 對應於產生電腦 (playing o) 回應的述詞
% 從當下的版面

```prolog
orespond(Board,Newboard) :-
  move(Board, o, Newboard),
  win(Newboard, o),
  !.
orespond(Board,Newboard) :-
  move(Board, o, Newboard),
  not(x_can_win_in_one(Newboard)).
orespond(Board,Newboard) :-
  move(Board, o, Newboard).
orespond(Board,Newboard) :-
  not(member(b,Board)),
```

```
  !,
  write('Cats game!'), nl,
  Newboard = Board.
```

% 以下程式會把 x 動作轉換為對應於局面的整數敘述

```
xmove([b,B,C,D,E,F,G,H,I], 1, [x,B,C,D,E,F,G,H,I]).
xmove([A,b,C,D,E,F,G,H,I], 2, [A,x,C,D,E,F,G,H,I]).
xmove([A,B,b,D,E,F,G,H,I], 3, [A,B,x,D,E,F,G,H,I]).
xmove([A,B,C,b,E,F,G,H,I], 4, [A,B,C,x,E,F,G,H,I]).
xmove([A,B,C,D,b,F,G,H,I], 5, [A,B,C,D,x,F,G,H,I]).
xmove([A,B,C,D,E,b,G,H,I], 6, [A,B,C,D,E,x,G,H,I]).
xmove([A,B,C,D,E,F,b,H,I], 7, [A,B,C,D,E,F,x,H,I]).
xmove([A,B,C,D,E,F,G,b,I], 8, [A,B,C,D,E,F,G,x,I]).
xmove([A,B,C,D,E,F,G,H,b], 9, [A,B,C,D,E,F,G,H,x]).
xmove(Board, N, Board) :- write('Illegal move.'), nl.
```

% 0-place 代表 playo 開始遊戲

```
playo :- explain, playfrom([b,b,b,b,b,b,b,b,b]).

explain :-
  write('You play X by entering integer positions followed by a period.'),
  nl,
  display([1,2,3,4,5,6,7,8,9]).

playfrom(Board) :- win(Board, x), write('You win!').
playfrom(Board) :- win(Board, o), write('I win!').
playfrom(Board) :- read(N),
  xmove(Board, N, Newboard),
  display(Newboard),
  orespond(Newboard, Newnewboard),
  display(Newnewboard),
  playfrom(Newnewboard).
```

圖 3-7 是我與電腦對戰的畫面。

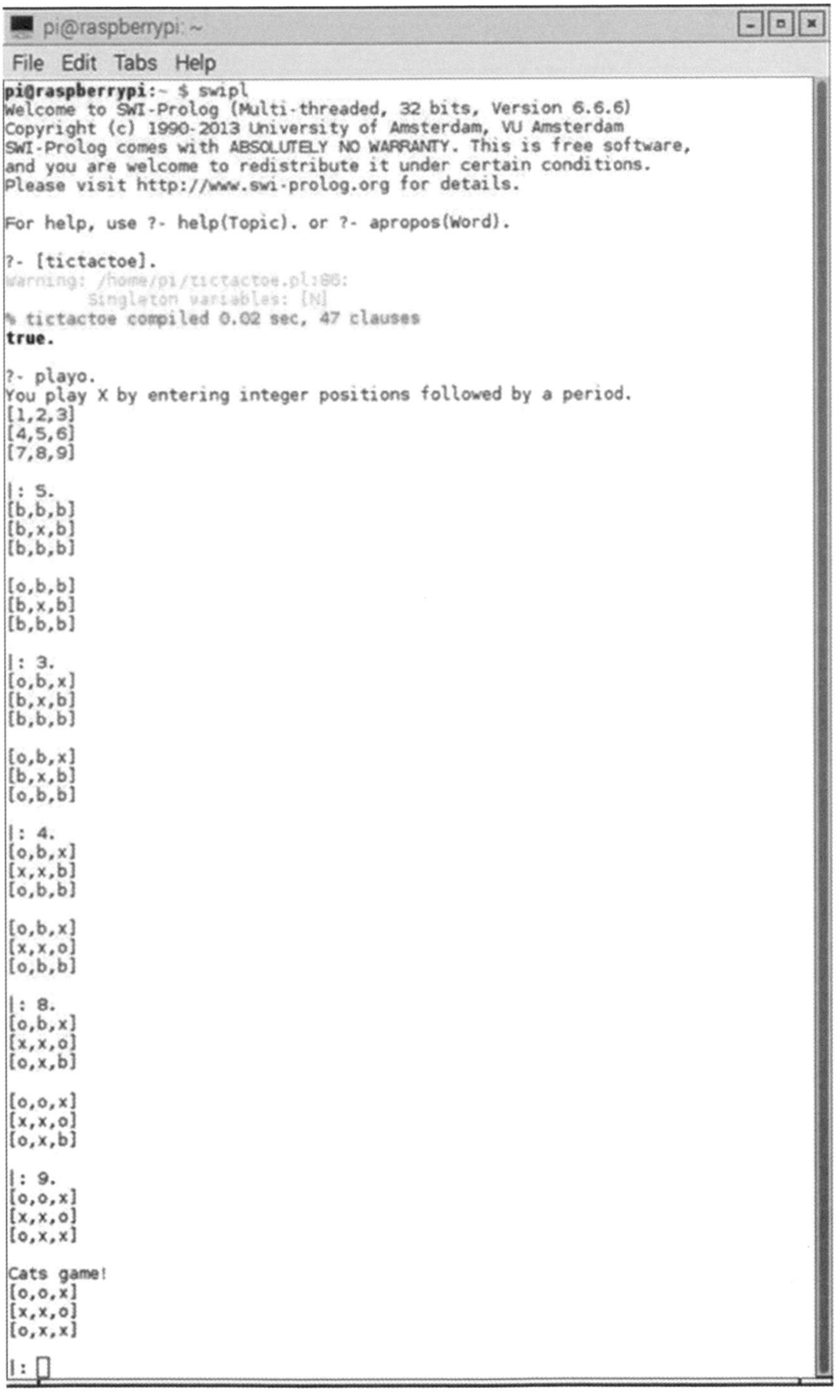

```
■ pi@raspberrypi: ~                                            [-] [□] [×]

File  Edit  Tabs  Help

pi@raspberrypi:~ $ swipl
Welcome to SWI-Prolog (Multi-threaded, 32 bits, Version 6.6.6)
Copyright (c) 1990-2013 University of Amsterdam, VU Amsterdam
SWI-Prolog comes with ABSOLUTELY NO WARRANTY. This is free software,
and you are welcome to redistribute it under certain conditions.
Please visit http://www.swi-prolog.org for details.

For help, use ?- help(Topic). or ?- apropos(Word).

?- [tictactoe].
Warning: /home/pi/tictactoe.pl:86:
        Singleton variables: [N]
% tictactoe compiled 0.02 sec, 47 clauses
true.

?- playo.
You play X by entering integer positions followed by a period.
[1,2,3]
[4,5,6]
[7,8,9]

|: 5.
[b,b,b]
[b,x,b]
[b,b,b]

[o,b,b]
[b,x,b]
[b,b,b]

|: 3.
[o,b,x]
[b,x,b]
[b,b,b]

[o,b,x]
[b,x,b]
[o,b,b]

|: 4.
[o,b,x]
[x,x,b]
[o,b,b]

[o,b,x]
[x,x,o]
[o,b,b]

|: 8.
[o,b,x]
[x,x,o]
[o,x,b]

[o,o,x]
[x,x,o]
[o,x,b]

|: 9.
[o,o,x]
[x,x,o]
[o,x,x]

Cats game!
[o,o,x]
[x,x,o]
[o,x,x]

|: []
```

圖 3-7　與電腦對戰的畫面

你應該注意到這套程式居然最後一回合顯示了 **Cats game!**，這是 **tic-tac-toe** 對於平手或和局的術語。我也開了一場讓電腦自己對打的對戰，結果如圖 3-8。如前所述，這樣的玩法永遠是 **X** 贏。

圖 3-8 自我對戰

看過程式執行之後，這時可以開始討論 tic-tac-toe 程式內部的運作原理了。共有三條用來定義勝利的規則（或稱述詞 predicate）：列、行或對角線。以下是其中一條勝利述詞：

```
win(Board, Player) :- rowwin(Board, Player).
```

接著，有三種勝利的方法：連成一列、連成一行或兩個對角線。以下述詞是填滿最上方的橫列的勝利方式：

```
rowwin(Board, Player) :- Board = [Player,Player, Player,_,_,_,_,_,_].
```

在程式其他段落中可以看到其他行、列與對角線的類似述詞。共有九個用於控制如何移動的述詞，對應於遊戲區中的九個位置。

以下述詞用於控制人類玩家與由遊戲的互動方式：

```
x_can_win_in_one(Board) :- move(Board, x, Newboard),
win(Newboard, x).
```

相同的，這一連串述詞都是用於控制電腦與遊戲的互動方式。

最後看到九個名為 **xmove** 的述詞，用來確保只能做出合乎規格的走法。它們也會把遊戲內部的位置表現方式 A, B, C, … 改為對應的顯示位置 1, 2, 3, ….

下一個專家系統範例要處理一個我們偶爾會碰到的狀況：判斷我們到底是得了感冒還是流感。

範例 3-4：感冒或流感診斷

本範例算是相當基本的醫學診斷專家系統，在你回答一些問題之後，系統將試著判斷你究竟是得了流感或者只是小感冒。

 這套專家系統決不是拿來取代真的醫生建議或諮詢。如果你真的生病了，請務必去看醫生。別把這個程式當作可信賴的診斷結果。

---

flu_cold.pl 程式內容如下所示：

```prolog
% flu_cold.pl
% 判斷流感或感冒範例
% 輸入 with ?- go. 開始

go:- hypothesis(Disease),
     write('I believe you have: '),
     write(Disease),
     nl,
     undo.

% 想要驗證的假設
hypothesis(cold):- cold, !.
hypothesis(flu):- flu, !.

% 假設驗證
cold :-
       verify(headache),
       verify(runny_nose),
       verify(sneezing),
       verify(sore_throat).
flu :-
       verify(fever),
       verify(headache),
       verify(chills),
       verify(body_ache).

% 問問題
ask(Question) :-
    write('Does the patient have the following symptom: '),
    write(Question),
    write('? '),
```

```
     read(Response),
     nl,
     ( (Response == yes ; Response == y)
       ->
       assert(yes(Question)) ;
       assert(no(Question)), fail).

:- dynamic yes/1,no/1.

% 驗證
verify(S) :- (yes(S) -> true ;
              (no(S)  -> fail ;
               ask(S))).

% 重置所有 yes/no 回覆
undo :- retract(yes(_)),fail.
undo :- retract(no(_)),fail.
undo.
```

如註解中所說的，請用本指令來啟動程式：

```
?- go.
```

程式會向你逐一詢問症狀，只要回答 yes 或 no 就好。(或者 y/n 也可以)。別忘了答案後面要加一個句點；否則 Prolog 無法辨識你輸入。如果把多個症狀組合起來，但沒有在包含你的兩個假設其中之一的話，Prolog 會直接顯示失敗，因為它無法根據已知事實來比對你所輸入的內容。

圖 3-9 是我在操作這套專家系統的對話畫面。我選擇了一些符合流感的症狀、另一些則符合感冒，最後則是兩者皆非的狀況。

圖 3-9 感冒／流感專家系統對話介面

接下來是本章的最後一個範例，要介紹另一個簡易的專家系統（但有稍微改寫），因為它可以控制 Raspberry Pi 單板電腦的一些 GPIO 輸出介面。

範例 3-5：搭配 GPIO 腳位控制的專家系統

到目前為止，我所介紹的專家系統都可以在 PC 或 MAC 上以相容的 Prolog 版本來執行。本範例有一點不一樣，我會示範如何直接使用 Prolog 來控制幾個通用輸入輸出（general-purpose input/out, GPIO）腳位，這在一般 PC 上根本做不到。

說句老實話，Prolog 指令根本無法直接控制 GPIO 腳位；但如果把 Prolog 與 Python 結合起來就可以了。這多虧了 PySWIP 這個好用的程式，讓我們可以在 Python 程式中呼叫並執行 Prolog 指令。另一個超棒的 Python 應用程式介面（application program interface, API）就是 RPi.GPIO，讓我們能輕鬆控制 GPIO 腳位。接著我會介紹如何安裝 PySWIP 以及設定 RPi.GPIO API，兩者都是本專家系統的必要項目。

安裝 PySWIP

PySWIP 是由 Yuce Tekol 所推出的 Prolog/Python 中介程式。他以 GPL 開放原始碼軟體的方式來與社群分享。由於本程式未歸類在 Raspian 檔案庫中因此無法透過套件管理員安裝，反之要用 pip 程式來安裝才行。如果你的 Raspberry Pi 還沒有 pip 的話，請用以下指令來安裝：

```
sudo apt-get install python-pip
```

pip 裝好之後，請用以下指令來安裝 PySWIP：

```
sudo pip install pyswip
```

在讓 Python 成功抓到 Prolog 之前，還有一個步驟要完成，就是在原本的分享函式庫與最新的之間建立一個 symlink。請輸入以下指令來建立連結：

```
sudo ln -s libswipl.so /usr/lib/libpl.so
```

請在 Python 命令列中輸入以下指令來檢查 PySWIP 是否安裝成功：

```
>>> from pyswip import Prolog
>>> prolog = Prolog()
>>> prolog.assertz("father(michael,john)")
>>> prolog.assertz("father(michael,gina)")
>>> list(prolog.query("father(michael,X)"))
```

Prolog 會對上述指令做出這樣的回覆：

```
[{'X': 'john'}, {'X': 'gina'}]

>>> for soln in prolog.query("father(X,Y)"):
```

請確認下一列要縮排，我按了四個空白鍵。

```
... print soln["X"], "is the father of", soln["Y"]
...
```

按下 Backspace 與 Enter 鍵來執行 for 迴圈。Python 直譯器應該會顯示以下內容：

```
michael is the father of john
michael is the father of gina
```

如果看到這兩列，代表 Python 與 Prolog 都正常運作了，這要感謝 PySWIP 做為中介程式。圖 3-10 是在 Raspberry Pi 執行上述程式的畫面。

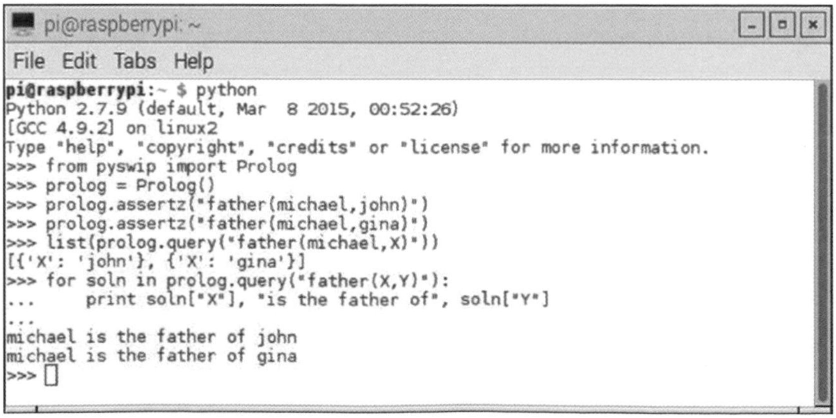

圖 3-10 *Prolog* 與 *Python* 相容性測試

現在該來討論這套 Python/Prolog 專家系統的硬體配置了。

硬體設置

我採用了 T 形的 Pi Cobbler 擴充板來擴充 Raspberry Pi GPIO 腳位，這樣要使用麵包板就方便多了。圖 3-11 是 Fritzing 所繪製的元件圖，可以看到兩顆 LED 與兩個限流電阻。

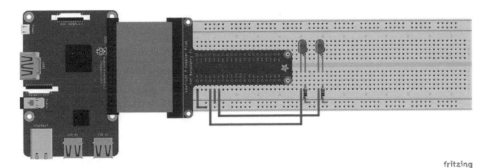

圖 3-11 *Fritzing* 電路示意圖

LED 請接到 GPIO 的 #4 與 #17 腳位，並串聯一個 220 Ω 限流電阻後接地。因此當這個腳位設為高電位時就會讓 LED 亮起，在此的高電位就是 Raspberry Pi 的 3.3V。LED 串聯電阻之後會讓最大電流落在 12 mA 左右，由於任一 Raspberry Pi GPIO 腳位輸出電流上限為 25mA，因此這樣做相當適合。

圖 3-12 是 Raspberry Pi 搭配 T Pi Cobbler、免焊麵包板、LED 與其他元件的實體照片。

圖 3-12 *Raspberry Pi* 硬體配置

接下來要設定 RPi.GPIO API，好透過 Python 來控制 LED。

Rpi.GPIO 設定

本段主要是介紹如何在 Python 程式中使用 RPi.GPIO API。所有 Python 程式都需要這些步驟才能順利控制 GPIO 腳位。我會在 Python 命令列中示範如何設定，但你也可以把同樣的語法放在 Python 腳本中。

所有標準版的 Raspian Linux 版本都已經包含 RPi.GPIO 這套 API 了。如果你使用是 Raspian Jessie 之後的版本的話應該不需要額外再做什麼。首先要匯入這個 API，如以下指令：

```
>>> import RPi.GPIO as GPIO
```

從現在開始，所有對這個 API 的參照都叫做 GPIO。接著，你要選用合適的腳位編號方式。Raspberry Pi 有兩種不同的腳位編號格式：

- GPIO.BOARD：根據 Raspberry Pi P1 母座上的實際腳位編號，這包含了所有 GPIO 腳位。

- GPIO.BCM：晶片製造商，BROADCOM（或簡寫 BCM）所採用的編號格式。相較上述，本格式未包含所有 GPIO 腳位。

由於 Pi Cobbler 擴充板上的腳位編號是根據 BCM 規格，我當然要跟著用。請
用以下語法來設定編號規格：

```
>>> GPIO.setmode(GPIO.BCM)
```

接著，這兩支腳位必須設為輸出模式而非預設的輸入模式，請用以下語法：

```
>>> GPIO.setup(4, GPIO.OUT)
>>> GPIO.setup(17, GPIO.OUT)
```

現在，要用於控制腳位電位的所有東西應該都準備好了。一般來說，腳位在系
統啟動時都會被設為低電位。以下語法應該會讓這兩顆 LED 亮起來：

```
>>> GPIO.output(4, GPIO.HIGH)
>>> GPIO.output(17, GPIO.HIGH)
```

如果 LED 沒有亮起的話，請檢查麵包板上每顆 LED 有沒有接反。每顆標準
LED 都有兩支「腳」，一支會比較短一點。較短的腳應該是接到電阻的一側，
另一側則接地。把 LED 長短腳調換一下看有沒有亮起來。長短接反不會傷到
LED。另外也請檢查 LED 確實接到 4 與 17 腳位，並確定程式中的編號方式沒
選錯。

當系統無法正確運作時，我發現問題通常只是接線錯誤或是設定上漏掉一些
步驟而已，別擔心。

使用以下語法可以讓 LED 燈熄滅：

```
>>> GPIO.output(4, GPIO.LOW)
>>> GPIO.output(17, GPIO.LOW)
```

我們的專家系統已經準備好控制 LED 了。

可控制 LED 的專家系統

我還是使用先前用來驗證 PySWIP 是否安裝成功的同一個 Prolog 腳本。不過，
程式改寫了一點，運用了 Python 呼叫函式的方法。這就是在程式開頭用到
PySWIP Functor 這個函式的原因。這個程式名為 LEDtest.py，請用以下指令
執行它：

```
python LEDtest.py
```

LEDtest.py 內容如下：

```python
# LEDtest.py by D. J. Norris  Jan, 2017
# Uses Prolog with Python type functions

import time
import RPi.GPIO as GPIO
from pyswip import Functor, Variable, Query, call

# 設定 GPIO 腳位
GPIO.setmode(GPIO.BCM)
GPIO.setup(4, GPIO.output)
GPIO.setup(17, GPIO.output)

# 設定 Python 可操作 Prolog 語法
assertz = Functor("assertz", 1)
father = Functor("father", 2)

# 將事實加入動態資料庫
call(assertz(father("michael","john")))
call(assertz(father("michael","gina")))

# 設定遞迴查詢
X = Variable()
q = Query(father("michael",X))
while q.nextSolution():
    print "Hello,", X.value
    if X.value == "john":        # 如果 john 是 micheal 的孩子，#4LED 亮起
        GPIO.output(4,GPIO.HIGH)
        time.sleep(5)
        GPIO.output(4,GPIO.LOW)
    if X.value == "gina":        # 如果 gina 是 micheal 的孩子，#17LED 亮起
        GPIO.output(17,GPIO.HIGH)
```

```
time.sleep(5)
GPIO.output(17,GPIO.LOW)
```

圖 3-13 是程式的輸出結果。當然從書中無法看出 LED 是否真的亮起 5 秒鐘來
代表兩個查詢已成功執行。

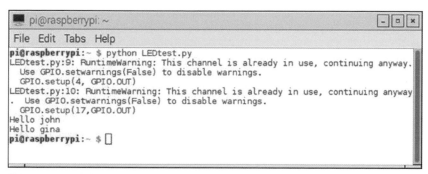

圖 3-13　程式輸出畫面

這時候你應該會好奇這個範例要如何搭配 Raspberry Pi 會有更實際的用處。這
個答案會在幾個章節之後，等我介紹到模糊邏輯專題之後揭曉，這套嵌入式
專家系統運用了 Raspberry Pi 的 GPIO 腳位來控制一套冷熱控制（HVAC）系
統。

總結

本章一共介紹了五個專家系統範例。從非常基礎的只包含了數個事實與規則
的專題，到更複雜的 tic-toe-toe 遊戲。

最後一個範例則告訴你如何整合 Python 與 Prolog 來控制 Raspberry Pi 上的
GPIO 腳位。

## CHAPTER 4

遊戲

本章討論的是遊戲，但我要介紹的遊戲不是市面上那些銷售高達數百萬美元的強檔大作。反之，它們是已存在很長一段時間的簡單小遊戲；有些可能好幾千年囉。但就算是這麼簡單的遊戲，AI 還是有戲唱。本章所介紹的遊戲以往都是兩個真人在玩，但現在的版本則是真人與電腦對戰。這就是 AI 派上用場的地方了：對人類玩家提供一定的隨機性與競爭性，這樣遊戲玩起來才不會太快變得無聊又乏味。

每個範例都包含了幾個版本，你會用到一些額外的零件，詳列如表 4-1。

表 4-1 零件清單

說明	數量	說明
Pi Cobbler 擴充板	1	40 腳位版本，T 型或 DIP 型都可以
免焊麵包板	1	860 孔，並有電源供應軌
跳線	1 包	
LED	3	
220Ω 電阻	3	1/4 瓦特
16 × 4 LCD 螢幕	1	Adafruit p/n 198 或相容型號，也可採用更常見的 16 × 2 LCD
10k 歐姆電位計	1	包含於 LCD 螢幕模組
按鈕開關	4	觸碰式，適用於免焊麵包板即可

第一個要示範的遊戲是大家一定都玩過的兒時記趣：剪刀石頭布。

範例 4-1：剪刀石頭布

以下是進行剪刀石頭布遊戲的規則，怕你太久沒完忘記所以提醒一下。每個玩家先各自把手握緊，數到三，然後秀出以下一種手勢：

- 手掌打開：布
- 握拳：石頭
- 兩根手指呈 V 形：剪刀

再根據以下狀況來判斷輸贏：

- 雙方相同，平手。
- 石頭砸剪刀，石頭方勝利。
- 布包石頭，布方勝利
- 剪刀剪破布，剪刀方勝利。

總共只有九種可能的組合，其中三種是平手。雙方各有三種方式可以贏對方，如上所述，最終會產生九種可能的組合。

以下 prs.py 程式是剪刀石頭布遊戲的簡易版，它沒有用到先前章節所說的 Prolog 語法，而只用了標準的 Python if ... else 判斷式。這些語法與我們在推論段落中所提到的 *if <condition> then <conclusion>* 效果完全相同。

prs.py

```
# prs.py
from random import randint

# 列出輸入選項
inputList = ["paper", "rock", "scissors"]

# 電腦隨機選取
computer = inputList[randint(0,2)]
```

```
# player 預設為 False
player = False

while player == False:

    player = raw_input("paper, rock, scissors?")
    if player == computer:
        print("Tie!")
    elif player == "rock":
        if computer == "paper":
            print("You lose ", computer, "covers", player)
        else:
            print("You win ", player, "dulls", computer)
    elif player == "paper":
        if computer == "scissors":
            print("You lose ", computer, "cuts", player)
        else:
            print("You win ", player, "covers", computer)
    elif player == "scissors":
        if computer == "rock":
            print("You lose ", computer, "dulls", player)
        else:
            print("You win ", player, "cuts", computer)
    else:
        print("Invalid input. Please reenter")

    # 重置 player = False 以重複執行
    player = False

    computer = inputList[randint(0,2)]
```

圖 4-1 是我在 Raspberry Pi 上玩個幾回合的畫面。

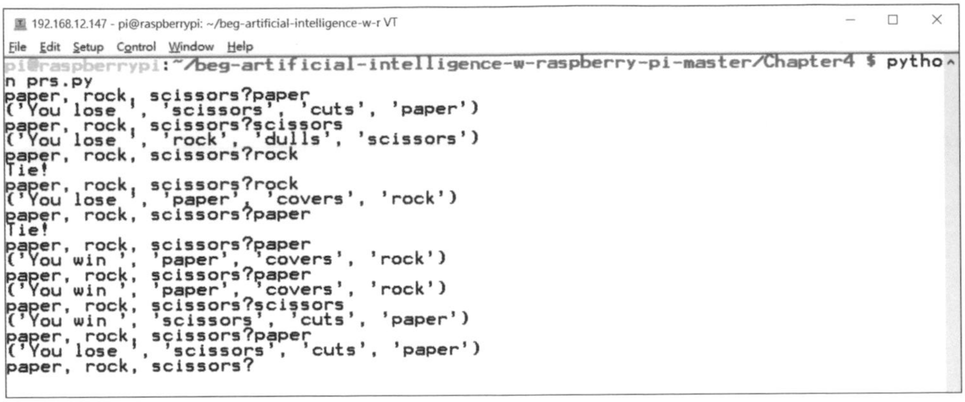

圖 4-1 剪刀石頭布遊戲畫面

我想特別提一下關於以上程式的特點，特別是給還不太習慣 Python 程式的讀者們。elif 指令是 else if 的縮寫，是用於巢狀的 if ... else 結構，我們用它來完成遊戲邏輯。遊戲邏輯可用樹狀圖來呈現，如圖 4-2。

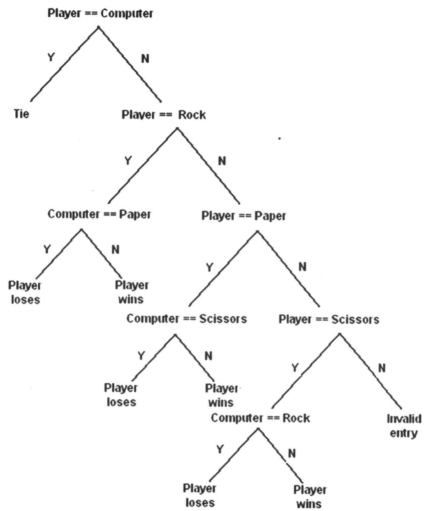

圖 4-2　剪刀石頭布遊戲的樹狀圖

你應該覺得圖中邏輯所呈現的對稱性還挺不錯的。請看到末梢的六個葉子或所謂的端點，它們代表玩家最後為贏或輸。這些狀況與我先前所介紹的六種輸贏組合完全符合。

信不信由你，在與人類對手進行本遊戲時是有一些隱含的策略的。要理解這個競賽手法的話，我得先對遊戲結果給予一些數值，先幫每種結果給定一個分數：

- 勝利 = 2 分
- 平手 = 1 分
- 失敗 = 0 分

表 4-2，就平均來說，是玩了一段長時間之後的期望玩家得分。

表 4-2 平均玩家結果

		對手出			平均玩家得分
		布	石頭	剪刀	
玩家出	布	1	2	0	1
	石頭	0	1	2	1
	剪刀	2	0	1	1

你應該不會對玩家平均得分感到訝異，長期來說（假設每個對手都隨機選擇），期望分數或期望值應該就是所有可能結果的均分。不過，現在讓我們把正規的作法修改一下，運用一下人類天性的優勢。這個行為上的優勢會用到隨機選擇數字。如果你要求某人從 1 到 10 之隨機選三個數字，有些人可能偏向於回答 7、4 與 8 等數字或類似的變化，有些人也可能會回答三個 5。這樣的確滿足我們的要求，但就不那麼隨機了。假設你的對手在最後一回合出了石頭。那他在下一回合就更有機會不出石頭。修改後的平均期望值表如表 4-3。

表 4-3 修改後的平均期望值

		對手出			平均玩家得分
		布	石頭	剪刀	
玩家出	布	1	-	0	0.5
	石頭	0	-	2	1
	剪刀	2	-	1	1.5

很明顯地，玩家端的最佳策略需要根據對手的上一步而定，這也是根據正常人思維來設計的。不過，要寫個檢查機制並不難，好避免給人類對手這樣的可趁之機。程式會長這樣；但請注意我用了整數值而非對應的字串。

```
if computer == lastMove & won == 0:
    computer = player + 1
    if computer > 3:
        computer = 1
```

lastMove 與 won 這兩個新的整數變數是代表電腦上一次的選擇以及是否獲勝。由於我只是想示範遊戲的一般性設計，所以我沒有把上述這段加入原本的程式中。

下一版的剪刀石頭布遊戲將不再使用鍵盤輸入與螢幕輸出，而是改用按鈕與LED。

剪刀石頭布遊戲加裝開關與 LED

如果把遊戲移植到 Raspberry Pi 上應該會有趣又好玩，你可用按鈕來選擇要出什麼，並用 LED 來代表這回合是輸、贏或平手。在本專案中，我還會提到如何在 Raspberry Pi 上透過 Python 來處理中斷，在程式中加入了這樣一個警告機制。請在命令列輸入以下指令來啟動程式：

```
python prs_with_LEDs_and_Switches.py
```

請如圖 4-3 來設定 Raspberry Pi。

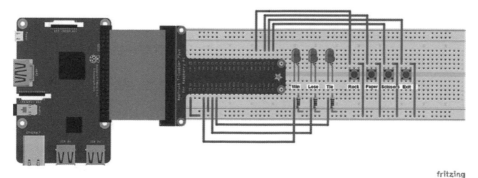

圖 4-3 剪刀石頭布遊戲機的 *Fritzing* 元件圖

圖 4-3 是圖 3-11 的延續，先前我們將其用於專家系統範例。這次的電路加入了一個 LED 與四個按鈕。這個外接的 LED 是接到 #27 號腳位，四個按鈕則分別接到 12、16、20 與 21 號腳位。

設定好的 Raspberry Pi 如圖 4-4。請注意我在 LED 與按鈕附近放了標籤，好幫助使用者判斷哪個 LED 代表什麼還有哪個按鈕代表什麼動作。按下第四個按鈕會立刻離開程式。

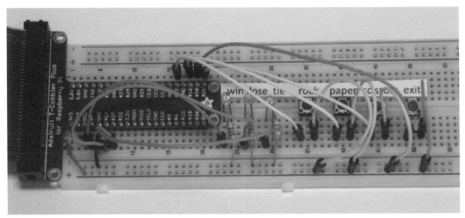

圖 4-4 *Raspberry Pi* 實體設定照片

當按下作為輸入裝置的按鈕時，會瞬間對該腳位提供 3.3V 高電位。每一支輸入腳位都是設定為下拉模式，因為該腳位內部的電阻是接地的。這樣可避免這支腳位發生無法預期的浮動狀態。

在此狀態下，一支浮動的腳位會「看到」其電壓在數十毫伏特到高達 2 伏特之間亂飄，會讓該腳位不小心觸發高電位。電壓的實際浮動範圍很大，並且與該腳位周圍的電位場有關。接一個下拉電阻就可以避免掉這些麻煩事。有個好消息是這些下拉電阻可以透過軟體指令來設定，我會在介紹完以下程式碼後來討論這件事。

prs_with_LEDs_and_Switches.py

```
import RPi.GPIO as GPIO
import time
from random import randint
```

```
# 設定 GPIO 腳位
# 設定為 BCM 模式
GPIO.setmode(GPIO.BCM)

# 輸出
GPIO.setup( 4, GPIO.OUT)
GPIO.setup(17, GPIO.OUT)
GPIO.setup(27, GPIO.OUT)

# 確保所有 LED 一開始皆為熄滅狀態
GPIO.output( 4, GPIO.LOW)
GPIO.output(17, GPIO.LOW)
GPIO.output(27, GPIO.LOW)

# 輸入
GPIO.setup(12, GPIO.IN, pull_up_down = GPIO.PUD_DOWN)
GPIO.setup(16, GPIO.IN, pull_up_down = GPIO.PUD_DOWN)
GPIO.setup(21, GPIO.IN, pull_up_down = GPIO.PUD_DOWN)
GPIO.setup(20, GPIO.IN, pull_up_down = GPIO.PUD_DOWN)

global player
player = 0

# 設定回呼函式
def rock(channel):
    global player
    player = 1  # magic number 1 = rock, pin 12

def paper(channel):
    global player
    player = 2  # magic number 2 = paper pin 16

def scissors(channel):
    global player
    player = 3  # magic number 3 = scissors pin 21

def quit(channel):
    exit()      # 腳位 20，立即離開遊戲

# 加入事件偵測與指定回呼
GPIO.add_event_detect(12, GPIO.RISING, callback=rock)
GPIO.add_event_detect(16, GPIO.RISING, callback=paper)
GPIO.add_event_detect(21, GPIO.RISING, callback=scissors)
GPIO.add_event_detect(20, GPIO.RISING, callback=quit)
```

```python
# 電腦隨機選取
computer = randint(1,3)

while True:

    if player == computer:
        # 平手
        GPIO.output(27,GPIO.HIGH)
        time.sleep(5)
        GPIO.output(27, GPIO.LOW)
        player = 0
    elif player == 1:
        if computer == 2:
            # 布包石頭，玩家輸了
            GPIO.output(17,GPIO.HIGH)
            time.sleep(5)
            GPIO.output(17, GPIO.LOW)
            player = 0
        else:
            # 石頭砸剪刀，玩家贏了
            GPIO.output(4,GPIO.HIGH)
            time.sleep(5)
            GPIO.output(4, GPIO.LOW)
            player = 0
    elif player == 2:
        if computer == 3:
            # 剪刀剪破布，玩家輸了
            GPIO.output(17,GPIO.HIGH)
            time.sleep(5)
            GPIO.output(17, GPIO.LOW)
            player = 0
        else:
            # 布包石頭，玩家贏了
            GPIO.output(4,GPIO.HIGH)
            time.sleep(5)
            GPIO.output(4, GPIO.LOW)
            player = 0
    elif player == 3:
        if computer == 1:
            # 石頭砸剪刀，玩家輸了
            GPIO.output(17,GPIO.HIGH)
            time.sleep(5)
            GPIO.output(17, GPIO.LOW)
            player = 0
```

```
    else:
        # 剪刀剪破布，玩家贏了
        GPIO.output(4,GPIO.HIGH)
        time.sleep(5)
        GPIO.output(4, GPIO.LOW)
        player = 0

# 電腦再次隨機選取
computer = randint(1,3)
```

你應該馬上注意到了一件事，就是在這個版本的遊戲中我只用了數字來代表符號。由於已經用了不同的 LED 來顯示回合結果，並且按鈕也都標示清楚了，程式中就不需要用到字串來表示其名稱。不過，我在註解中說明了這些「魔術數字」的意義。在此魔術的意思是指那些用來代表特定事物的數字。如果沒有註解或說明的，要搞清楚程式的哪些數字代表什麼意思就真的得變魔術了。

糟糕的是，只有少數開發者會在程式中運用魔術數字，除非你有在註解中說明，否則我強烈建議別這麼做，當然這樣就一點都不魔術了。

下一個程式在邏輯上與第一版完全一樣。不過在輸入與輸出就大不相同了，這次會用到按鈕與 LED。由於之前已經在專家系統範例中看過了，在此我會先介紹 LED 輸出。首先要設定腳位編號，在此依舊使用 BCM 編號格式才能對應到 T 型 Pi Cobbler 擴充板的腳位。這些腳位都要設定為輸出模式，就是代表贏、輸與平手的 4、17 與 27 號腳位。這樣輸出就都設定好了。請用以下指令來啟動某支輸出腳位：

GPIO.output(n, GPIO.HIGH) #n 為腳位編號

你也會發現每個 LED 輸出指令後都有這段指令：

time.sleep(5)

這會強迫 Python 直譯器暫停 5 秒鐘，讓使用者可以清楚辨認哪個 LED 亮起來。如果沒有這個暫停的話，LED 會亮滅地非常快，你根本看不清楚。這個狀況會讓許多期待看到 LED 亮起來但永遠看不到的程式新手抓破腦袋。程式的確如我們所預期的在運作，但程式新手會忽略了即時時脈周期，LED 只點亮了區區幾毫秒，這時間短到肉眼根本無法察覺。

現在來討論輸入腳位與中斷。

中斷

處理腳位輸入有兩種主要的做法：輪詢（polling）與中斷（interrupt）。輪詢，人如其名，就是定期去檢查腳位狀態。這一定要在迴圈裡實作才行。以下程式片段是一種檢查腳位狀態的方法：

```
if GPIO.input(n):              # n 為腳位編號
    print('Input was HIGH')
else:
    print('Input was LOW')
```

輪詢與中斷比起來速度慢多了，因為迴圈中的所有程式碼都得做過一遍才行。如果程式得花一段不算短的時間才能把迴圈執行完的話，有可能會錯過按鈕按下的時候，當迴圈中有暫停語法時更是如此。

從另一方面來說，中斷就更為即時，且相較於主程式所執行項目而言（不論是否使用迴圈）來得更為獨立。在此是運用了包含在 ARM 微處理器中，稱為中斷控制器 （*interrupt controller*）的硬體子系統才得以作到中斷的效果。

圖 4-5 是一個中斷控制器的簡易功能方塊圖，包含了三個中斷來源：按鈕、序列輸入與時鐘輸入。以按鈕作為中斷來源很適用於本專案。

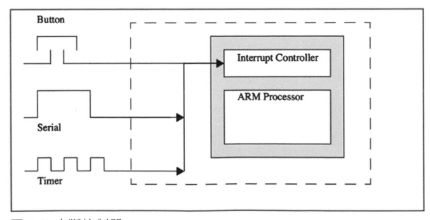

圖 4-5 中斷控制器

圖 4-6 是邏輯流程圖，清楚說明了當發生中斷時的一連串動作。

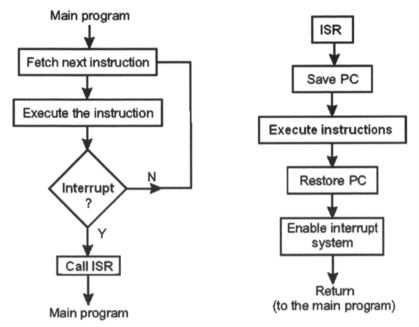

圖 4-6　中斷邏輯流程圖

正常情況下，微處理器在執行主程式時會逐個取得並執行指令。當發生中斷時－為了配合 **Python** 術語，我現在稱之為事件（*event*）－就會跳到一個中斷服務常式（interrupt service routine, ISR），如圖 4-6。ISR 在 **Python** 中也稱為回呼函式（*callback function*），之後你一定會搞混。中斷控制器會自動儲存下一個可執行指令的位址與一些其他參數，或稱為儲存處理器狀態（*saving the processor state*）。接著是執行回呼函式，中斷控制器會在執行完畢之後重新載入處理器狀態，並準確回到中斷時的那一點。這些所有的動作只需要數毫秒便可完成，比輪詢快多了。

Python 要完成幾個步驟才能順利設定中斷。首先一定要設定用於接收中斷訊息的合適腳位。在此使用石頭按鈕來示範。以下語法會把接有下拉電阻的 12 號腳位設為輸入，原因之前已經談過了：：

```
GPIO.setup(12, GPIO.IN, pull_up_down = GPIO.PUD_DOWN)
```

接著要指定中斷來源並連到某個回呼函式。以下語法是用於石頭訊號的按鈕：

```
GPIO.add_event_detect(12, GPIO.RISING, callback=rock)
```

最後則是要定義回呼函式。對於石頭訊號來說，本函式為

```
def rock(channel):
    global player
    player = 1 # magic number 1 = rock, pin 12
```

請注意，函式定義中一定要使用 channel 做為引數，這算是 Python 的特性。

另外要注意的是我在函式定義中使用了 global 一詞，這代表 player 變數為全域或可由程式所有部分存取，不管是在函式中或是在主程式中都可以。基本上我不是很喜歡用 global，因為這違反了物件導向的封裝原則，不過就本範例來說還挺合適的，因為它讓程式重複程度降到最低並增進了程式效率。但你還需要在主程式中把 player 設為全域才行。

程式最後一個新功能是 exit 按鈕，用於馬上跳出 Python 直譯器。以下是這個回呼函式：

```
def quit(channel):
    exit()          # 腳位 20，馬上離開遊戲
```

程式其他部分都相當直觀，或是在先前已經討論過了。程式執行時沒有畫面可以看，因為輸入已經改為手動按鈕，輸出也改為 LED 了。我只能向你保證所有東西都會如預期運作囉。

下一個要介紹的遊戲是 Nim。

範例 4-2：Nim（拈）

Nim 是一款數學策略遊戲，兩個玩家輪流從同一堆中拿走物品。玩家在每回合可以拿走一到三個物品。本遊戲的目標是避免成為拿走最後一個物品的玩家，或者有些 Nim 的玩法是拿走最後一個物品的玩家勝利。

自古以來人們發展出了各種類型的 Nim 遊戲，通常都會用到一堆某些小石頭。Nim 也稱為 *pebble pickup*、*last pebble*，近代則稱為 *sticks*，或 *pick-up sticks*。雖然不太確定真實性，Nim 認為源自中國，因為它與 *Tsyan-shizi*（就是中文的「撿石子」）遊戲非常類似。在歐洲歷史中，Nim 可以回溯到 16 世紀初期。*Nim* 這個名稱應該是由哈佛大學的 Charles Bouton 教授所提出，他在 1900 世紀初期發展出了本遊戲的完整理論。

我首先要示範的是 Python 版本的雙人對戰 Nim 遊戲。我稱之為「Nim 天真版」，在此只會用到玩家本身的智慧而沒有用到 AI。

naive_nim.py listing

```
sticks = 21
max_picks = 3

while (sticks != 0):
    pick1 = 0
    pick2 = 0

    pick1 = int(raw_input("Player 1 pick: "))
    while pick1 > max_picks or (sticks - pick1) <= 0:
        print "You cannot pick more then 3 or reduce sticks to zero or less"
        pick1 = int(raw_input("Player 1 pick: "))
    sticks =  sticks - pick1
    print "remaining sticks = ", sticks
    if sticks == 1:
        print 'Player 1 Wins!'
        exit()

    pick2 = int(raw_input("Player 2 pick: "))
    while pick2 > max_picks or (sticks - pick2) <= 0:
        print "You cannot pick more than 3 or reduce sticks to zero or less"
        pick2 = int(raw_input("Player2 pick: "))
```

```
sticks = sticks - pick2
print "remaining sticks = ", sticks
if sticks == 1:
    print 'Player 2 Wins!'
    exit()
```

圖 4-7 是我玩了兩回合之後的畫面：pick1 與 pick2。請注意我加入了一些有效
性檢查，可以確保一次拿取不會超過三根，以及每次拿取不會讓總根數變為
零或小於零。

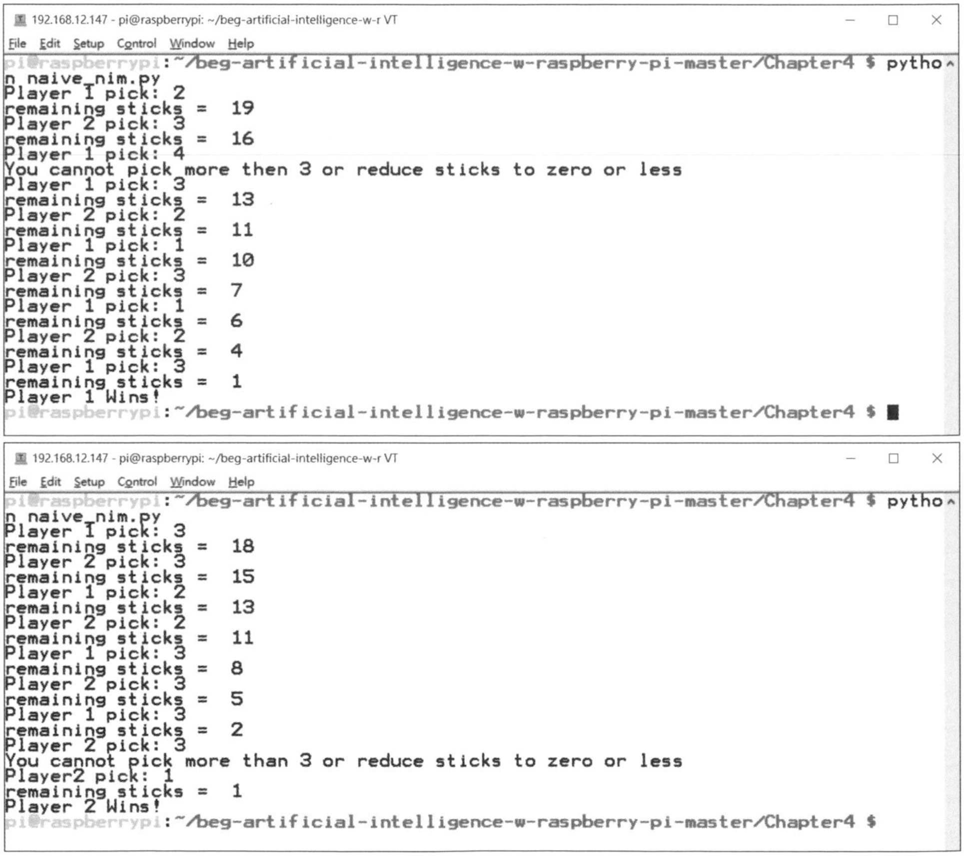

圖 4-7 *Nim* 遊戲兩回合後的畫面

現在來實作一個電腦對手把一點 AI 加入 Nim 遊戲中。

nim_computer.py listing

```python
import random
print "NIM GAME"

player1 = raw_input("Enter your name: ")
player2 = "Computer"
howMany = 0
gameover=False
global stickNumber
stickNumber = 21

def moveComputer():
    removedNumber = random.randint(1,3)
    global stickNumber
    while (removedNumber < stickNumber) or (stickNumber <= 4):
        if stickNumber >= 5:
            stickNumber -= removedNumber
            return stickNumber
        elif (stickNumber == 4) or (stickNumber == 3) or (stickNumber == 2):
            stickNumber = 1
            return stickNumber

def moveHuman():
    global stickNumber
    global howMany
    stickNumber -= howMany
    return stickNumber

def humanLegalMove():
    global howMany
    global stickNumber
    legalMove=False
    while not legalMove:
        print("It's your turn, ",player1)
        howMany=int(input("How many sticks do you want to remove?
        (from 1 to 3) "))
        if  howMany>3 or howMany<1:
            print("Enter a number between 1 and 3.")
        else:
            legalMove=True
```

```python
    while (howMany >= stickNumber):
        print("The entered number is greater than or equal to the number of
        sticks remaining.")
        howMany=int(input("How many sticks do you want to remove?"))
        return howMany

def checkWinner(player):
    global stickNumber
    if stickNumber == 1:
        print(player," wins.")
        global gameover
        gameover = True
        return gameover

def resetGameover():
    global gameover
    global stickNumber
    gameover = False
    stickNumber = 21
    howMany = 0
    return gameover

def game():
    while gameover == False:
        print("It's ",player2,"turn. The number of sticks left: ",
        moveComputer())
        checkWinner(player2)
        if gameover == True:
            playAgain()
        humanLegalMove()
        print("The number of sticks left: ", moveHuman())
        checkWinner(player1)
        if gameover == True:
            playAgain()

def playAgain():
    answer = raw_input("Do you want to play again?(y/n)")
    resetGameover()
    if answer=="y":
        game()
    else:
        print("Thanks for playing the game")
        exit()
```

```
game()
playAgain()
```

圖 4-8 是與電腦對戰兩回合後的 Nim 遊戲畫面。

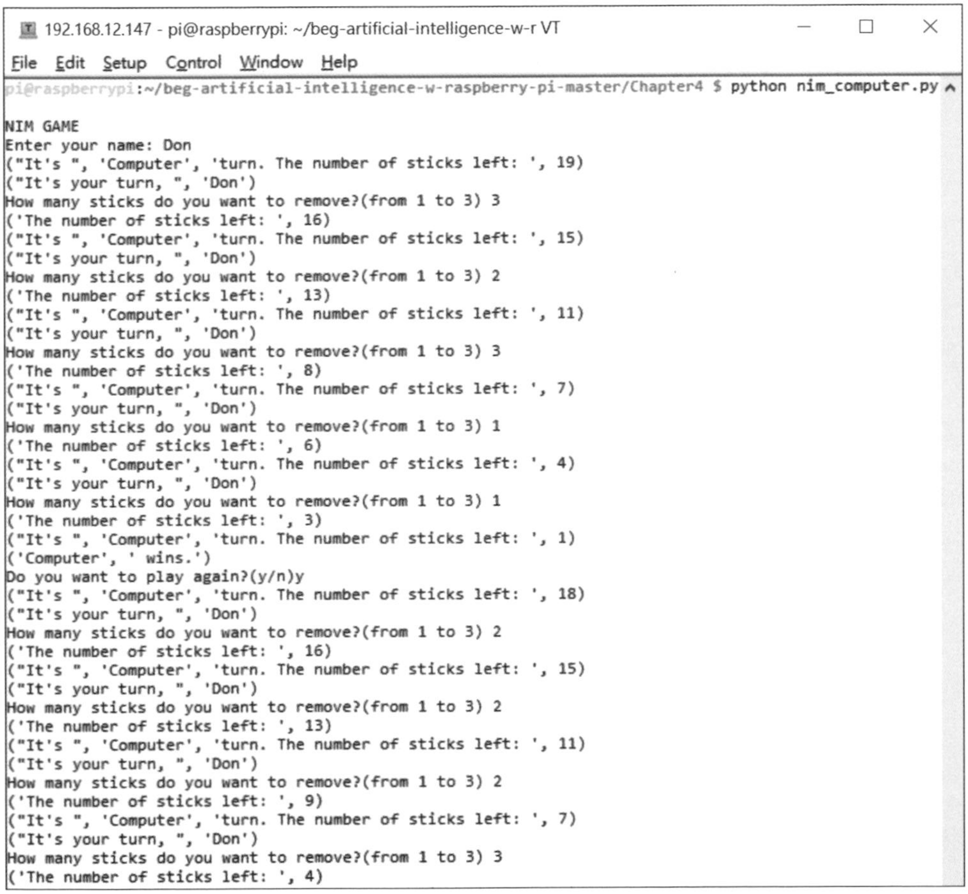

```
192.168.12.147 - pi@raspberrypi: ~/beg-artificial-intelligence-w-r VT        —    □    ✕

File  Edit  Setup  Control  Window  Help

pi@raspberrypi:~/beg-artificial-intelligence-w-raspberry-pi-master/Chapter4 $ python nim_computer.py

NIM GAME
Enter your name: Don
("It's ", 'Computer', 'turn. The number of sticks left: ', 19)
("It's your turn, ", 'Don')
How many sticks do you want to remove?(from 1 to 3) 3
('The number of sticks left: ', 16)
("It's ", 'Computer', 'turn. The number of sticks left: ', 15)
("It's your turn, ", 'Don')
How many sticks do you want to remove?(from 1 to 3) 2
('The number of sticks left: ', 13)
("It's ", 'Computer', 'turn. The number of sticks left: ', 11)
("It's your turn, ", 'Don')
How many sticks do you want to remove?(from 1 to 3) 3
('The number of sticks left: ', 8)
("It's ", 'Computer', 'turn. The number of sticks left: ', 7)
("It's your turn, ", 'Don')
How many sticks do you want to remove?(from 1 to 3) 1
('The number of sticks left: ', 6)
("It's ", 'Computer', 'turn. The number of sticks left: ', 4)
("It's your turn, ", 'Don')
How many sticks do you want to remove?(from 1 to 3) 1
('The number of sticks left: ', 3)
("It's ", 'Computer', 'turn. The number of sticks left: ', 1)
('Computer', ' wins.')
Do you want to play again?(y/n)y
("It's ", 'Computer', 'turn. The number of sticks left: ', 18)
("It's your turn, ", 'Don')
How many sticks do you want to remove?(from 1 to 3) 2
('The number of sticks left: ', 16)
("It's ", 'Computer', 'turn. The number of sticks left: ', 15)
("It's your turn, ", 'Don')
How many sticks do you want to remove?(from 1 to 3) 2
('The number of sticks left: ', 13)
("It's ", 'Computer', 'turn. The number of sticks left: ', 11)
("It's your turn, ", 'Don')
How many sticks do you want to remove?(from 1 to 3) 2
('The number of sticks left: ', 9)
("It's ", 'Computer', 'turn. The number of sticks left: ', 7)
("It's your turn, ", 'Don')
How many sticks do you want to remove?(from 1 to 3) 3
('The number of sticks left: ', 4)
```

圖 4-8 人類與電腦對戰兩回合的畫面

圖 4-8 可看出程式確實照我們所設計的在運作，每次對手都輸入了一個有效的拾取根數。由於電腦不可能去輸入無效數字，因此人類玩家也不能亂來。另外，程式也要檢查每次輸入是否會讓根數減為零或負數。圖 4-9 中可以看到，我試著輸入大於三的數字或讓總根數減為零時，檢查機制啟動的畫面。

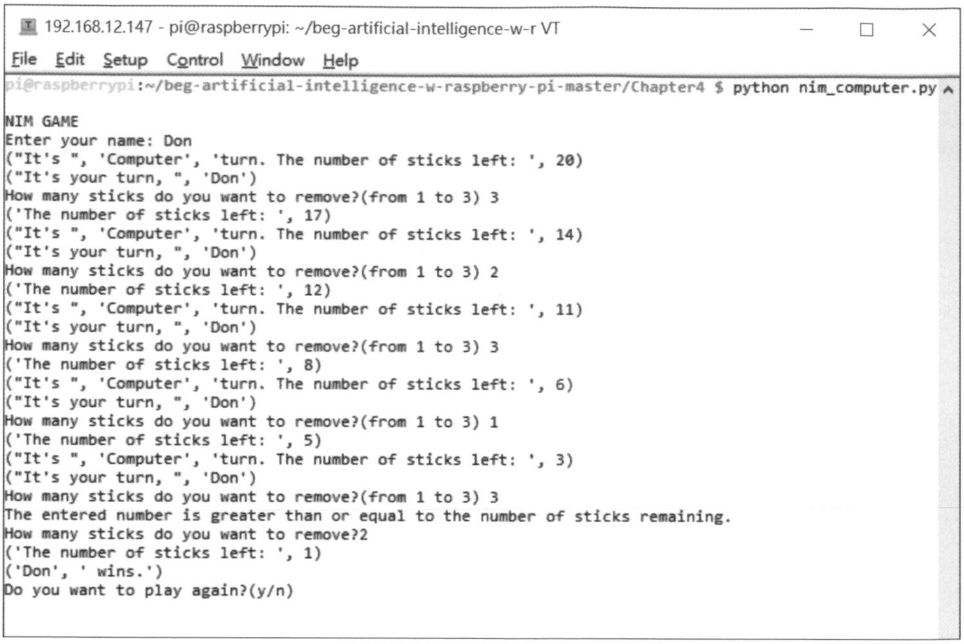

圖 4-9 驗證或「精神正常」檢查

圖 4-8 與 4-9 中不太容易看出我所加入的一點 AI 到底做了什麼。一般來說，
每回合電腦所輸入的數字是由以下程式碼所決定：

```
removedNumber = random.randint(1,3)
```

本語法會在 1 到 3 之間隨機產生一個整數。對於天真版來說當然沒問題；不
過，我不希望當棒子數量為 4 或更少時，人類玩家的優勢不公平到太誇張的程
度。因此我在 moveComputer 函式中加入以下內容：

```
elif (stickNumber == 4) or (stickNumber == 3) or (stickNumber == 2):
        stickNumber = 1
        return stickNumber
```

這樣會確保當人類玩家剩下二到四根棒子時，電腦會去模擬人類玩家的行去
來取得該回合的勝利。

關於 Nim 遊戲的競爭策略還有更多值得一看的地方。假設還剩下六根棒子並且輪到你。根據遊戲理論，你的最佳選項是拿走滿足以下方程式的棒子數量：

$$n \bmod 4 = 1$$，n 是在你的回合結束後所剩下的棒子數量。

方程式中的 *mod* 運算子代表取整數餘數。例如 8 *mod* 3 等於 2，因為 8 除以 3 的餘數就是 2。所以在此不管被除數，但保留整數餘數。表 4-4 列出了當堆中有六根棒子時的所有可能走法。

表 4-4　堆中有六根棒子的競爭策略

可能走法	剩下根數（n）	n mod 4
1	5	1
2	4	0
3	3	3

因此根據遊戲理論，你的最佳走法是拿走一根棒子，這應該不需要成為遊戲專家也能理解。別忘了對手只能拿走一到三根棒子，因此當對手拿走棒子之後，就只會剩下二到四根棒子。這時因為你一定可以拿走某個數量的棒子好剩下最後一根給對手，這樣就一定會贏啦。

人類玩家在這類遊戲上特別有優勢，因為直到在堆中剩下四根或更少棒子時，電腦每次都是隨機選擇要拿走的棒子數量。因此，你要做的事情就是時時確保電腦從第二到最後一回合都有六根棒子。但到了下一段，我會在下一版的 Nim 範例中取消這項優勢。

安裝 LCD 與開關的 Nim 遊戲

這一版的 Nim 遊戲使用了按鈕開關來輸入要拿取的棒子數量。它還有一個 LCD 模組來顯示什麼時候輪到人類玩家來按按鈕，以及剩下的棒子數量。這些按鈕會與 Python 回呼函式結合，這在先前的剪刀石頭布遊戲的自動化版本中做過了。事實上，本遊戲的電路與剪刀石頭布遊戲的按鈕電路非常類似，不過修改了按鈕所接的腳位來配合 LCD 螢幕接線。剪刀石頭布遊戲中的 LED 在此不會用到，因為我們改用 16 × 2 LCD 螢幕了。

自動化 Nim 遊戲的 Fritzing 硬體示意圖如圖 4-10。

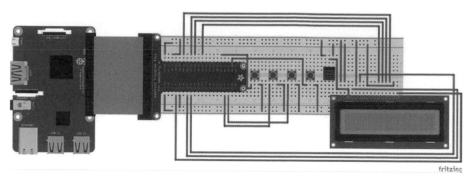

圖 4-10 自動化 *Nim* 遊戲的 *Fritzing* 硬體示意圖

這次的線路顯然複雜許多，不太容易要用一張 Fritzing 元件圖來表示。因此我除了提供 LCD 對 Pi Cobbler 擴充板接線的示意圖，以及包含了本系統所有腳位的接線清單。圖 4-11 是 LCD 模組與 Pi Cobbler 擴充板的接線示意圖。

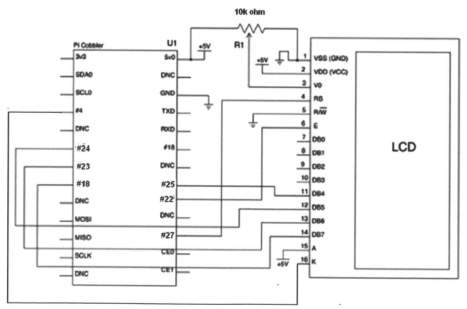

圖 4-11 *Pi Cobbler* 擴充板與 *LCD* 模組之接線示意圖

表 4-5 是所有腳位的接線清單。LCD 的腳位編號是從最左側的 1 號到最右側的 16 號，如上述的 Fritzing 示意圖。請注意在此把電位計反過來腳位朝上。左側腳位接地，中央腳位接到 LCD 的 3 號腳位，右側腳位則接到 5V。

表 4-5　各元件接線的腳位清單

起點	終點	說明
LCD 腳位 1	接地	
LCD 腳位 2	5V	Vcc
LCD 腳位 3	電位計中央腳位	調整對比度 Vo
LCD 腳位 4	RasPi 腳位 27	暫存器選擇
LCD 腳位 5	接地	讀 / 寫（R/W）
LCD 腳位 6	RasPi 腳位 22	致能（時脈）
LCD 腳位 7	-	未連接（位元 0）
LCD 腳位 8	-	未連接（位元 1）
LCD 腳位 9	-	未連接（位元 2）
LCD 腳位 10	-	未連接（位元 3）　續下頁
LCD 腳位 11	RasPi 腳位 25	位元 4
LCD 腳位 12	RasPi 腳位 24	位元 5
LCD 腳位 13	RasPi 腳位 23	位元 6
LCD 腳位 14	RasPi 腳位 18	位元 7
LCD 腳位 15	5V	背光 LED 正極
LCD 腳位 16	RasPi 腳位 4	背光 LED 負極
電位計左側腳位	接地	
電位計中央腳位	LCD 腳位 3	
電位計右側腳位	5V	
stick 按鈕 1，左側	RasPi 腳位 12	
stick 按鈕 1，右側	3.3V	
stick 按鈕 2，左側	RasPi 腳位 13	
stick 按鈕 2，右側	3.3V	
stick 按鈕 3，左側	RasPi 腳位 19	

起點	終點	說明
stick 按鈕 3，右側	3.3V	
退出按鈕，左側	RasPi 腳位 20	
退出按鈕，左側	3.3V	

在此會用到非常多條跳線，因此在使用免焊麵包板時請特別小心。我建議你將 5V 電源接到麵包板獨立一側的電源軌，如果麵包板橫向放置的話，應該是位於板子的上下兩側。請特別注意，絕對不可以把 5V 電源接到任何一個 Raspberry Pi 輸入腳位，因為該腳位一定會燒壞。GPIO 輸入必須嚴格確保其最高電壓不會超過 3.3V，只要超過就會燒毀該輸入腳位，並且有可能傷害到 Raspberry Pi 核心晶片。

圖 4-12 是本專案的實體照片，每一個按鈕的功能都標示得很清楚。

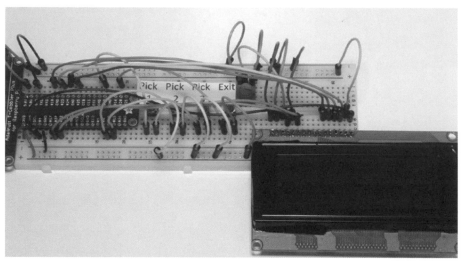

圖 4-12 自動版本的 *Nim* 遊戲實體照片

用於控制本專案硬體的程式檔名為 automated_nim.py。它基本上是來自上一版的程式，但現在所有的輸入都搭配了各自的回呼函式，還有一個用來顯示遊戲狀態的 LCD 螢幕。我認為在深入主程式之前，先討論一下如何用 Raspberry Pi 來操作 LCD 螢幕是比較好的做法。

LCD 螢幕

本段所用到大多數的材料都要感謝 Tony DiCola 所寫的教學，請參考 Adafruit 網站 [1]。

市面上平價的 16 × 2 或 16 × 4 LCD，有 16 支腳位的那種，應該都採用了 Hitachi HD44780 或類似規格的控制器。該款 LCD 採用平行介面，意思是你要從 Raspberry Pi 接出多條線才能控制它。這種接法只會用掉四個資料腳位與兩支控制腳位。這種配置也稱為 *LCD 半字節輸入模式*（*nibble input mode*）。另一種模式的做法是每當有新字元輸入至 LCD 時，都會送出一整個字節（位元組），就是八個位元。顯然，半字節模式會比位元組模式來得慢，但對本專案來說，這樣的速度差異不算太明顯。Raspberry Pi 只會把資料送到螢幕上，而不會讀取任何資料。這代表你不用去擔心是否會有任何 5V 脈衝會不小心跑到敏感的 Raspberry Pi 輸入腳位上，我之前提過它們所允許的最高輸入電壓只有 3.3V。

位於 LCD16 腳位排插上的 #4 暫存器選擇腳位有兩個用途。當設為低電位時，Raspberry Pi 可以發送控制指令給 LCD，例如跳換到指定字元位置或清除畫面。本模式也稱為指令寫入（*writing to the instruction*）或命令暫存器（*command register*）。當暫存器選擇腳位設定為高電位時，LCD 控制器會進入資料模式並讓收到資料顯示在螢幕上。

5 號的 I/O 腳位已經接地，因為本專案對 LCD 寫入的項目只有資料。

如果要對輸入暫存器寫入資料並顯示在螢幕上的話，就要切換 6 號致能腳位。

LCD、按鈕開關與電位計都接好之後，你需要用到一個特殊的 Python 函式庫才能讓 Raspberry Pi 去控制 LCD 螢幕。這個函式庫是由 Adafruit 公司某個聰明傢伙弄出來的，還有很多其他函式庫來支援各種裝置與感測器。接下來的步驟也適用於載入其他大多數的 Adafruit 函式庫。

---

1 https://learn.adafruit.com/character-lcd-with-raspberry-pi-or-beaglebone-black/overview

載入 Adafruit LCD 函式庫

由於 Adafruit 公司採用 **github.com** 來管理所有該公司所開發的函式庫，你也得使用 Git 應用程式來載入函式庫。請用以下指令來安裝：

```
sudo apt-get update
sudo apt-get install git
```

安裝好 Git 之後，請下載 LCD 函式庫，這個下載的動作稱為複製（*cloning*）。這樣會在你的 /home 目錄中建立一個名為 Adafruit_Python_CharLCD 的新目錄。請輸入以下指令：

```
sudo git clone git://github.com/adafruit/Adafruit_Python_CharLCD
```

這個新目錄包含了下一步所需的所有檔案，也就是用來設定函式庫。設定過程有點冗長；不過有個簡單的設定腳本可以自動搞定所有流程。請輸入以下指令來設定函式庫：

```
cd Adafruit_Python_CharLCD
sudo python setup.py install
```

圖 4-13 是安裝過程一開始與最後的訊息。安裝過程中總共有超過 70 個步驟，包含下載與建置多個相依套件。

```
192.168.12.147 - pi@raspberrypi: ~/Adafruit_Python_CharLCD VT          —    □    ×
File  Edit  Setup  Control  Window  Help
pi@raspberrypi:~ $ cd Adafruit_Python_CharLCD/
pi@raspberrypi:~/Adafruit_Python_CharLCD $ sudo python setup.py install
running install
running bdist_egg
running egg_info
creating Adafruit_CharLCD.egg-info
writing requirements to Adafruit_CharLCD.egg-info/requires.txt
writing Adafruit_CharLCD.egg-info/PKG-INFO
writing top-level names to Adafruit_CharLCD.egg-info/top_level.txt
writing dependency_links to Adafruit_CharLCD.egg-info/dependency_links.txt
writing manifest file 'Adafruit_CharLCD.egg-info/SOURCES.txt'
reading manifest file 'Adafruit_CharLCD.egg-info/SOURCES.txt'
writing manifest file 'Adafruit_CharLCD.egg-info/SOURCES.txt'
installing library code to build/bdist.linux-armv71/egg
running install_lib
running build_py
creating build
creating build/lib.linux-armv71-2.7
creating build/lib.linux-armv71-2.7/Adafruit_CharLCD
copying Adafruit_CharLCD/Adafruit_CharLCD.py -> build/lib.linux-armv71-2.7/Adafruit_CharLCD
copying Adafruit_CharLCD/__init__.py -> build/lib.linux-armv71-2.7/Adafruit_CharLCD
creating build/bdist.linux-armv71
creating build/bdist.linux-armv71/egg
creating build/bdist.linux-armv71/egg/Adafruit_CharLCD
copying build/lib.linux-armv71-2.7/Adafruit_CharLCD/Adafruit_CharLCD.py -> build/bdist.linux-a
rmv71/egg/Adafruit_CharLCD
copying build/lib.linux-armv71-2.7/Adafruit_CharLCD/__init__.py -> build/bdist.linux-armv71/eg
g/Adafruit_CharLCD
byte-compiling build/bdist.linux-armv71/egg/Adafruit_CharLCD/Adafruit_CharLCD.py to Adafruit_C
harLCD.pyc
byte-compiling build/bdist.linux-armv71/egg/Adafruit_CharLCD/__init__.py to __init__.pyc
creating build/bdist.linux-armv71/egg/EGG-INFO
copying Adafruit_CharLCD.egg-info/PKG-INFO -> build/bdist.linux-armv71/egg/EGG-INFO
copying Adafruit_CharLCD.egg-info/SOURCES.txt -> build/bdist.linux-armv71/egg/EGG-INFO
copying Adafruit_CharLCD.egg-info/dependency_links.txt -> build/bdist.linux-armv71/egg/EGG-INF
O
copying Adafruit_CharLCD.egg-info/requires.txt -> build/bdist.linux-armv71/egg/EGG-INFO
copying Adafruit_CharLCD.egg-info/top_level.txt -> build/bdist.linux-armv71/egg/EGG-INFO
zip_safe flag not set; analyzing archive contents...
creating dist
creating 'dist/Adafruit_CharLCD-1.1.1-py2.7.egg' and adding 'build/bdist.linux-armv71/egg' to
it
```

圖 4-13 *LCD* 函式庫安裝過程（續）

```
☒ 192.168.12.147 - pi@raspberrypi: ~/Adafruit_Python_CharLCD VT          —    □    ✕

File  Edit  Setup  Control  Window  Help

removing 'build/bdist.linux-armv71/egg' (and everything under it)
Processing Adafruit_CharLCD-1.1.1-py2.7.egg
Copying Adafruit_CharLCD-1.1.1-py2.7.egg to /usr/local/lib/python2.7/dist-packages
Adding Adafruit-CharLCD 1.1.1 to easy-install.pth file

Installed /usr/local/lib/python2.7/dist-packages/Adafruit_CharLCD-1.1.1-py2.7.egg
Processing dependencies for Adafruit-CharLCD==1.1.1
Searching for Adafruit-GPIO>=0.4.0
Downloading https://github.com/adafruit/Adafruit_Python_GPIO/tarball/master#egg=Adafruit-GPIO-
0.4.0
Best match: Adafruit-GPIO 0.4.0
Processing master
Writing /tmp/easy_install-S1JC0u/adafruit-Adafruit_Python_GPIO-c543d1d/setup.cfg
Running adafruit-Adafruit_Python_GPIO-c543d1d/setup.py -q bdist_egg --dist-dir /tmp/easy_insta
ll-S1JC0u/adafruit-Adafruit_Python_GPIO-c543d1d/egg-dist-tmp-uY813Y
zip_safe flag not set; analyzing archive contents...
Moving Adafruit_GPIO-1.0.3-py2.7.egg to /usr/local/lib/python2.7/dist-packages
Adding Adafruit-GPIO 1.0.3 to easy-install.pth file

Installed /usr/local/lib/python2.7/dist-packages/Adafruit_GPIO-1.0.3-py2.7.egg
Searching for adafruit-pureio
Reading https://pypi.python.org/simple/adafruit-pureio/
Downloading https://files.pythonhosted.org/packages/b9/34/e8e6b4ee910d3682a7e7f7c84e8b8fe8c270
ba47aa268269310c9fb89387/Adafruit_PureIO-0.2.3.tar.gz#sha256=e65cd929f1d8e109513ed1e457c2742bf
4f15349c1a9b7f5b1e04191624d7488
Best match: Adafruit-PureIO 0.2.3
Processing Adafruit_PureIO-0.2.3.tar.gz
Writing /tmp/easy_install-9IDNPY/Adafruit_PureIO-0.2.3/setup.cfg
Running Adafruit_PureIO-0.2.3/setup.py -q bdist_egg --dist-dir /tmp/easy_install-9IDNPY/Adafru
it_PureIO-0.2.3/egg-dist-tmp-R22OoC
zip_safe flag not set; analyzing archive contents...
Moving Adafruit_PureIO-0.2.3-py2.7.egg to /usr/local/lib/python2.7/dist-packages
Adding Adafruit-PureIO 0.2.3 to easy-install.pth file

Installed /usr/local/lib/python2.7/dist-packages/Adafruit_PureIO-0.2.3-py2.7.egg
Searching for spidev==3.3
Best match: spidev 3.3
Adding spidev 3.3 to easy-install.pth file

Using /usr/lib/python2.7/dist-packages
Finished processing dependencies for Adafruit-CharLCD==1.1.1
pi@raspberrypi:~/Adafruit_Python_CharLCD $
```

圖 4-13 *LCD* 函式庫安裝過程

現在可以來測試軟體與硬體，看看所有東西是否都能正確運作。

測試 LCD

名為 char_lcd.py 測試程式應該是位於 Adafruit_Python_CharLCD 目錄下的 examples 子目錄中，這在我們使用 Git 指令來複製時就一併做好了。請切換到 examples 目錄並輸入以下指令：

```
python char_lcd.py
```

如果接線都正確，函式庫也都裝好的話，應該會看到螢幕出現如圖 4-14 的畫面。

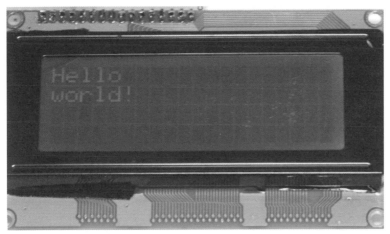

圖 4-14 順利執行 *char_lcd.py* 程式的 *LCD* 畫面

如果螢幕上沒東西的話，請檢查所有接線，因為跳線在插入麵包板上的洞還有連接 Pi Cobbler 擴充板或 LCD 模組時，都很容易出錯。如我之前說的，大多數的問題都來自接錯線。

如果 LCD 測試沒問題的話，就可以來看看 Nim 遊戲的主程式了。

automated_nim.py

本程式相較於先前的 Nim 程式有大幅的修改很大，因為要用到回呼函式與 LCD 螢幕常式。我還加入了一些 AI 邏輯：電腦對手現在會運用遊戲理論中的 theory *n mod 4 = 1* 這個等式來決定要拿走多少根棒子，並會在無法取走最佳 棒數時運用隨機數產生器來確定要取走的棒數。

automated_nim.py listing

```python
# 匯入所需函式庫
import random
import time
import Adafruit_CharLCD as LCD
import RPi.GPIO as GPIO

# Raspberry Pi 設定
# Raspberry Pi 腳位配置
lcd_rs        = 27
lcd_en        = 22
lcd_d4        = 25
lcd_d5        = 24
lcd_d6        = 23
lcd_d7        = 18
lcd_backlight =  4

# 定義 LCD 行數與列數為 16x4
lcd_columns = 16
lcd_rows    =  4

# 建立 LCD 物件
lcd = LCD.Adafruit_CharLCD(lcd_rs, lcd_en, lcd_d4, lcd_d5, lcd_d6, lcd_d7,
lcd_columns, lcd_rows, lcd_backlight)

# 顯示兩列的歡迎訊息
lcd.message('Lets play nim\ncomputer vs human')

# 等候 5 秒鐘
time.sleep(5.0)

# 清除畫面
lcd.clear()

# 設定 GPIO 腳位
```

```python
# 設定為 BCM 腳位編號模式
GPIO.setmode(GPIO.BCM)

# 輸入腳位
GPIO.setup(12, GPIO.IN, pull_up_down = GPIO.PUD_DOWN)
GPIO.setup(13, GPIO.IN, pull_up_down = GPIO.PUD_DOWN)
GPIO.setup(19, GPIO.IN, pull_up_down = GPIO.PUD_DOWN)
GPIO.setup(20, GPIO.IN, pull_up_down = GPIO.PUD_DOWN)

# 建立全域變數
global player
player = ""
global humanTurn
humanTurn = False
global stickNumber
stickNumber = 21
global humanPick
humanPick = 0
global gameover
gameover = False

# 設定回呼函式
def pickOne(channel):
    global humanTurn
    global humanPick
    humanPick = 1
    humanTurn = True

def pickTwo(channel):
    global humanTurn
    global humanPick
    humanPick = 2
    humanTurn = True

def pickThree(channel):
    global humanTurn
    global humanPick
    humanPick = 3
    humanTurn = True

def quit(channel):
    lcd.clear()
    exit()      # 腳位 20，立即退出遊戲
```

```
# 加入事件偵測與指派回呼函式
GPIO.add_event_detect(12, GPIO.RISING, callback=pickOne)
GPIO.add_event_detect(13, GPIO.RISING, callback=pickTwo)
GPIO.add_event_detect(19, GPIO.RISING, callback=pickThree)
GPIO.add_event_detect(20, GPIO.RISING, callback=quit)

# 玩家隨機選擇
playerSelect = random.randint(0,1)
if playerSelect:
    humanTurn = True
    lcd.message('Human goes first')
    time.sleep(2)
    lcd.clear()
else:
    humanTurn = False
    lcd.message('Computer goes first')
    time.sleep(2)
    lcd.clear()

# 電腦 AI
def computerMove():
    global stickNumber
    global humanTurn

    if (stickNumber-1) % 4 == 1:
        computerPick = 1
    elif (stickNumber-2) % 4 == 1:
        computerPick = 2
    elif (stickNumber-3) % 4 == 1:
        computerPick = 3
    else:
        computerPick = random.randint(1,3)

    if stickNumber >= 4:
        stickNumber -= computerPick
    elif (stickNumber==4) or (stickNumber==3) or (stickNumber==2):
        stickNumber = 1
    humanTurn = True

# 人類玩家
def humanMove():
    global humanPick
    global humanTurn
    global stickNumber
```

```
    while not humanPick:
        pass
    while (humanPick >= stickNumber):
        lcd.message('Number selected\n')
        lcd.message('is >= remaining\n')
        lcd.message('sticks')
    stickNumber -= humanPick
    humanTurn = False
    humanPick = 0
    lcd.clear()

def checkWinner():
    global gameover
    global player
    global stickNumber
    if stickNumber == 1:
        msg = player + ' wins!'
        lcd.message(msg)
        time.sleep(5)
        gameover = True

def resetGameover():
    global gameover
    global stickNumber
    gameover = False
    stickNumber = 21
    return gameover

# 本函式控制遊戲的整體流程
def game():
    global player
    global humanTurn
    global gameover
    global stickNumber
    while gameover == False:
        if humanTurn == True:
            lcd.message('human turn\n')
            msg = 'sticks left: ' + str(stickNumber) + '\n'
            lcd.message(msg)
            humanMove()
            msg = 'sticks left: ' + str(stickNumber)
            lcd.message(msg)
            time.sleep(2)
            checkWinner()
```

```
                lcd.clear()
        else:
            lcd.message('computer turn\n')
            computerMove()
            msg = 'sticks left: ' + str(stickNumber)
            lcd.message(msg)
            time.sleep(2)
            checkWinner()
            lcd.clear()

    if gameover == True:
            lcd.clear()
            playAgain()


# 決定是否再玩一遍
def playAgain():
    global humanPick
    lcd.message('Play again?\n')
    lcd.message('1 = y, 2 = n')

    # 當等候按鈕按下時，本迴圈需為閒置狀態
    while humanPick == 0:
        pass
    if humanPick == 1:
        lcd.clear()
        resetGameover()
        game()
    elif humanPick == 2:
        lcd.clear()
        lcd.message('Thanks for \n')
        lcd.message('playing the game')
        time.sleep(5)
        lcd.clear()
        exit()


# 呼叫本函式開始進行遊戲
game()
```

相信你已經發現要打敗本程式的電腦對手不太容易了，這和之前簡易版的
Nim 程式已經大大不同了。圖 4-15 是我與電腦對戰一回合之後，LCD 螢幕的
實體照片。

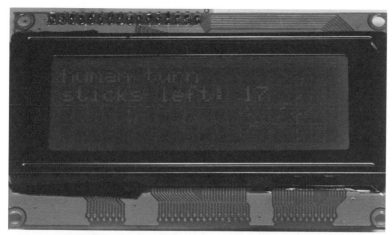

圖 4-15 遊戲進行中的 *LCD* 螢幕

自動化 Nim 程式是本章的最後一個專題。在 Raspberry Pi 的 Jessie Linux 作業系統中還有更多現成的 Python 遊戲可以玩玩看。它們可以在 X window 圖形化介面主視窗中找到，如圖 4-16。

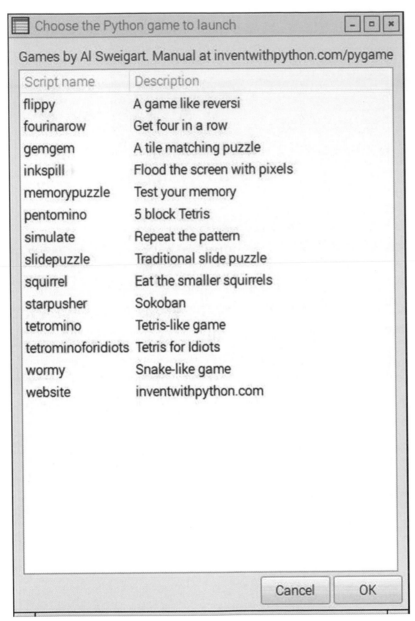

圖 4-16　其他 *Python* 遊戲

這些遊戲都要感謝 Al Sweigert 這個網站[2]。你可在這個網站免費下載一份厚達 347 頁的電子書，書名為《*Making Games with Python & Pygame*》（用 Python 與 Pygame 來製作遊戲），Al 在書中就有詳細說明圖 4-16 中所有遊戲的運作方式。除了本章內容之外，我強烈建議想要進一步了解如何開發 Python 遊戲的讀者一定要看看這個。

總結

本章重點在於用 Python 程式語言所完成的簡易遊戲程式。我示範了兩種遊戲（剪刀石頭布與 Nim）的多種版本，從非常基礎的版本到把 AI 整合入電腦對手的複雜版。

本章的目標之一是要讓你知道，原來要把 AI 的概念加入傳統的人類電腦對戰遊戲中是相當直觀的事。

另一個次要目標則是示範了如何透過某些硬體與軟體技術來完成 Python 中斷，並示範如何透過 Raspberry Pi 來使用 LCD 螢幕模組。

## CHAPTER 5

模糊邏輯系統

本章將繼續探討第二章提到的模糊邏輯（FL）概念。在此會示範兩個模糊邏輯專題。第一個範例是我們偶爾會碰到的情況：上餐廳吃飯時如何計算小費。第二個範例則稍微複雜一點，要實作一個以 FL 為控制技術的冷熱控制系統。兩個範例都使用 Python 搭配 pyFuzzy 函式庫，後者是將 FL 整合進 Python 程式語言中。另外我還會介紹幾個新的 FL 主題。我把這些新主題搭配 FL 小費範例來說明，希望為這些新概念提供更好的框架。

在進入基礎模糊邏輯系統（fuzzy logic system, FLS）之前，你得先把 Raspberry Pi 設定好才能載入並執行 FL 相關的範例 5-1。

零件清單

本章範例所需零件如表 5-1。

表 5-1 零件清單

說明	數量	Remark
Pi Cobbler 腳位擴充板	1	40 腳位的版本，T 型或 DIP 型都可以
免焊麵包板	1	860 孔，並有電源供應軌
跳線	1 包	很多地方都能買到
LED	3	常用品，很多地方都能買到
220Ω 電阻	3	1/4 瓦特

軟體安裝

首先你需要 Python 2.7，這應該已經在 Jessie Linux 版本中一併裝好了。另外還需要 numpy、scipy、matplotlib 與 skfuzzy 等套件，它們可在 Python 中實作 FL 以及視覺化所需的繪圖函式。

請在命令列輸入以下指令來安裝 numpy、 scipy 與 matplotlib 等模組：

```
sudo apt-get update
sudo apt-get install python-numpy
```

 numpy 可以已經安裝好了，所以執行這個指令時，可能只會看到「the latest version is installed」這段話。

```
sudo apt-get install python-scipy
sudo apt-get install python-matplotlib
```

安裝 skfuzzy 會複雜一點，你得從它的 Github 網站來複製它；然而，你需要 Git 應用程式才能作到這件事。因此請用下列指令來安裝 Git：

```
sudo apt-get install git
```

Git 裝好之後，請用以下指令來複製本模組：

```
sudo git clone https://github.com/scikit-fuzzy/scikit-fuzzy.git
```

複製這個動作會自動把 skfuzzy 的所有軟體解壓縮到名為 scikit-fuzzy 的子目錄中，該子目錄位於 home 目錄之下。請輸入以下指令來設定 skfuzzy：

```
cd scikit-fuzzy
sudo python setup.py install
```

在安裝 skfuzzy 的過程中會看到一連串的訊息。安裝完成之後，應該就可以執行所有的 fuzzy Python 目錄。

基礎 FLS

圖 5-1 是構成基礎 FLS 的四個主要元件。

圖 5-1 基礎 *FLS* 的功能方塊圖

以下說明這些主要的 FLS 元件：

- 模糊器（*fuzzifier*）：使用模糊語意變數、模糊語意詞彙與隸屬函數 s. 將一堆輸入資料收集起來並轉換為模糊集的過程。

- 規則：收集並編入推論引擎中的專家知識。

- 推論引擎（*inference engine*）：根據應用於輸入模糊集的一套規則所產生的推論。

- 解模糊器（*defuzzifier*）：根據從推論引擎產生的模糊集輸出所建立的明確輸出結果。

圖 5-1 也呈現了實作 FL 過程的一連串步驟或邏輯演算法。我運用表 5-2 所列的通用演算法，來實作本章的所有 FLS 範例專題。

表 5-2 *FL* 演算法

步驟	名稱	說明
1	初始化	定義語意變數與詞彙
2	初始化	建立隸屬函數
3	初始化	建立規則集
4	模糊化	使用隸屬函數將明確的輸入資料轉換為模糊集
5	推論	根據規則集來評估模糊集
6	集成	評估各規則來組成結果
7	解模糊化	將模糊集轉換為明確的輸出值

初始化：定義語意變數與詞彙

方才介紹的語意變數是用來表現系統輸入與輸出的值。它們通常是來自像是英文這樣的自然語言中的單字甚至短句，而非常見的數字。語意變數也會被拆解為一組語意詞彙。

範例 5-1：使用 FL 來計算小費

在計算小費的情境中，有一些輸入變數會影響我們在餐廳用餐結束之後，到底要給服務生多少小費。在此考慮兩個主要的輸入項：食物品質（*food quality*）與服務品質（*service quality*）。

我知道許多朋友在決定要給多少小費時，會把食物品質與服務品質這兩件事分開來看，因為服務生與準備餐點或食物品質根本沒關係，他們最重要的工作就是確保餐點都是熱騰騰上桌。不過在本範例中，我還是把食物品質當成一個有效的輸入項。

唯一的輸出變數就是小費金額（*tip amount*），就是帳單總額的某個百分比。現在重要的是建立一些適用這個情境的語意詞彙。

使用以下詞彙來分類食物品質應該相當簡單與明顯：

- 很棒（*great*）
- 尚可（*decent*）
- 差勁（*bad*）

同樣地，我們使用以下評語來分類服務品質：

- 優良（*amazing*）
- 可接受（*acceptable*）
- 糟糕（*poor*）

小費金額也根據這些模糊語意詞彙而定，以下是用於小費金額的詞彙：

- 低（*low*）
- 中（*medium*）
- 高（*high*）

 從現在開始，我會把語意變數都以斜體表示，這樣有助於把它們與一般字詞區分開來。（譯註：為免混淆，與程式有關的語意變數將以英文表示）

使用者一定要有個數值尺度來評比服務品質食物品質。一般人通常都是用1到10分，0代表最糟糕，10則是最棒。最後給出的小費也要有一個數值尺度，在此設定 0 到 26 為一般的小費百分比尺度。所有數值尺度都是用於呈現精確數值、非模糊輸入或隸屬函數輸出值，後續段落會一一介紹。

初始化：建構隸屬函數

隸屬函數（membership function）在 FL 的模糊化與解模糊化步驟中都會用到。這些函數會把非模糊輸入值對應成模糊變數來進行模糊化，再把模糊變數對應為非模糊輸出值來解模糊化。基本上來說，隸屬函數就是把語意詞彙量化表示。圖 5-2 是食物品質的隸屬函數。

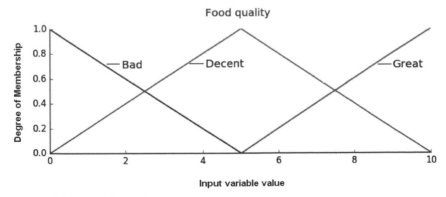

圖 5-2 食物品質隸屬函數

圖 5-3 是服務品質的隸屬函數。

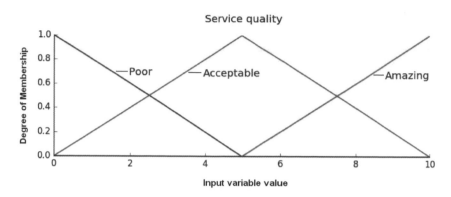

圖 5-3 服務品質隸屬函數

最後得到小費金額的隸屬函數，如圖 5-4。

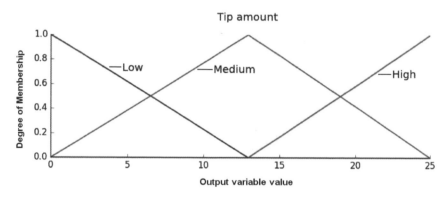

圖 5-4 小費金額的隸屬函數

在此選用三角形來表示 *decent*、*acceptable* 與 *medium* 等語意詞彙。對於 *bad*、*great*、*poor*、*amazing*、*low* 與 *high* 等極端詞彙我用了開口的梯形。除了三角形之外，還有以下常用於隸屬函數的形狀，包含：

- 高斯
- 梯形
- 單點（singleton）
- 分段線性（piecewise linear）

- 正弦曲線
- 指數形

如何選用合適的隸屬函數形狀主要是根據個人經驗。我有時候會用以下比喻幫助大家了解何謂隸屬函數。假設你要訪問一大群人關於他們如何根據食物品質與服務品質來決定合適的小費金額。多數讀者應該不難理解，小費金額的分配方式應該是高斯，或常態分配，這應該是大量隨機訪談比較可能出現的結果。高斯曲線中的任何一點代表對應的食物與服務品質量測點的群組機率。高斯分配曲線當然非常適合用於隸屬函數，如圖 5-5。

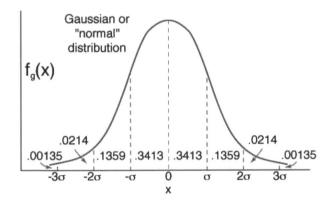

圖 5-5　高斯隸屬函數

使用這形狀的唯一問題在於你得處理高斯曲線底下的數學問題，這在應用於 FL 時常常會搞得很麻煩。正規化後的高斯方程式如下：

$$f(x) = ae^{-(x-b)^2/2c^2}$$

a、b、c 為正規化參數

高斯曲線應該是最適合人類行為與本範例的模型了，但採用它卻有點殺雞用牛刀，因為三角形的隸屬曲線一樣能讓你充分理解 AI 的各個觀念。

隸屬函數視覺化

本範例的 Python 程式包含了圖 5-2 到 5-4 中的程式碼，應該有助於讓你理解各種隸屬函數。以下程式片段用於繪製這些圖表：

```python
# 視覺化呈現隸屬函數
fig, (ax0, ax1, ax2) = plt.subplots(nrows=3, figsize=(8, 9))

ax0.plot(x_qual, qual_lo, 'b', linewidth=1.5, label='Bad')
ax0.plot(x_qual, qual_md, 'g', linewidth=1.5, label='Decent')
ax0.plot(x_qual, qual_hi, 'r', linewidth=1.5, label='Great')
ax0.set_title('Food quality')
ax0.legend()

ax1.plot(x_serv, serv_lo, 'b', linewidth=1.5, label='Poor')
ax1.plot(x_serv, serv_md, 'g', linewidth=1.5, label='Acceptable')
ax1.plot(x_serv, serv_hi, 'r', linewidth=1.5, label='Amazing')
ax1.set_title('Service quality')
ax1.legend()

ax2.plot(x_tip, tip_lo, 'b', linewidth=1.5, label='Low')
ax2.plot(x_tip, tip_md, 'g', linewidth=1.5, label='Medium')
ax2.plot(x_tip, tip_hi, 'r', linewidth=1.5, label='High')
ax2.set_title('Tip amount')
ax2.legend()

# 關閉上方 / 右方軸
for ax in (ax0, ax1, ax2):
    ax.spines['top'].set_visible(False)
    ax.spines['right'].set_visible(False)
    ax.get_xaxis().tick_bottom()
    ax.get_yaxis().tick_left()

plt.tight_layout()
```

 以上程式還需要初始化才能執行，我們會在下一段介紹如何初始化。

初始化：建立規則集

FLS 需要專家系統的協助，好根據模糊化後的輸入變數來產生合適的控制動作。這套專家系統的格式就是一連串的 *if <condition> then <conclusion>*，這在第二章已經介紹過了。以下用於本範例的規則：

- 如果食物為 *bad* 或服務為 *poor*，則小費為 *low*
- 如果服務為 *acceptable*，則小費為 *medium*
- 如果食物為 *great* 或服務為 *amazing*，則小費為 *high*

以上三個規則會用於所有的輸入與輸出變數。我會在介紹模糊化之後來談談如何應用這些規則，就是下一段啦。模糊化是 FLS 演算法的第 4 步。

模糊化（fuzzification）：使用隸屬函數將明確的輸入資料轉換為模糊集。

在此要先決定隸屬函數形狀與用於產生合適小費百分比的規則。接著要介紹如何模糊化明確的食物與服務分級。由於我都採用了相同的隸屬函數形狀，這些明確變數的處理方式自然也一模一樣。你當然可改用其他做法，在 FLS 中針對不同的明確變數選用不同的隸屬函數是很常見的做法。

模糊化是指運用模糊語意變數、模糊詞彙與隸屬函數，將一組明確的輸入資料轉換為模糊集的過程。模糊化實際上是發生於多個函數之中，如以下程式片段，在此我們建立了輸入與輸出變數的範圍，還有隸屬函數：

```
import numpy as np
import skfuzzy as fuzz
import matplotlib.pyplot as plt

# 建立變數
# * 食物品質與服務品質主觀上分為 0 到 10
# * 小費則分為 0 到 25，單位為百分比
x_qual = np.arange(0, 11, 1)
x_serv = np.arange(0, 11, 1)
x_tip = np.arange(0, 26, 1)

# 產生模糊隸屬函數
qual_lo = fuzz.trimf(x_qual, [0, 0, 5])
qual_md = fuzz.trimf(x_qual, [0, 5, 10])
```

```
qual_hi = fuzz.trimf(x_qual, [5, 10, 10])
serv_lo = fuzz.trimf(x_serv, [0, 0, 5])
serv_md = fuzz.trimf(x_serv, [0, 5, 10])
serv_hi = fuzz.trimf(x_serv, [5, 10, 10])
tip_lo = fuzz.trimf(x_tip, [0, 0, 13])
tip_md = fuzz.trimf(x_tip, [0, 13, 25])
tip_hi = fuzz.trimf(x_tip, [13, 25, 25])
```

來測試演算法的效果。首先假設食物品質的評分為 6.5，服務品質則是 9.8。
以下程式片段會算出各個輸入變數與隸屬函數的六個隸屬度（隸屬度）：

```
qual_level_lo = fuzz.interp_membership(x_qual, qual_lo, 6.5)
qual_level_md = fuzz.interp_membership(x_qual, qual_md, 6.5)
qual_level_hi = fuzz.interp_membership(x_qual, qual_hi, 6.5)

serv_level_lo = fuzz.interp_membership(x_serv, serv_lo, 9.8)
serv_level_md = fuzz.interp_membership(x_serv, serv_md, 9.8)
serv_level_hi = fuzz.interp_membership(x_serv, serv_hi, 9.8)
```

fuzz.interp_membership(a, b, c) 函式屬於先前所安裝的 skfuzzy 函式庫，它
是個內插函數，運用隸屬函數範圍（a）、線性形狀（b）以及明確輸入值（c）
來算出特定群組的隸屬度。

算出隸屬度之後就可以運用規則了。這是演算法的 STEP 5 或推論步驟。

推論：根據規則集來評估模糊集

應用 *if ...then* 這樣的推論規則相當簡單，因為你只需要專注於這些語意詞彙彼
此的關聯性即可。以規則 1 來說：

> 如果食物品質為 bad 或服務品質為 poor，則小費金額為 low

bad 與 *poor* 這兩個語意詞彙之間的關聯性為或（or）運算子。在模糊邏輯中，
使用 or 運算子就代表選用兩個代表各自語意詞彙的隸屬值最大值語意詞彙。
請回顧圖 5-2 與 5-3，不難發現在給定明確輸入變數值之後，bad 與 poor 這兩
個隸屬函數彼此是不交叉的，所以應用本規則的結果一定為 0。將 bad 與 poor
這兩個語意詞彙丟進low 小費隸屬函數是沒什麼意義的，因為數值一定是零，
所以派不上用場。

應用規則 2 則有點不同，這是規則 2：

如果服務為 acceptable，則小費為 medium

這樣一來，輸入項就只有服務隸屬函數了。回顧圖 5-3，對 *acceptable* 隸屬函數應用一個明確輸入變數值 **9.8** 的話，產生的隸屬度約為 **0.02**。且（and）運算子則會應用於 *acceptable* 服務與 *medium* 小費這兩個隸屬函數上，會對這兩個函數取最小值。這個最小化運算會把隸屬函數「削平」，產生如圖 5-6 中的新圖形。請注意輸入範圍為了配合小費範圍而擴大了，就是輸入服務範圍的 **2.5** 倍。另外也請注意，隸屬函數兩端的直線斜率也因為 X 軸比例放大而變得比較平緩。

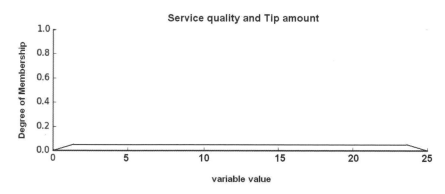

圖 5-6　應用規則 2 之後的服務與小費隸屬函數

最後則是應用規則 3：

如果食物為 great 或服務為 amazing，則小費為 high

規則 3 與規則 1 一樣運用了或（or）運算子。但這次運用的是 *great* 與 *amazing* 隸屬函數，兩者的交集是有限的隸屬函數。圖 5-7 是已經削平，但還沒有組合起來的食物與服務隸屬函數。

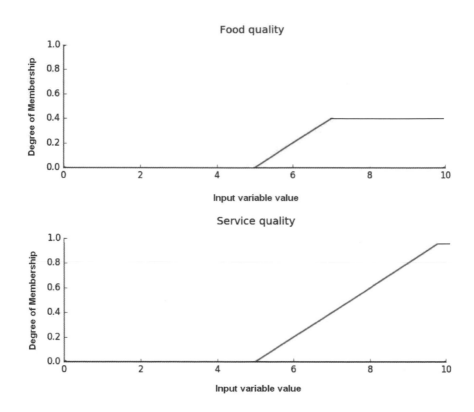

圖 5-7 頂端削平的食物與服務隸屬函數

圖 5-8 是 *great*、*amazing* 與 *high* 隸屬函數的組合結果。因為 or 運算會取最大值並且兩個未修改的隸屬函數形狀也完全相同,所以組合結果的形狀與未修改的隸屬函數是差不多的,這應該不算太意外。組合後的隸屬函數在與 *high* 小費隸屬函數進行 and 運算之後形狀依然不變,雖然 X 軸範圍如同先前作法,為了配合小費範圍變成了 0 到 25,另外頂端削平的區域也因為 X 軸延伸的關係變大了一點。

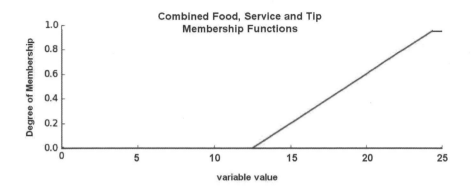

圖 5-8 結合後的 *great*、*amazing* 與 *high* 隸屬函數

以下是運用了各項規則並將隸屬函數組合起來的程式片段：

```
# 應用規則 1
# 'or' 運算子代表使用 'np.max' 函式來取最大值

active_rule1 = np.fmax(qual_level_lo, serv_level_lo)

# 接著削去對應輸出的頂端
# 使用 `np.fmin` 來結合 low 小費隸屬函數

tip_activation_lo = np.fmin(active_rule1, tip_lo) # Removed entirely to 0

# 規則 2 用於結合 acceptable 服務與 medium 小費隸屬函數
# 因為只有一個隸屬函數因此不需要削平函式頂端
# 不過，小費隸屬函數需用 'and' 或 'np.fmin' 函式來組合

tip_activation_md = np.fmin(serv_level_md, tip_md)

# 規則 3 把 amazing 服務或 great 食物與 high 小費結合起來

active_rule3 = np.fmax(qual_level_hi, serv_level_hi)
tip_activation_hi = np.fmin(active_rule3, tip_hi)
```

到此我們已經將所有規則都應用於輸出隸屬函數上了，只剩下把它們組起來了。以 FL 的用語來說，這稱為 *aggregation*，就是 FLS 演算法的第 6 步。

集成：評估各規則後組成結果

集成（aggregation）通常會用到 maximum 運算子，以下是執行集成的語法：

```
# 集成三個輸出隸屬函數

aggregated = np.fmax(tip_activation_lo, np.fmax(tip_activation_md, tip_
activation_hi))
```

圖 5-9 是集成後的最終組合隸屬函數。

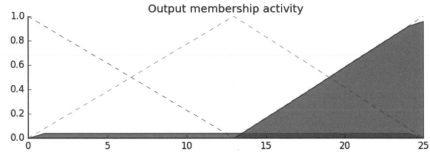

圖 5-9　集成後的隸屬函數

FLS 演算法只剩下最後一步了：解模糊化。

解模糊化：將模糊集轉換為明確的輸出值

解模糊化（defuzzification）是從模糊世界回到真實世界並產生某個輸出的過程，以本範例來說就是小費百分比。有許多現成用於解模糊化的數學方法，包含：

- 質心法（centroid）
- 二分法（bisector）
- 均值法（mean）
- 極大值最小數法（smallest of maximum）
- 極大值最大數法（largest of maximum）
- 權重平均法（weighted average）

圖 5-10 示範各隸屬函數的選值方法。

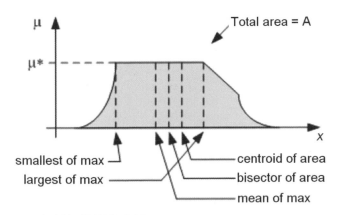

圖 5-10　各種解模糊化方法

使用質心法來解模糊化相當準確，因此是最常用的方法。它會計算隸屬函數曲線下面積的中心，因此當隸屬函數相當複雜時就需要相當大的運算資源。質心法方程式如下：

$$z_0 = \int \mu_i(x)x\,dx \,/\, \int \mu_i(x)\,dx$$

其中 z_0 為解模糊化輸出，μ_i 為隸屬函數，x 為輸出變數

二分法解模糊化使用垂直線把隸屬曲線下的區域分成相等的兩邊：

$$\int_a^z \mu_A(x)\,dx = \int_z^\beta \mu_A(x)\,dx$$

最大平均值（mean of maximum, MOM）解模糊化方法採用集成隸屬函數輸出的平均值

$$z_0 = \sum_{i=1}^n \frac{\omega_i}{n}$$

極大值最小數解模糊化方法採用集成隸屬函數輸出的最小值。

$$z_0 \; member \; of \; \{x \,|\, \mu(x) = \min \; \mu(\omega)\}$$

極大值最大數解模糊化法採用集成隸屬函數輸出的最大值。

$$z_0 \; member \; of \; \{x|\mu(x)=\max \; \mu(\omega)\}$$

權重平均解模糊化方法會算出各模糊集權重後的加總。明確值是根據各個權重值與模糊輸出的隸屬度而定,如以下公式:

$$z_0 = \frac{\sum \mu(x)_i W_i}{\sum \mu(x)_i}$$

μ_i 是輸出單點 i 的隸屬度,W_i 是輸出單點 i 的模糊輸出權重值。

接著我要介紹本專題所採用的質心法。下列程式會算出質心解模糊化值:

```
# 計算解模糊化結果
tip = fuzz.defuzz(x_tip, aggregated, 'centroid')

# 這個值會用於繪製圖表
tip_activation = fuzz.interp_membership(x_tip, aggregated, 小費 )
```

計算小費的模糊邏輯專題到此說明完畢。要做的事情就只有載入並執行以下程式,檔名為 tipping.py。請用以下指令來執行程式:

```
sudo python tipping.py
```

圖表顯現後請關閉它,才能看到下一個圖表。

tipping.py listing

```
import numpy as np
import skfuzzy as fuzz
import matplotlib.pyplot as plt

# 建立通用變數
#   * 品質與服務的範圍為 [0, 10]
#   * 小費的範圍為 [0, 25],單位為百分比
x_qual = np.arange(0, 11, 1)
x_serv = np.arange(0, 11, 1)
x_tip  = np.arange(0, 26, 1)
```

```python
# 產生模糊隸屬函數
qual_lo = fuzz.trimf(x_qual, [0, 0, 5])
qual_md = fuzz.trimf(x_qual, [0, 5, 10])
qual_hi = fuzz.trimf(x_qual, [5, 10, 10])
serv_lo = fuzz.trimf(x_serv, [0, 0, 5])
serv_md = fuzz.trimf(x_serv, [0, 5, 10])
serv_hi = fuzz.trimf(x_serv, [5, 10, 10])
tip_lo = fuzz.trimf(x_tip, [0, 0, 13])
tip_md = fuzz.trimf(x_tip, [0, 13, 25])
tip_hi = fuzz.trimf(x_tip, [13, 25, 25])

# 視覺化通用與隸屬函數
fig, (ax0, ax1, ax2) = plt.subplots(nrows=3, figsize=(8, 9))

ax0.plot(x_qual, qual_lo, 'b', linewidth=1.5, label='Bad')
ax0.plot(x_qual, qual_md, 'g', linewidth=1.5, label='Decent')
ax0.plot(x_qual, qual_hi, 'r', linewidth=1.5, label='Great')
ax0.set_title('Food quality')
ax0.legend()

ax1.plot(x_serv, serv_lo, 'b', linewidth=1.5, label='Poor')
ax1.plot(x_serv, serv_md, 'g', linewidth=1.5, label='Acceptable')
ax1.plot(x_serv, serv_hi, 'r', linewidth=1.5, label='Amazing')
ax1.set_title('Service quality')
ax1.legend()

ax2.plot(x_tip, tip_lo, 'b', linewidth=1.5, label='Low')
ax2.plot(x_tip, tip_md, 'g', linewidth=1.5, label='Medium')
ax2.plot(x_tip, tip_hi, 'r', linewidth=1.5, label='High')
ax2.set_title('Tip amount')
ax2.legend()

# 關閉上方 / 右側軸線
for ax in (ax0, ax1, ax2):
    ax.spines['top'].set_visible(False)
    ax.spines['right'].set_visible(False)
    ax.get_xaxis().tick_bottom()
    ax.get_yaxis().tick_left()

plt.tight_layout()
plt.show()

# 計算隸屬度
# 6.5 與 9.8 這兩筆數值不存在於我們的群體中
```

```
# 使用 fuzz.interp_membership 函式來計算數值

qual_level_lo = fuzz.interp_membership(x_qual, qual_lo, 6.5)
qual_level_md = fuzz.interp_membership(x_qual, qual_md, 6.5)
qual_level_hi = fuzz.interp_membership(x_qual, qual_hi, 6.5)

serv_level_lo = fuzz.interp_membership(x_serv, serv_lo, 9.8)
serv_level_md = fuzz.interp_membership(x_serv, serv_md, 9.8)
serv_level_hi = fuzz.interp_membership(x_serv, serv_hi, 9.8)

# 應用規則，規則 1 是關於 bad 食物 OR 服務
# OR 運算子代表取兩者的最大值

active_rule1 = np.fmax(qual_level_lo, serv_level_lo)

# 現在使用 `np.fmin` 削去對應輸出隸屬函數的頂端

tip_activation_lo = np.fmin(active_rule1, tip_lo)  # 全數移除到 0

# 規則 2 是單純的 if...then 架構
# 如果服務為 acceptable，則小費為 medium，這屬於 AND 運算
# 我們運用 AND 運算子來取最小值

tip_activation_md = np.fmin(serv_level_md, tip_md)

# 規則 3 是關於服務為 high 或食物為 high，則小費為 high
active_rule3 = np.fmax(qual_level_hi, serv_level_hi)
tip_activation_hi = np.fmin(active_rule3, tip_hi)
tip0 = np.zeros_like(x_tip)

# 視覺化規則應用的結果

fig, ax0 = plt.subplots(figsize=(8, 3))
ax0.fill_between(x_tip, tip0, tip_activation_lo, facecolor='b', alpha=0.7)
ax0.plot(x_tip, tip_lo, 'b', linewidth=0.5, linestyle='--', )
ax0.fill_between(x_tip, tip0, tip_activation_md, facecolor='g', alpha=0.7)
ax0.plot(x_tip, tip_md, 'g', linewidth=0.5, linestyle='--')
ax0.fill_between(x_tip, tip0, tip_activation_hi, facecolor='r', alpha=0.7)
ax0.plot(x_tip, tip_hi, 'r', linewidth=0.5, linestyle='--')
ax0.set_title('Output membership activity')

# 關閉上方 / 右側軸線

for ax in (ax0,):
```

```
    ax.spines['top'].set_visible(False)
    ax.spines['right'].set_visible(False)
    ax.get_xaxis().tick_bottom()
    ax.get_yaxis().tick_left()

plt.tight_layout()
plt.show()

# 把這三個輸出隸屬函數全部集成起來
# 集成會用到 OR 運算子來取最大值

aggregated = np.fmax(tip_activation_lo, np.fmax(tip_activation_md, tip_
activation_hi))

# 使用質心法來計算解模糊化結果
tip = fuzz.defuzz(x_tip, aggregated, 'centroid')

# 於終端機中顯示小費百分比
print tip

# 下一個圖表所需的數值
tip_activation = fuzz.interp_membership(x_tip, aggregated, tip)

# 視覺化呈現最終結果
fig, ax0 = plt.subplots(figsize=(8, 3))

ax0.plot(x_tip, tip_lo, 'b', linewidth=0.5, linestyle='--', )
ax0.plot(x_tip, tip_md, 'g', linewidth=0.5, linestyle='--')
ax0.plot(x_tip, tip_hi, 'r', linewidth=0.5, linestyle='--')
ax0.fill_between(x_tip, tip0, aggregated, facecolor='Orange', alpha=0.7)
ax0.plot([tip, tip], [0, tip_activation], 'k', linewidth=1.5, alpha=0.9)
ax0.set_title('Aggregated membership and result (line)')

# 關閉上方 / 右側軸線

for ax in (ax0,):
    ax.spines['top'].set_visible(False)
    ax.spines['right'].set_visible(False)
    ax.get_xaxis().tick_bottom()
    ax.get_yaxis().tick_left()

plt.tight_layout()
plt.show()
```

圖 5-11 是第一個畫面，三個隸屬函數都顯示出來了：食物品質、服務品質與小費金額。

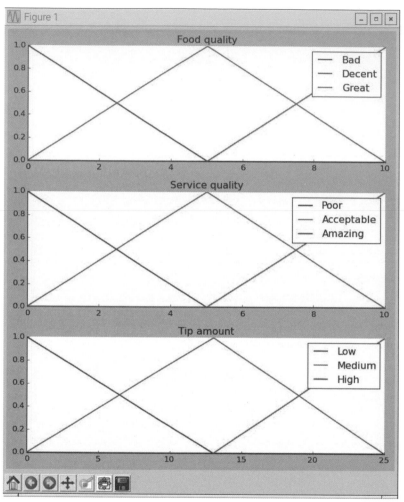

圖 5-11 三個隸屬函數

圖 5-12 是下一個畫面：應用所有規則後的組合隸屬函數，所有輸入與輸出隸屬函數都已經建立函式關係。

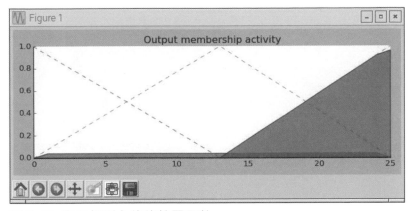

圖 5-12 應用規則之後的隸屬函數

圖 5-13 是下一個畫面：所有處理後的隸屬函數集成結果。根據解模糊化過程，還有一條直線代表小費百分比的明確輸出值。

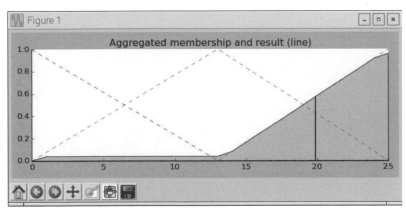

圖 5-13 集成與解模糊化後的結果

最後，圖 5-14 是小費百分比的文字顯示結果，運用 print 語法來做到的。

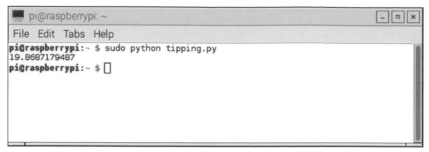

圖 5-14 用 *print* 語法來顯示小費百分比

範例 5-2：tipping.py 程式修改版

本段要介紹這個 **Python** 程式的修改版，不但更容易使用，可攜帶性也更高。主要修改之處在於程式會詢問使用者關於食物品質與服務品質，不再像上一版一樣使用固定值。修改的地方相當簡單，建立了兩個變數來儲存食物與服務的品質等級，還有兩個 input 語法來把資料抓入程式中。

新增與修改的程式碼如下：

```
food_qual = raw_input('Rate the food quality, 0 to 10')
service_qual = raw_input('Rate the service quality, 0 to 10')

qual_level_lo = fuzz.interp_membership(x_qual, qual_lo, float(food_qual))
qual_level_md = fuzz.interp_membership(x_qual, qual_md, float(food_qual))
qual_level_hi = fuzz.interp_membership(x_qual, qual_hi, float(food_qual))

serv_level_lo = fuzz.interp_membership(x_serv, serv_lo, float(service_qual))
serv_level_md = fuzz.interp_membership(x_serv, serv_md, float(service_qual))
serv_level_hi = fuzz.interp_membership(x_serv, serv_hi, float(service_qual))
```

修改後的程式會透過終端機對話的方式，讓使用者輸入食物與服務品質的等級。

第二個修改之處則是讓系統整個變成攜帶式，設定上有點類似上一章的 Nim
遊戲。我會使用一組 LCD 小螢幕對使用者顯示對話來輸入食物與服務品質等
級，接著顯示計算後的小費百分比。如果有一個能計算小費百分比的攜帶式
模糊邏輯系統的話，一定超酷的吧？

LCD 顯示器介面與軟體已經在上一章介紹過了。在此唯一的新東西是讓使用
者輸入品質等級的 USB 介面數字鍵盤。圖 5-15 是一款相當平價的 USB 鍵盤，
我就是用這個。我相信多數讀者可由先前介紹 LCD 的那一段直接搬過來用，
所以在此不會完整介紹如何完成這個攜帶式系統。你只要記得，所有視覺化
的程式碼都用不到了，少了它們讓主程式清爽不少呢！

圖 5-15　平價 *USB* 數字鍵盤

第一個專題到此結束。現在，可以來看看另一個更複雜的模糊邏輯控制器專
題了。

範例 5-3：FLS 冷熱控制系統

本專題先假設你已經看過也理解了前面的第一個專題，關於 FL 的概念應該不需要再深入討論了。本專題在開發時也是遵循 FLS 演算法。並且本專題不會用到任何視覺化相關的程式碼，這在上個專題都運用過了。反之，讀者隨時可以把繪圖程式碼補回去來觀察系統的運作過程。

談到加熱、通風與冷卻系統（HVAC）時，一般來說是指一個扮演空調機或升溫器的加熱幫浦。圖 5-16 是這類系統的功能方塊圖，這樣的設定在控制學術語中也稱為閉迴路（*closed-loop*）系統。

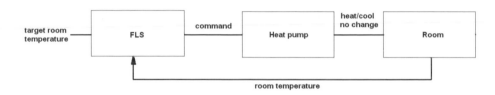

圖 5-16 *HVAC* 閉迴路系統

在此定義溫度 (t) 為明確輸入變數來代表要升溫或冷卻的室內溫度。一般而言，人們使用熱（*hot*）與冷（*cold*）這樣的詞彙作為對室內溫度的修辭。這些詞彙與其相關者可以發展成一組語意詞彙，例如：

```
T(t) = { cold, comfortable,  hot }
```

關於 *T(t)* 這個式子代表對於輸入變數 t 的拆解結果。本語意集拆解後的的每一個成員都是代表或關聯於一個數值性的溫度範圍。例如，*cold* 可以是 40°F 到 60°F，*hot* 則可能是 70°F 到 90°F。如果我們認為 20°F 是一個合適的區間值，也可以在範圍中間填入其他的語意詞彙。

有另一個名為目標溫度（*target temperature*）的輸入，這是由身處室內的人所設定的。這就好比是設定室內恆溫器。

圖 5-17 是這些隸屬函數，用於將明確、非模糊的室內與目標溫度值去對應到各自的模糊語意詞彙。在此只有顯示一組隸屬函數，但可被室內溫度與目標溫度這兩個輸入變數所共用。

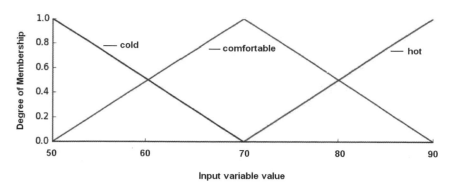

圖 5-17 室內溫度與目標溫度的隸屬函數

以本範例來說，任何室內溫度值可能屬於一或兩個族群。圖 5-18 說明 65°F 的室內溫度對於 *comfortable* 隸屬函數的隸屬值為 0.5，對於 *cold* 隸屬函數也是 0.5。剛好 70°F 的室內溫度則僅屬於 *comfortable* 隸屬函數之下，隸屬值為 1.0。

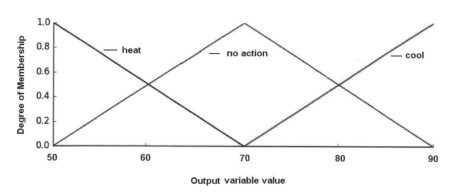

圖 5-18 *HVAC* 控制隸屬函數

HVAC 控制器同樣需要根據控制結果來決定採用某一個隸屬函數。圖 5-18 是用於 HVAC 控制的各個隸屬函數。請注意它與輸入變數在形狀與輸出變數範圍上都是一樣的。

以下範例規則會根據室內溫度與目標溫度來決定不同的控制指令：

- 如果 (室內溫度為 *cold*) 且 (目標溫度為 *comfortable*)，則指令為升溫
- 如果 (室內溫度為 *hot*) 且 (目標溫度為 *comfortable*)，則指令為降溫
- 如果 (室內溫度為 *comfortable*) 且 (目標溫度為 *comfortable*)，則指令為不變

決定使用哪一個精確控制動作會用到一個預先設定好的目標溫度與量測到的室內溫度，再由人類專家來判斷並編入規則庫中。表5-3列出了所有室內與目標溫度之語意變數組合下，所要採取的精確控制指令。

表 5-3 用於各室內與目標溫度語意變數之控制動作矩陣

室內溫度	目標溫度		
	冷（*cold*）	舒適（*comfortable*）	熱（*hot*）
cold	不變	升溫	升溫
comfortable	降溫	不變	升溫
hot	降溫	降溫	不變

要整合需要採取動作的各個室內溫度與目標溫度語意詞彙所產生的所有組合，一共需要六條規則。與「不變」相關的規則在此省略，以下是所有規則：

- 如果室內溫度為 *cold* 且目標溫度為 *comfortable*，則指令為加溫
- 如果室內溫度為 *cold* 且目標溫度為 *hot*，則指令為加溫
- 如果室內溫度為 *comfortable* 且目標溫度為 *cold*，則指令為降溫
- 如果室內溫度為 *comfortable* 且目標溫度為 *heat*，則指令為加溫
- 如果室內溫度為 *hot* 且目標溫度為 *cold*，則指令為降溫
- 如果室內溫度為 *hot* 且目標溫度為 *comfortable*，則指令為降溫

規則集建立好之後，接著來討論模糊化。

模糊化

以下程式片段設定了輸入變數範圍與各隸屬函數：

```
import numpy as np
import skfuzzy as fuzz

# 產生通用變數
#   * 室內與目標溫度範圍為 50 到 90
#   * 與輸出控制變數相同
x_room_temp    = np.arange(50, 91, 1)
x_target_temp  = np.arange(50, 91, 1)
x_control_temp = np.arange(50, 91, 1)

# 產生模糊隸屬函數
room_temp_lo     = fuzz.trimf(x_room_temp,    [50, 50, 70])
room_temp_md     = fuzz.trimf(x_room_temp,    [50, 70, 90])
room_temp_hi     = fuzz.trimf(x_room_temp,    [70, 90, 90])
target_temp_lo   = fuzz.trimf(x_target_temp,  [50, 50, 70])
target_temp_md   = fuzz.trimf(x_target_temp,  [50, 70, 90])
target_temp_hi   = fuzz.trimf(x_target_temp,  [50, 90, 90])
control_temp_lo  = fuzz.trimf(x_control_temp,[50, 50, 70])
control_temp_md  = fuzz.trimf(x_control_temp,[50, 70, 90])
control_temp_hi  = fuzz.trimf(x_control_temp,[70, 90, 90])
control_temp_hi  = fuzz.trimf(x_tip, [70, 90, 90])
```

演算法的下一步是根據室內溫度與目標溫度來決定模糊化值。本專題會要求使用者輸入這兩筆溫度值。在實際的 FL 控制系統中，目標溫度是手動設定的，室溫則是由感測器來決定。但為了簡化，在此兩筆溫度值都用手動設定。以下程式碼會取得使用者輸入並將輸入值模糊化：

```
# 取得使用者輸入值
room_temp = raw_input('Enter room temperature 50 to 90')
target_temp = raw_input('Enter target temperature 50 to 90')

# 計算隸屬度
room_temp_level_lo = fuzz.interp_membership(x_room_temp,
room_temp_lo, float(room_temp))
room_temp_level_md = fuzz.interp_membership(x_room_temp,
room_temp_md, float(room_temp))
room_temp_level_hi = fuzz.interp_membership(x_room_temp,
```

```
room_temp_hi, float(room_temp))

target_temp_level_lo = fuzz.interp_membership(x_target_temp,
target_temp_lo, float(target_temp))
target_temp_level_md = fuzz.interp_membership(x_target_temp,
target_temp_md, float(target_temp))
target_temp_level_hi = fuzz.interp_membership(x_target_temp,
Target_temp_hi, float(target_temp))
```

接下來要進入推論步驟,會應用所有規則並組合隸屬函數。

推論

以下程式片段應用了這六個規則並組合所有隸屬函數:

```
# 應用規則 1:若 room_temp 為 cold 且 target temp 為 comfortable,則指令為加溫
# 'and' 運算子代表使用 'np.fmin' 函式來取最小值
active_rule1 = np.fmin(room_temp_level_lo, target_temp_level_md)
# 使用 `np.fmin` 結合 hi 控制隸屬函數
control_activation_1 = np.fmin(active_rule1,control_temp_hi)


# 完成其他五項規則
# 應用規則 2:如果 room_temp 為 cold 且 target temp 為 hot,則指令為加溫
active_rule2 = np.fmin(room_temp_level_lo, target_temp_level_hi)
# 使用 `np.fmin` 結合 hi 控制隸屬函數
control_activation_2 = np.fmin(active_rule2,control_temp_hi)


# 應用規則 3:若 room_temp 為 comfortable 且 target temp 為 cold,則指令為降溫
active_rule3 = np.fmin(room_temp_level_md, target_temp_level_lo)
# 使用 `np.fmin` 結合 lo 控制隸屬函數
control_activation_3 = np.fmin(active_rule3,control_temp_lo)


# 應用規則 4:如果 room_temp 為 comfortable 且 target temp 為 hot,則指令為加溫
active_rule4 = np.fmin(room_temp_level_md, target_temp_level_hi)
# 使用 `np.fmin` 結合 hi 控制隸屬函數
control_activation_4 = np.fmin(active_rule4, control_temp_hi)


# 應用規則 5:如果 room_temp 為 hot 且 target temp 為 cold,則指令為降溫
active_rule5 = np.fmin(room_temp_level_hi, target_temp_level_lo)
# 使用 `np.fmin` 結合 lo 控制隸屬函數
control_activation_5 = np.fmin(active_rule5,control_temp_lo)
```

```
# 應用規則 6：如果 room_temp 為 hot 且 target temp 為 comfortable，則指令為降溫
active_rule6 = np.fmin(room_temp_level_hi, target_temp_level_md)
# 使用 `np.fmin` 結合 lo 控制隸屬函數
control_activation_6 = np.fmin(active_rule6,control_temp_lo)
```

本段說明了如何應用規則與組合規則集。下一個步驟是集成。

Aggregation

由於共有六個控制觸發值，所以集成的語法變得相當長。

```
aggregated = np.fmax(control_activation_1,control_activation_2,
                     control_activation_3,control_activation_4,
                     control_activation_5,control_activation_6)
```

集成完成之後就可以進行解模糊化了。

解模糊化

本專題與先前專題一樣採用質心法。

```
# 使用質心法來計算解模糊化結果
control_value = fuzz.defuzz(x_control_temp, aggregated, 'centroid')
```

把明確輸出值顯示於畫面上。

```
print control_value
```

以下是 **hvac.py** 程式的完整內容。

```
import numpy as np
import skfuzzy as fuzz

# 產生通用變數
#    * 室內與目標溫度範圍為 50 到 90
#    * 與輸出控制變數相同
x_room_temp    = np.arange(50, 91, 1)
x_target_temp  = np.arange(50, 91, 1)
x_control_temp = np.arange(50, 91, 1)

# 產生模糊隸屬函數
room_temp_lo      = fuzz.trimf(x_room_temp,   [50, 50, 70])
room_temp_md      = fuzz.trimf(x_room_temp,   [50, 70, 90])
room_temp_hi      = fuzz.trimf(x_room_temp,   [70, 90, 90])
target_temp_lo    = fuzz.trimf(x_target_temp, [50, 50, 70])
target_temp_md    = fuzz.trimf(x_target_temp, [50, 70, 90])
target_temp_hi    = fuzz.trimf(x_target_temp, [50, 90, 90])
control_temp_lo   = fuzz.trimf(x_control_temp,[50, 50, 70])
control_temp_md   = fuzz.trimf(x_control_temp,[50, 70, 90])
control_temp_hi   = fuzz.trimf(x_control_temp,[70, 90, 90])

# 取得使用者輸入
room_temp = raw_input('Enter room temperature 50 to 90: ')
target_temp = raw_input('Enter target temperature 50 to 90: ')

# 計算隸屬度
room_temp_level_lo = fuzz.interp_membership(x_room_temp, room_temp_lo,
float(room_temp))
room_temp_level_md = fuzz.interp_membership(x_room_temp, room_temp_md,
float(room_temp))
room_temp_level_hi = fuzz.interp_membership(x_room_temp, room_temp_hi,
float(room_temp))

target_temp_level_lo = fuzz.interp_membership(x_target_temp, target_temp_
lo, float(target_temp))
target_temp_level_md = fuzz.interp_membership(x_target_temp, target_temp_
md, float(target_temp))
target_temp_level_hi = fuzz.interp_membership(x_target_temp, target_temp_
hi, float(target_temp))

# 應用這六條規則
# 規則 1：如果 room_temp 為 cold 且 target temp 為 comfortable，則指令為加溫
```

```
active_rule1 = np.fmin(room_temp_level_lo, target_temp_level_md)
control_activation_1 = np.fmin(active_rule1, control_temp_hi)

# 規則 2：如果 room_temp 為 cold 且 target temp 為 hot，則指令為加溫
active_rule2 = np.fmin(room_temp_level_lo, target_temp_level_hi)
control_activation_2 = np.fmin(active_rule2, control_temp_hi)

# 規則 3：如果 room_temp 為 comfortable 且 target temp 為 cold，則指令為降溫
active_rule3 = np.fmin(room_temp_level_md, target_temp_level_lo)
control_activation_3 = np.fmin(active_rule3, control_temp_lo)

# 規則 4：如果 room_temp 為 comfortable 且 target temp 為 heat，則指令為加溫
active_rule4 = np.fmin(room_temp_level_md, target_temp_level_hi)
control_activation_4 = np.fmin(active_rule4, control_temp_hi)

# 規則 5：如果 room_temp 為 hot 且 target temp 為 cold，則指令為降溫
active_rule5 = np.fmin(room_temp_level_hi, target_temp_level_lo)
control_activation_5 = np.fmin(active_rule5, control_temp_lo)

# 規則 6：如果 room_temp 為 hot 且 target temp 為 comfortable，則指令為降溫
active_rule6 = np.fmin(room_temp_level_hi, target_temp_level_md)
control_activation_6 = np.fmin(active_rule6, control_temp_lo)

# 集成這六個輸出隸屬函數
# 組合輸出把 fmax() 的複雜度降到只有兩個參數
c1 = np.fmax(control_activation1, control_activation2)
c2 = np.fmax(control_activation3, control_activation4)
c3 = np.fmax(control_activation5, control_activation6)
c4 = np.fmax(c2,c3)
aggregated = np.fmax(c1, c4)

# 使用質心法計算解模糊化結果
control_value = fuzz.defuzz(x_control_temp, aggregated, 'centroid')

# 顯示明確輸出值
print control_value
```

測試控制程式

表 5-4 至 5-8 為輸入不同室內與目標溫度範圍之控制程式測試結果。

表 5-4 目標設為 50

室內溫度	目標溫度	命令輸出
51*	51*	70.00
60	50	57.78
70	50	56.67
80	50	57.78
90	50	56.67

表 5-5 目標設為 60

室內溫度	目標溫度	命令輸出
50	60	82.22
60	60	70.00
70	60	66.40
80	60	66.40
90	60	57.78

表 5-6 目標設為 70

室內溫度	目標溫度	命令輸出
50	70	83.33
60	70	82.22
70	70	82.22
80	70	70.00
90	70	56.67

表 5-7 目標設為 80

室內溫度	目標溫度	命令輸出
50	80	83.33
60	80	82.22
70	80	83.33
80	80	70.00
90	80	57.78

表 5-8 目標設為 90

室內溫度	目標溫度	命令輸出
50	90	83.33
60	90	82.22
70	90	83.33
80	90	82.22
89*	89*	70.00

標 * 的溫度值有一點偏差，這是因為解模糊化方法會在溫度符合且位於變數範圍極值時發生錯誤。

我把根據測試資料的結果詳讀了一遍並得出以下結論：

- 約在 65 到 75（華氏溫度）之間的指令值，代表不改變
- 約在 82 到 83 之間時的指令值，代表加溫
- 約在 56 到 65 之間時的指令值，代表降溫

「不改變」的範圍大概是目標溫度的 ±4 度左右。這個結果還不錯，因為可以避免系統在朝著理想的室內溫度「共識」邁進時，做出一些不必要的動作。

範例 5-4：HVAC 程式修改版

我對這套控制程式作了點小修改：根據使用者輸入而決定要加溫、降溫或不改變時，三顆 LED 其中之一會亮起。以下程式碼是加在上述內容中的，除了一開頭多了一些匯入與設定的語法之外，其他與我先前那個用到 LED 的程式是相同的。我在 GPIO 腳位相關語法加上了註解。LED 接法與剪刀石頭布遊戲中的接法完全一樣，所以請回顧該專題的接線圖就好。

```python
# 於 hvac.py 程式開頭匯入相關模組
import RPi.GPIO as GPIO
import time

# 設定 GPIO 腳位
# 設定 BCM 腳位編號
GPIO.setmode(GPIO.BCM)

# 輸出
GPIO.setup( 4, GPIO.OUT) # 加溫指令燈
GPIO.setup(17, GPIO.OUT) # 降溫指令燈
GPIO.setup(27, GPIO.OUT) # 不改變指令燈

# 確保所有 LED 初始狀態為熄滅
GPIO.output( 4, GPIO.LOW)
GPIO.output(17, GPIO.LOW)
GPIO.output(27, GPIO.LOW)

# 請將以下程式碼加入原有程式中
if control_value > 65 and control_value < 75: # 不改變
    GPIO.output(27, GPIO.HIGH)
    time.sleep(5)
    GPIO.output(27, GPIO.LOW)
elif control_value > 82 and control_value < 84: # 加溫
    GPIO.output(4, GPIO.HIGH)
    time.sleep(5)
    GPIO.output(4, GPIO.LOW)
elif control_value > 56 and control_value < 68: # 降溫
    GPIO.output(17, GPIO.HIGH)
    time.sleep(5)
    GPIO.output(17, GPIO.LOW)
else:
    print 'strange value calculated'
```

```
# 以下語法用於除錯階段
print 'Thats all folks'
```

hvac_led.py（本範例的 LED 版完整程式）可由本書網站取得。圖 5-19 是
Raspberry Pi 實體照片，可以看到有三顆 LED 接在麵包板上。

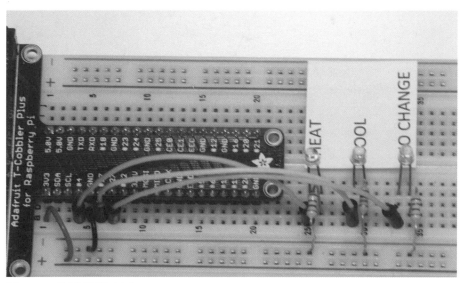

圖 5-19 實際電路設定

總結

本章主旨在於介紹模糊邏輯，它用於處理發生在每個人身上的非精確值是個相當聰明的作法。我藉由數個實用的專題將模糊邏輯帶入一個可理解的框架，你可由此開發自己的模糊邏輯專題。

本章有幾個相當清楚的範例，也談到了開發模糊邏輯系統（FLS）的七步驟演算法。

第一個範例說明如何根據食物品質與服務品質來計算小費金額。運用七步驟演算法讓我們得以完成一個根據使用者評分就能快速算出小費百分比的程式。我還說明了如何讓本專題成為攜帶式的作法。

第二個範例比上一個稍微難一點點，談到了如何建立一個冷熱模糊邏輯控制系統。這樣的系統已經普遍存在於各種 HVAC 商品中了。事實上，還真的有廠商標榜自家的系統整合了模糊邏輯來做廣告。沒錯，本章專題就是商用 HVAC 系統的簡化版，但是模糊邏輯系統中的重要元件可一樣都沒少喔！

## CHAPTER 6

機器學習

本章從機器學習所囊括的各種主題開始介紹,我在第二章有稍微提過。機器學習現在不管是在產業界或學術界都是超熱門的主題。像是 Google、Amazon 與 Facebook 這樣的大公司已在機器學習上投資了數百萬美元來改良其產品與服務。我會從幾個相當簡單的 Raspberry Pi 範例來說明電腦在相當原始或早期的意義上如何「學習」。

首先,我想對從 Bert van Dam 的著作:*Artificial Intelligence: 23 Projects to Bring Your Microcontroller to Life*(Elektor Electronics Publishing,2009)中獲得關於本章的靈感與知識表達感謝之意。雖然 van Dam 沒有把 Raspberry Pi 當作微控制器來使用,但他所採用的概念與技術依然非常實用,在此特別感謝。

零件清單

第一個範例需要以下零件,列如表 6-1。

表 6-1 零件清單

說明	數量	說明
Pi Cobbler 擴充板	1	40 腳位版本,T 型或 DIP 型都可以
免焊麵包板	1	300 孔,並有電源供應軌
免焊麵包板	1	300 孔,不需電源供應軌

續下頁

說明	數量	說明
跳線	1 包	
LED	2	如果顏色可選的話,請用綠色與黃色
2.2kΩ 電阻	6	1/4 瓦特
220Ω 電阻	2	1/4 瓦特
10Ω 電阻	2	1/2 瓦特
16 × 4 LCD 螢幕	1	Adafruit p/n 198 或相容型號,你也可採用更常見的 16 × 2 LCD
按鈕開關	1	輕觸式
MCP3008	1	8 通道 ADC 晶片,DIP 型

本章收錄了一個機器人範例,按照本書附錄的說明就可以組裝完成。你也可以只閱讀機器人相關的討論內容來建立基本概念就好。

範例 6-1:選擇顏色

在本範例中,你要把喜歡的顏色教導給電腦:綠色或黃色。首先請按照圖 6-1 的 Fritzing 元件圖來設定好 Raspberry Pi。

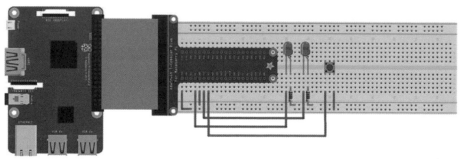

圖 6-1 *Fritzing* 元件圖

請確保按鈕開關的一側是接到 3.3V 而非 5V,如果不小心錯接到過高電壓的話會造成 GPIO 腳位損壞。

接著來說明顏色選擇演算法的運作原理。

演算法

請看到圖 6-2 中的水平條，它的數值刻度是 0 到 255。水平條左半邊刻度 是 0 到 127，代表觸發綠色 LED。右半邊則是 128 到 255，代表觸發黃色 LED。

圖 6-2 *LED* 觸發條

現在要建立一個隨機整數產生器，會在 0 到 255 之間隨機產生一個數字。這用以下函式就能輕鬆做到，我在先前的 Python 程式已經用過囉：

```
decision = randint(0,255)
```

randint() 是 Python 隨機函式中的隨機整數產生方法，變數值是 0 與 255 之間的隨機整數。如果數值落在 0 到 127，則亮起綠色 LED；否則如果數值落在 128 到 255，就則亮起黃色 LED。現在，如果決策點維持不變的話，在每次程式重複執行時綠色 LED 亮起的機率應該是一半一半（就長期機率來說）；換言之黃色 LED 亮起的機率也是一樣的。但這並非本程式的目標所在，我們的目標在於「教會」程式去選擇你喜歡的顏色。只要移動決策點就能達到這個目標，好讓程式更偏好這次所選的顏色。現在假設喜歡的顏色是綠色。由於使用者在每次亮起綠色 LED 時都會按下按鈕，決策點隨之變動了。

按下按鈕會產生一個中斷與回呼函式來累加決策點值。最後，決策點會一直累加到一個高點，讓所有隨機產生的數值都會落入綠色 LED 的區間中，如圖 6-3。

圖 6-3 調整後的數值條

以下 color_selection.py 實作了上述的演算法：

```python
!/usr/bin/python
# 匯入模組
import random
import time
import RPi.GPIO as GPIO

# 初始化決策點之全域變數
global dp
dp = 127

# 設定 GPIO 腳位為 BCM 編號模式
GPIO.setmode(GPIO.BCM)

# 設定輸出腳位
GPIO.setup( 4, GPIO.OUT)
GPIO.setup(17, GPIO.OUT)

# 設定輸入腳位
GPIO.setup(27, GPIO.IN, pull_up_down = GPIO.PUD_DOWN)

# 設定回呼函式
def changeDecisionPt(channel):
    global dp
    dp = dp + 1
    if dp == 255: # 讓 dp 不會超過 255
        dp =255

# 加入事件偵測與回呼指定
GPIO.add_event_detect(27, GPIO.RISING, callback=changeDecisionPt)

while True:
    rn = random.randint(0,255)
    # 檢查 dp 值
```

```
print 'dp = ', dp
if rn <= dp:
    GPIO.output(4, GPIO.HIGH)
    time.sleep(2)
    GPIO.output(4, GPIO.LOW)
else:
    GPIO.output(17, GPIO.HIGH)
    time.sleep(2)
    GPIO.output(17, GPIO.LOW)
```

 按下 CTRL＋C 可以離開程式。

程式剛開始時，不難看出兩顆 LED 亮暗的時間是差不多的。不過，隨著我持續按下按鈕，很快就會變成綠色 LED 亮起的時間明顯久得多，直到 **dp** 值變成 255 且黃色 LED 再也不會亮起為止。程式因此就「學會了」我喜歡的顏色是綠色。

但電腦真的有學到什麼東西嗎？這個問題的哲學性遠比技術性來得有趣。這類的問題一直以來都困擾著 AI 研究者與狂熱分子。我很容易就能重新啟動程式，電腦會把決策點回到原本的設定，因此也「忘了」上次程式的執行結果。同樣地，我也可以修改程式，例如把 **dp** 值存在外部的資料檔中，每次程式執行時會載入這個檔案，並記起來它選擇了哪個喜歡的顏色。在此先把電腦學習所代表的意義這個問題放一邊，讓我們專注於 AI 的可行性，這也是第一章所介紹 **McCarthy** 博士所採取的作法。

下一段會延伸這個小範例中的概念。

輪盤演算法

圖 6-4 是一個簡易小輪盤，上面的四個扇形區域（A 到 D）都一樣大，每個區域代表問題領域的事件而組成一個完整的圓。

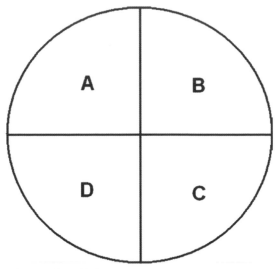

圖 6-4 簡易輪盤

每次轉動輪盤,每個區域被選中的機率平均來說都是 0.25。計算事件發生機率
的公式與各區塊的面積直接相關,可由以下式子表示:

$$p_A = \frac{Area_A}{Area_A + Area_B + Area_C + Area_D}$$

使用這個公式會碰到的問題在於即便我們只需要 pA、B、C 與 D 所代表的區域
也必須計算出來才能求出關於事件 A 的有效機率。從計算的觀點來看,專注於
pA 而不去管其他事件的機率當然是比較好的做法。你真的需要知道的事情只
有特定事件 A 的發生機率 pA,並且它只要修改一下就能使用於動態情形。用
AI 的術語來說,A、B、C 與 D 稱為適應值(*fitness*)。再者,初始情況會假
設所有適應值的範圍皆相等,代表沒有足夠的證據來改變這次的選擇結果。

如果用本章第一個範例中的水平條來介紹適應值會簡單許多。圖 6-5 說明了在
水平條中各個適應值變數的設定,各自被隨機指派了 25 個隨機數值。在條中
可看到三次隨機抽取的結果,各自的百分比值範圍為 0 到 100。我對於個別適
應值範圍的選擇結果可與抽取百分比做到一對一的轉換。

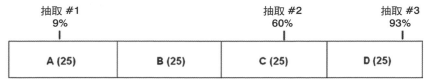

圖 6-5 四個適應值變數與三次隨機抽取

每次抽取對應的適應值列如表 6-2。

表 6-2 最初的適應值選擇結果

抽取次數	抽取百分比	數值	選定的適應值
1	9	9	A
2	60	60	C
3	93	93	D

不過，如果初始假設並不正確且四個適應值範圍也不相等，如圖 6-6。在此標出與圖 6-5 中相同的抽取百分比。

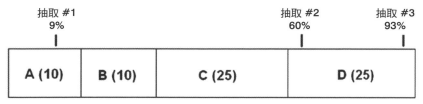

圖 6-6 真實的適應值範圍

這項新資訊會影響後續 如何去選擇適應值，如表 6-3。

表 6-3 修改後的適應值選擇結果

抽取次數	抽取百分比	數值	選定的適應值
1	9	6.3	A
2	60	42	D
3	93	65.1	D

A、B 的適應值範圍縮小之後,會讓 #2 抽取的適應值選擇結果由 C 變成了 D。這情況與先前的顏色選擇範例完全相同,每次按下按鈕都會改變決策點,因而改變了選擇兩個顏色的適應值範圍。

修改適應值範圍與後續如何選擇的策略可說是輪盤演算法的重要基礎。你很快就會學到,要在小型移動式機器人這類自動車上做到學習行為的話,這套演算法相當管用。例如,輪盤演算法已被應用在染色體存活統計上的用藥研究上。

範例 6-2:全自動機器人

來看看 Alfie,這是我為下圖這台小型自動移動式機器人所取的名字。圖 6-7 是 Alfie 的照片:

圖 6-7 *Alfie* 機器人

之前說過了，**Alfie** 的組裝說明請參考本書附錄。你當然可以先不管組裝機器人那些無聊的技術細節，直接閱讀以下段落。不過，在組裝並編寫程式來控制 **Alfie** 之後，你絕對有能力從頭再次製作本範例。

機器人的主要任務是避開路徑上的所有障礙物。機器人會採取怎樣的路徑則是每 2 秒隨機決定一次。有時候路徑是前進，有時候則是向左或向右打轉。技術上來說，機器人並沒有真的去避開障礙物，因為這會用到預先決定好的路徑。它會去避開所有的封閉表面，實際上就是機器人附近的牆壁或門。

機器人裝有一個向前發射或「注視著」的超音波感測器。想做到的事情是如果超音波感測器偵測到障礙物的話，機器人就要立刻做些什麼來避開它。以下是機器人可以採取的動作：

- 直走
- 左轉
- 右轉

在此沒有停止這個選項。機器人會不斷移動，就算這在某些情況下並非最佳方案也是一樣。

自動化演算法

現在開始實作輪盤演算法，暫且先把各個動作的適應值設為 20。如果沒什麼效果的話，也可以修改初始值。接著隨機選一個（或稱為抽取，**draw**）。程式每 2 秒會抽取一次來避免機器人落入某種固定行為中而沒有「學習」到任何東西。我採用與顏色選擇範例中相同的 256 數值範圍。選擇適應值的公式如下：

$$draw = (randomInt * (A + B + C))/255$$

randomInt 的範圍從 0 到 255。

本次的水平條設置如圖 6-8。

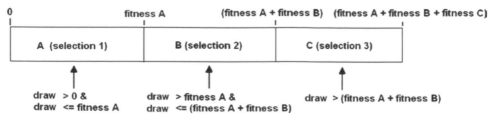

圖 6-8 機器人輪盤的適應值設定

程式會根據機器人的動作以及是否碰到障礙物來不斷更新並修正適應值區域。一般來說，如果碰到障礙物的話，特定活動的適應值就會被減去 1，因此稍稍降低了它在單次抽取中被選到的整體機率。不難想像，在經過一段長時間之後，所有活動的適應值都會被減到 0。這時機器人會被下命令停下來，而不再試著去避開障礙物。

下列程式是所有元件模組的初始化語法以及輪盤演算法的選擇邏輯：

```python
import RPi.GPIO as GPIO
import time
GPIO.setmode(GPIO.BCM)

GPIO.setup(18, GPIO.OUT)
GPIO.setup(19, GPIO.OUT)

pwmL = GPIO.PWM(18,20) # 腳位 18 控制左輪 pwm 值
pwmR = GPIO.PWM(19,20) # 腳位 19 控制右輪 pwm 值

# 馬達轉速一定要從 0 開始
pwmL.start(2.8)
pwmR.start(2.8)

# 超音波感測器腳位
TRIG = 23 # 輸出
ECHO = 24 # 輸入

# 設定輸出腳位
GPIO.setup(TRIG, GPIO.OUT)

# 設定輸入腳位
GPIO.setup(ECHO, GPIO.IN)
# 初始化感測器
```

```
GPIO.output(TRIG, GPIO.LOW)
time.sleep(1)

if fitA + fitB + fitC == 0:
    select = 0
    robotAction(select)
elif draw >= 0 and draw <= fitA:
    select = 1
    robotAction(select)
elif draw > fitA and draw <= (fitA + fitB):
    select = 2
    robotAction(select)
elif draw > (fitA + fitB):
    select = 3
    robotAction(select)
```

robotAction(select) 方法會讓機器人去執行這些動作的其中之一，或是在所有 finesses 都降到 0 的極端狀況下讓機器人停下來。被選中的 robotAction 的有效時間只有 2 秒，直到產生下一次抽取來隨機選擇動作為止。結果可能和上個動作完全一樣或是另外兩個動作其中之一。選擇的機率會在遇到障礙物發生變化。

以下程式片段實作了 robotAction 方法：

```
def robotAction(select):
    if select == 0:
        # 立刻停下來
        exit()
    elif select == 1:
        pwmL.ChangeDutyCycle(3.6)
        pwmR.ChangeDutyCycle(2.2)
    elif select == 2:
        pwmL.ChangeDutyCycle(3.6)
        pwmR.ChangeDutyCycle(2.8)
    elif select == 3:
        pwmL.ChangeDutyCycle(2.8)
        pwmR.ChangeDutyCycle(2.2)
```

機器人程式運用了一個輪詢常式來偵測機器人前方 10 英吋（或 25.4 公分）之內是否有障礙物。它會讓機器人短暫停下來接著後退 2 秒鐘，這時會再抽取一次來隨機決定動作。另一方面，當偵測到障礙物時當下的適應值會被減去一單位。這些事情都是在一個無窮迴圈中完成的，這會讓機器人不斷逛來逛去，最後進入原地旋轉的單一狀態。所有的適應值這時都已被減到 0，因而讓機器人永遠停止。

超音波感測器的運作與接線方式請參考本書附錄，但現在只要了解當超音波感測器偵測到的距離小於 10 英吋或 25.4 公分時，輪詢常式會跳到後退動作並讓當下的適應值減去一單位。

以下程式片段是用於超音波感測器的距離計算常式：

```
# 持續取得距離量測結果的無窮迴圈
while True:
    # 產生一個 10 usec 的觸發脈衝
    GPIO.output(TRIG, GPIO.HIGH)
    time.sleep(0.000010)
    GPIO.output(TRIG, GPIO.LOW)

    # 以下程式碼用於偵測回聲脈衝的時間長度
    while GPIO.input(ECHO) == 0:
        pulse_start = time.time()
    while GPIO.input(ECHO) == 1:
        pulse_end = time.time()
    pulse_duration = pulse_end - pulse_start

    # 計算距離
    distance = pulse_duration * 17150

    # 將距離值取到小數兩位
    distance = round(distance, 2)

    # 除錯用
    print 'distance = ', dist, ' cm'

    # 檢查距離是否小於 25.4 cm
    if distance < 25.40:
        backup()
```

只有當偵測到的距離小於 10 英吋或 25.4 公分時才會呼叫 backup() 方法。在本常式中，只要超音波感測器輪詢常式觸發了 backup() 方法，機器人就會被要求在當下的位置馬上後退。backup() 方法也會在後退事件發生時讓當下的適應值減去一單位來藉此控制機器人。backup() 方法如下：

```python
def backup():
    global select, fitA, fitB, fitC, pwmL, pwmR
    if select == 1:
        fitA = fitA - 1
        if fitA < 0:
            fitA = 0
    elif select == 2:
        fitB = fitB - 1
        if fitB < 0:
            fitB = 0
    else:
        fitC = fitC -1
        if fitC < 0:
            fitC = 0

    # 現在讓機器人反向移動 2 秒
    pwmL.start(2.2)
    pwmR.start(3.6)
    time.sleep(2) # unconditional time interval
```

我已經把自動控制程式所需的主要模組都介紹過了。以下是所有模組組合而成的完整程式。我還在主迴圈中加入了時間常式來確保每 2 秒會隨機抽取一個機器人動作。當機器人在執行動作時，超音波感測器也同時在運作中，唯一的例外會發生在偵測到障礙物時；這會讓機器人馬上停止執行中的任務並無條件後退 2 秒鐘。本程式檔名為 robotRoulette.py。

```python
import RPi.GPIO as GPIO
import time
from random import randint

global select, pwmL, pwmR, fitA, fitB, fitC

# 對三個動作產生適應值
fitA = 20
fitB = 20
```

```
fitC = 20

# 採用 BCM 腳位編號方式
GPIO.setmode(GPIO.BCM)

# 設定馬達控制腳位
GPIO.setup(18, GPIO.OUT)
GPIO.setup(19, GPIO.OUT)

pwmL = GPIO.PWM(18,20) # 腳位 18 用於控制左輪 pwm 值
pwmR = GPIO.PWM(19,20) # 腳位 19 用於控制右輪 pwm 值

# 馬達轉速初始值必須為 0
pwmL.start(2.8)
pwmR.start(2.8)

# 超音波感測器腳位
TRIG = 23 # 輸出
ECHO = 24 # 輸入

# 設定輸出腳位
GPIO.setup(TRIG, GPIO.OUT)

# 設定輸入腳位
GPIO.setup(ECHO, GPIO.IN)

# 初始化感測器
GPIO.output(TRIG, GPIO.LOW)
time.sleep(1)

# 機器人動作模組
def robotAction(select):
    global pwmL, pwmR
    if select == 0:
        # 馬上停止
        exit()
    elif select == 1:
        pwmL.ChangeDutyCycle(3.6)
        pwmR.ChangeDutyCycle(2.2)
    elif select == 2:
        pwmL.ChangeDutyCycle(2.2)
        pwmR.ChangeDutyCycle(2.8)
    elif select == 3:
        pwmL.ChangeDutyCycle(2.8)
```

```
            pwmR.ChangeDutyCycle(2.2)

# 後退模組
def backup():
    global select, fitA, fitB, fitC, pwmL, pwmR
    if select == 1:
        fitA = fitA - 1
        if fitA < 0:
            fitA = 0
    elif select == 2:
        fitB = fitB - 1
        if fitB < 0:
            fitB = 0
    else:
        fitC = fitC -1
        if fitC < 0:
            fitC = 0

    # 現在讓機器人後退 2 秒鐘
    pwmL.start(2.2)
    pwmR.start(3.6)
    time.sleep(2) # 無條件等候時間


clockFlag = False

# 無窮迴圈
while True:
    if clockFlag == False:
        start = time.time()

        randomInt = randint(0, 255)
        draw = (randomInt*(fitA + fitB + fitC))/255

        if fitA + fitB + fitC == 0:
            select = 0
            robotAction(select)
        elif draw >= 0 and draw <= fitA:
            select = 1
            robotAction(select)
        elif draw > fitA and draw <= (fitA + fitB):
            select = 2
            robotAction(select)
        elif draw > (fitA + fitB):
```

```
            select = 3
            robotAction(select)

        clockFlag = True

    current = time.time()

    # 檢查是否過了 2 秒 (2000ms)
    if (current - start)*1000 > 2000:
        # 在迴圈開始時觸發一次新的抽取
        clockFlag = False

    # 產生 10 μsec 的觸發脈衝
    GPIO.output(TRIG, GPIO.HIGH)
    time.sleep(0.000010)
    GPIO.output(TRIG, GPIO.LOW)

    # 以下程式用於偵測 echo 脈衝的時間長度
    while GPIO.input(ECHO) == 0:
        pulse_start = time.time()

    while GPIO.input(ECHO) == 1:
        pulse_end = time.time()

    pulse_duration = pulse_end - pulse_start

    # 計算距離
    distance = pulse_duration * 17150

    # 將距離值取到小數點下兩位
    distance = round(distance, 2)

    # 檢查距離是否小於 25.4 cm
    if distance < 25.40:
        backup()
```

測試

我把機器人放在我家的 L 形走廊，並封閉所有牆壁開口與門。機器人電源採用外接的手機電池，我可以透過家用 Wi-Fi 網路來 SSH 連到 Raspberry Pi，並用以下指令來啟動這個程式：

```
sudo python robotRoulette.py
```

機器人會馬上開始轉彎、直走，或在靠近牆壁或門時後退。看起來機器人把自己限制在一個大約 3 x 3 英尺的範圍中，但偶爾會有例外。這樣的行為維持了大約 6 分鐘之後，機器人變得只會前後移動，這可能是因為轉彎的適應區域已被減為 0 或幾乎為 0。7 分鐘之後，當所有的適應值都為 0 時，機器人會因為跳出程式而關閉。

這趟測試說明了機器人可以根據動態調整適應值來改變自身的行為。至於這樣算不算是學習，就由你來判斷吧！

如果想在機器人身上加入其他學習效果的話，還需要做些什麼呢？這正是下一段所要討論的。

其他學習方法

如果你想在這台機器車上加入任何學習行為的話，理解對於學習的基本需求就很重要了。回想一下上個範例中的機器小車是如何改變自身的行為的。首先，機器人可以採取的動作都是預先定義好的。因此說穿了，這樣實際上是沒有學習的。接著建立了各個適應值區域，並實作可隨機選擇特定區域的方法來觸發對應的動作。同樣地，這也沒有學習在裡頭。最後，加入了感測器，讓感測器數值去影響適應值，最後改變了機器人的行為。這裡才有所謂的學習。因此學習，至少就本範例而言，需要感測器以及根據感測器數值來修改適應值的技術。

稍微思考一下，你就會發現人類也是這樣學習的。在閱讀書本時所用的感測器是眼睛，或是聽音樂時主要的感測器是耳朵，甚至是小朋友用手指去觸摸加熱器。

現在看起來可能要加裝新的感測器,或修改現有的感測器來做到更多學習功能。我選用能源管理來做為新的學習行為。具體來說,就是去偏好那些可以將能量消耗最小化的動作來加強機器小車的學習潛力。

要直接量測能量的消耗狀況不太容易,但量測單位時間內的能量消耗就簡單多了。當然啦,一段時間之內所消耗的能量就是功率(power),透過歐姆定律就可以算出來:

$$P = I^2R$$

或寫為:

$$P = \frac{E^2}{R}$$

在馬達電源上要串聯一個小電阻,這樣才能量測到流經它的電流或壓降。我建議去量測壓降,因為這相容於類比 - 數位轉換晶片,Raspberry Pi 就能由此來取得感測器讀數。電阻值不能太大,以免讓馬達供電電壓降得太低而干擾到所需的馬達動作。

為了計算電阻值,我在馬達正極接頭上串聯了一個三用電表,用來測量兩顆馬達正轉時的平均電流大小。平均電流消耗量大約是 190 毫安培。串聯 5Ω 電阻會讓這股電流產生約 1V 的壓降並用掉 0.2 W 的功率。這個壓降值應該不會對馬達有什麼影響,因為來自馬達電源供應的最大電壓輸出為 7.5V。機器人馬達的額定電壓通常是 6V,但通常還能接受再高一點的電壓而不會發生損害。高電壓只會讓馬達轉得快一點而已。

通過電阻產生的壓降可運用 MCP3008 這款多通道類比 - 數位(ADC)轉換晶片量測到。本晶片設定與接線方式都放在機器人組裝附錄中。由於計算電流大小需要用到電阻兩端的電壓差,因此會用到兩個 ADC 通道。圖 6-9 是 ADC 與電流感測電阻的接線示意圖。

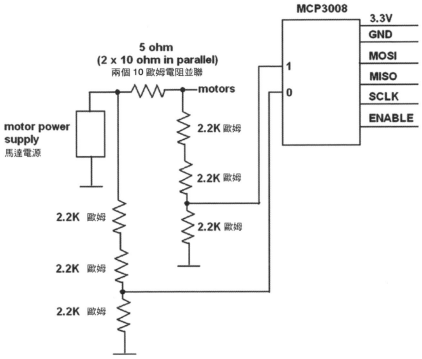

圖 6-9 *ADC* 與電流感測電阻的接線示意圖

以下是用來測試 ADC 是否正確接線與運作的測試程式。我們是根據 Adafruit
Learn 網站上的 simpletest.py 程式稍作修改而來：

```
# 匯入 SPI（硬體 SPI）與 MCP3008 函式庫
import Adafruit_GPIO.SPI as SPI
import Adafruit_MCP3008

# SPI 硬體設定
SPI_PORT = 0
SPI_DEVICE = 0
mcp = Adafruit_MCP3008.MCP3008(spi=SPI.SpiDev(SPI_PORT,SPI_DEVICE))

print('Reading MCP3008 values, press Ctrl-C to quit...')
# 顯示通道標頭
print('| {0:>4} | {1:>4} | {2:>4} | {3:>4} | {4:>4} | {5:>4} |
{6:>4} | {7:>4} |'.format(*range(8)))
print('-' * 57)
# 主程式迴圈
while True:
```

```
    # 讀取所有 ADC 通道數值之後建成一個清單
    values = [0]*8
    for i in range(8):
        # read_adc 函式會由指定通道 (0-7) 取得數值
        values[i] = mcp.read_adc(i)
    # 顯示 ADC 值
    print('| {0:>4} | {1:>4} | {2:>4} | {3:>4} | {4:>4} | {5:>4} | {6:>4} |
{7:>4} |'.format(*values))
    # 暫停 0.5 秒
    time.sleep(0.5)
```

圖 6-10 是程式執行約 30 秒之後的畫面。

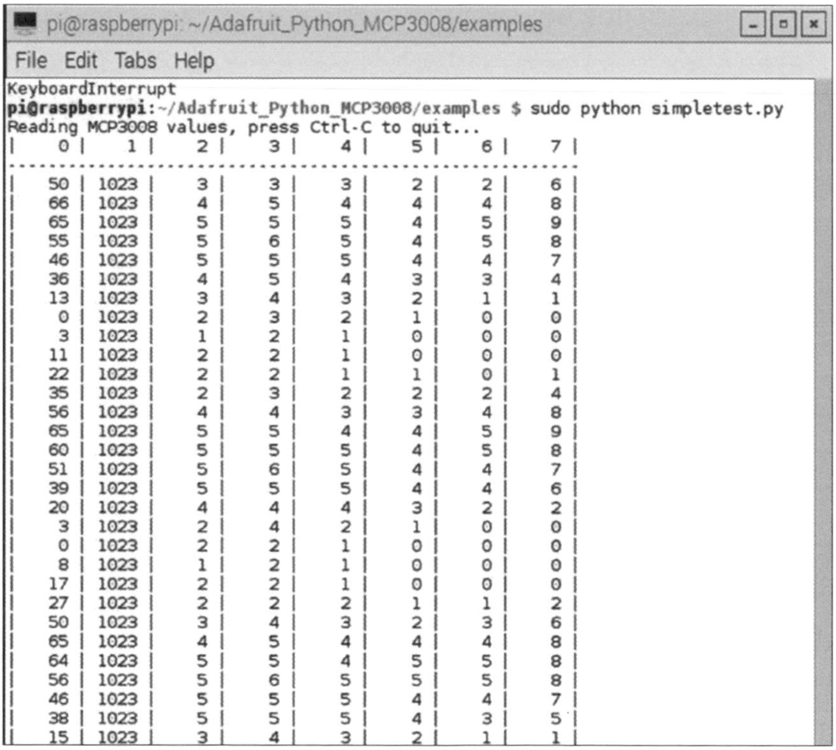

```
pi@raspberrypi: ~/Adafruit_Python_MCP3008/examples
File Edit Tabs Help
KeyboardInterrupt
pi@raspberrypi:~/Adafruit_Python_MCP3008/examples $ sudo python simpletest.py
Reading MCP3008 values, press Ctrl-C to quit...
|    0 |    1 |    2 |    3 |    4 |    5 |    6 |    7 |
---------------------------------------------------------
|   50 | 1023 |    3 |    3 |    3 |    2 |    2 |    6 |
|   66 | 1023 |    4 |    5 |    4 |    4 |    4 |    8 |
|   65 | 1023 |    5 |    5 |    5 |    4 |    5 |    9 |
|   55 | 1023 |    5 |    6 |    5 |    4 |    5 |    8 |
|   46 | 1023 |    5 |    5 |    5 |    4 |    4 |    7 |
|   36 | 1023 |    4 |    5 |    4 |    3 |    3 |    4 |
|   13 | 1023 |    3 |    4 |    3 |    2 |    1 |    1 |
|    0 | 1023 |    2 |    3 |    2 |    1 |    0 |    0 |
|    3 | 1023 |    1 |    2 |    1 |    0 |    0 |    0 |
|   11 | 1023 |    2 |    2 |    1 |    0 |    0 |    0 |
|   22 | 1023 |    2 |    2 |    1 |    1 |    0 |    1 |
|   35 | 1023 |    2 |    3 |    2 |    2 |    2 |    4 |
|   56 | 1023 |    4 |    4 |    3 |    3 |    4 |    8 |
|   65 | 1023 |    5 |    5 |    4 |    4 |    5 |    9 |
|   60 | 1023 |    5 |    5 |    5 |    4 |    5 |    8 |
|   51 | 1023 |    5 |    6 |    5 |    4 |    4 |    7 |
|   39 | 1023 |    5 |    5 |    5 |    4 |    4 |    6 |
|   20 | 1023 |    4 |    4 |    4 |    3 |    2 |    2 |
|    3 | 1023 |    2 |    4 |    2 |    1 |    0 |    0 |
|    0 | 1023 |    2 |    2 |    1 |    0 |    0 |    0 |
|    8 | 1023 |    1 |    2 |    1 |    0 |    0 |    0 |
|   17 | 1023 |    2 |    2 |    1 |    0 |    0 |    0 |
|   27 | 1023 |    2 |    2 |    2 |    1 |    1 |    2 |
|   50 | 1023 |    3 |    4 |    3 |    2 |    3 |    6 |
|   65 | 1023 |    4 |    5 |    4 |    4 |    4 |    8 |
|   64 | 1023 |    5 |    5 |    4 |    5 |    5 |    8 |
|   56 | 1023 |    5 |    6 |    5 |    5 |    5 |    8 |
|   46 | 1023 |    5 |    5 |    5 |    4 |    4 |    7 |
|   38 | 1023 |    5 |    5 |    5 |    4 |    3 |    5 |
|   15 | 1023 |    3 |    4 |    3 |    2 |    1 |    1 |
```

圖 6-10 測試程式輸出畫面

請注意通道 1，因為它接到了 3.3V 電源所以數值一定是 1023。Vref 也接到 3.3V 電源，所以其最大值也是 1023。這個最大值是來自轉換流程採用 10 位元的解析度。另外請看到通道 0 的數值不斷在 0 到 66 之間跳動，這是因為它沒有接上任何東西因此會發生腳位浮動。通道 2 到 7 也在浮動，但數值範圍是 0 到 9。我猜想這是因為在通道 0 與通道 1 之間有相當高阻抗的交叉耦合，這會影響到通道 0 的讀數。當通道 0 接上感測電阻之後，這個耦合狀況應該可以忽略不計。

真實的能量消耗狀況會根據通道 0 與 1 這兩個 ADC 讀數的差值來計算。通道 0 就是馬達的輸入電壓。多虧了壓降高達 1V 且 ADC 範圍最大值為 1023（這幾乎可視為每一毫瓦特），我會採用電阻兩端之間的絕對差值來計算。兩個輸入都運用了分壓電路來避免輸入電壓一下子掉了三分之二，藉此維持在 ADC 晶片所需的 3.3V 輸入電壓範圍之類。這個壓降狀況剛好可以用來計算消耗掉了多少能量。

整體消耗掉的能量包含電阻與馬達。這個值（單位為瓦特）的計算方式如下：

假設 $diff = count0 - count1$

這也正是電阻的壓降值。

因此電流為 $I = diff / 5$

經過馬達的壓降為：$E_L = 3 * count0 - diff$

$$P = \frac{E_{resistor}^2}{R_{resistor}} + E_L * I = \frac{diff^2}{5} + (3 * count0 - diff) * \frac{diff}{5}$$

$$= \frac{diff^2}{5} + \frac{3 * count0 * diff}{5} - \frac{diff^2}{5} = \frac{3 * count0 * diff}{5}$$

下一步要思考如何把能量測量與能量消耗最小化的功能放進現有的 robotRoulette 程式中。

範例 6-3：考慮到能量消耗的適應性學習

能量消耗最小化應該視為這台機器小車的背景任務，而非像是上個範例只會直走或轉彎。要做出這個差異在於所有主要的動作都需要能量，但有些消耗的能量比較少。既然所有動作都會消耗能量，就沒必要為其建立獨立的適應值分類。反之比較合理的作法是去獎勵那些耗能較少的動作，並懲罰另外高耗能的活動。獎勵與懲罰的形式是稍微調整對應活動的適應值。根據量測到的功率準位高或低於某個預先設定好的閾值（毫瓦特），我暫且先決定要對適應值加或減去 0.5。這些修改是放在 robotAction 模組中。除了多了一個新模組來計算功率準位之外，其他與先前的程式碼都完全相同。新加入的 power 模組與修改後的 robotAction 模組如下：

```
global mcp, pwrThreshold
pwrThreshold = 1000 # 初始閾值為 1000 mW

def calcPower:
    global mcp
    count0 = mcp.read_adc(0)
    count1 = mcp.read_adc(1)
    diff = count0 - count1
    power = (3*count0*diff)/5
    return power

# 修改後的 robotAction 模組
def robotAction(select):
    global pwmL, pwmR, pwrThreshold, fitA, fitB, fitC
    if select == 0:
        # 馬上停止
        exit()
    elif select == 1:
        pwmL.ChangeDutyCycle(3.6)
        pwmR.ChangeDutyCycle(2.2)
        if power() > pwrThreshold:
            fitA = fitA - 0.5
        else:
            fitA = fitA + 0.5
    elif select == 2:
        pwmL.ChangeDutyCycle(2.2)
        pwmR.ChangeDutyCycle(2.8)
        if power() > pwrThreshold:
```

```
            fitB = fitB - 0.5
        else:
            fitB = fitB + 0.5
    elif select == 3:
        pwmL.ChangeDutyCycle(2.8)
        pwmR.ChangeDutyCycle(2.2)
        if power() > pwrThreshold:
            fitC = fitC - 0.5
        else:
            fitC = fitC + 0.5
```

我預期就平均而言，轉彎動作所消耗的能量會比直走來得少。原因在於轉彎時只有一個馬達在動，直走則會用到兩個。這自然會導致 fitB 與 fitC 兩個數值逐漸增加，而 fitA 值則漸減。當然，與偵測障礙物有關的適應值調整還是有作用的。設定能量消耗的權重值為 0.5 會使得學習因子與障礙物學習因子相比，有效程度只有 50%。我期待機器人至終會到達原地轉圈圈的單一狀態。

搞定必要的修正與初始化設定之後，我把主程式改名為 rre.py（robotRoulette_energy 的縮寫）。完整程式如下：

```
import RPi.GPIO as GPIO
import time
from random import randint
# 請根據本書附錄來安裝以下兩個函式庫
import Adafruit_GPIO.SPI as SPI
import Adafruit_MCP3008

global pwmL, pwmR, fitA, fitB, fitC, pwrThreshold, mcp

# SPI 硬體設定
SPI_PORT   = 0
SPI_DEVICE = 0
mcp = Adafruit_MCP3008.MCP3008(spi=SPI.SpiDev(SPI_PORT, SPI_DEVICE))

# 針對三個活動分別初始化對應的適應值
fitA = 20
fitB = 20
fitC = 20

# 初始化 pwrThreshold
pwrThreshold = 500 # 單位為毫瓦特
```

```
# 採用 BCM 腳位編號格式
GPIO.setmode(GPIO.BCM)

# 設定馬達控制腳位
GPIO.setup(18, GPIO.OUT)
GPIO.setup(19, GPIO.OUT)

pwmL = GPIO.PWM(18,20) # 腳位 18 用於控制左輪 pwm 值
pwmR = GPIO.PWM(19,20) # 腳位 19 用於控制右輪 pwm 值

# 馬達轉速初始值必須為 0
pwmL.start(2.8)
pwmR.start(2.8)

# 超音波感測器腳位
TRIG = 23 # 輸出
ECHO = 24 # 輸入

# 設定輸出腳位
GPIO.setup(TRIG, GPIO.OUT)

# 設定輸入腳位
GPIO.setup(ECHO, GPIO.IN)

# 初始化感測器
GPIO.output(TRIG, GPIO.LOW)
time.sleep(1)

# 修改後的 robotAction 模組
def robotAction(select):
    global pwmL, pwmR, pwrThreshold, fitA, fitB, fitC
    if select == 0:
        # 立刻停止
        exit()
    elif select == 1:
        pwmL.ChangeDutyCycle(3.6)
        pwmR.ChangeDutyCycle(2.2)
        if calcPower() > pwrThreshold:
            fitA = fitA - 0.5
        else:
            fitA = fitA + 0.5
    elif select == 2:
        pwmL.ChangeDutyCycle(2.2)
        pwmR.ChangeDutyCycle(2.8)
```

```python
        if calcPower() > pwrThreshold:
            fitB = fitB - 0.5
        else:
            fitB = fitB + 0.5
    elif select == 3:
        pwmL.ChangeDutyCycle(2.8)
        pwmR.ChangeDutyCycle(2.2)
        if calcPower() > pwrThreshold:
            fitC = fitC - 0.5
        else:
            fitC = fitC + 0.5

# backup 模組
def backup(select):
    global fitA, fitB, fitC, pwmL, pwmR
    if select == 1:
        fitA = fitA - 1
        if fitA < 0:
            fitA = 0
    elif select == 2:
        fitB = fitB - 1
        if fitB < 0:
            fitB = 0
    else:
        fitC = fitC -1
        if fitC < 0:
            fitC = 0

    # 現在讓機器人反向前進 2 秒鐘
    pwmL.ChangeDutyCycle(2.2)
    pwmR.ChangeDutyCycle(3.6)
    time.sleep(2) # 無條件等待時間長度

# 功率計算模組
def calcPower:
    global mcp
    count0 = mcp.read_adc(0)
    count1 = mcp.read_adc(1)
    diff = count0 - count1
    power = (diff*diff)/5
    return power

clockFlag = False
```

```python
# 無窮迴圈
while True:
    if clockFlag == False:
        start = time.time()

        randomInt = randint(0, 255)
        draw = (randomInt*(fitA + fitB + fitC))/255

        if fitA + fitB + fitC == 0:
            select = 0
            robotAction(select)
        elif draw >= 0 and draw <= fitA:
            select = 1
            robotAction(select)
        elif draw > fitA and draw <= (fitA + fitB):
            select = 2
            robotAction(select)
        elif draw > (fitA + fitB):
            select = 3
            robotAction(select)

        clockFlag = True

    current = time.time()

    # 檢查是否經過2秒鐘(2000ms)
    if (current - start)*1000 > 2000:
        # 在迴圈開始時觸發一次新的抽取
        clockFlag = False

    # 產生 10 usec 觸發脈衝
    GPIO.output(TRIG, GPIO.HIGH)
    time.sleep(0.000010)
    GPIO.output(TRIG, GPIO.LOW)

    # 以下程式碼用於偵測回聲脈衝的時間長度
    while GPIO.input(ECHO) == 0:
        pulse_start = time.time()

    while GPIO.input(ECHO) == 1:
        pulse_end = time.time()

    pulse_duration = pulse_end - pulse_start
```

```
# 計算距離
distance = pulse_duration * 17150

# 四捨五入到小數點兩位
distance = round(distance, 2)

# 檢查距離是否小於 25.4 cm
if distance < 25.40:
    backup()
```

測試

我把機器人放在與上次測試的同一個走廊。我建立了另一個 SSH 連線，並用以下指令來啟動程式：

```
sudo python rre.py
```

機器人如之前一樣會立刻有反應，例如轉彎、直走或在靠近牆壁或門時後退。各種動作出現的機會都差不多。過了大約 5 分鐘，多數的動作都變成了轉彎，偶爾才會直走一下，而且只有當機器人在轉彎時太靠近牆壁時才會後退。狀況一下子就很明顯了，機器人「學會了」轉彎就是節省能源最好的方法。

本章關於機器學習的討論就結束於本範例。下一章要帶你更深入機器學習。

總結

在本書諸多有趣的機器學習主題中，本章是最先探討的。第一個 Raspberry Pi 範例讓使用者在所喜愛顏色的 LED 亮起時按下按鈕。過了一段時間後，電腦「學會了」使用者喜歡哪個顏色並持續讓該顏色的 LED 亮著。本專題也導入了適應（fitness）的概念。

我接著介紹了輪盤演算法，這是下一個整合學習行為的自動化機器車範例的序曲。Alfie，就是我們的機器小車，可以做到一些預先選定的動作或行為，並根據小車在執行特定行為時是否會碰到障礙物來加強或削弱這些行為。最後，機器小車會進入一個不會執行任何動作的沉默狀態，至終關機。

最後一個範例示範了如何在機器小車上加入另一種行為。這個新行為主要是關於如何節省能源。小車很快就學會了如何去偏好那些耗能較少的動作，而更少採用其他耗能高於預設閾值的行為。

## CHAPTER 7

類神經網路

本章要繼續探討機器學習並集中火力在類神經網路（Artificial Neural Network, ANN）。本章有幾個範例靈感是來自於 Bert van Dam，再次感謝他。

零件清單

範例 7-1 會用上一章的 Alfie 機器小車與額外一些零件，整理如表 7-1。

表 7-1 零件清單

說明	數量	說明
Pi Cobbler 擴充板	1	40 腳位版本，T 型或 DIP 型都可以
免焊麵包板	1	700 孔，並有電源供應軌
跳線	1 包	
超音波感測器	1	HC-SR04
4.9kΩ 電阻	2	1/4 瓦特
10kΩ 電阻	6	1/4 瓦特
MCP3008	1	8 通道 ADC 晶片，DIP 型
光電管	1	硫化鎘（CdS）型都可以

讓我們從所有 ANN 中最簡單的 Hopfield 網路開始介紹。

Hopfield 網路

Hopfield 網路是由 John Hopfield 於 1982 年所大力推廣，他認為 ANN 所實現的關聯記憶模型非常類似於人類的記憶功能。自從在 Howard S. Smith 的著作《*I, robot*》（Robot Binaries & Press，2008 年出版）被討論到之後，Hopfield 網路就慢慢有名了起來。別把它跟艾西莫夫的《*I,Robot*》（Grosset & Dunlap，1950 年出版）搞混啦，2004 年由威爾史密斯主演的同名電影《機械公敵》便以本書為基礎。

在介紹 Hopfield 網路之前，我得先帶大家認識用於本網路中的類神經元。圖 7-1 是類神經元的模型。

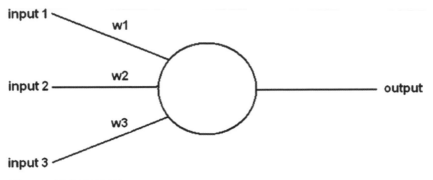

圖 7-1 神經元模型

圖 7-1 中只有三個輸入，更複雜的網路則會包含更多。不論單一神經元的輸入有多少個，都只會有一個輸出。神經元在被更新之前都會處於一種一致或固定的狀態。神經元的狀態是二元的，只有 1 與 -1 兩種數值（至少本書所用的 Hopfield 網路是這樣）。要進行一次更新需要以下三個步驟。

1. 決定各輸入值，並計算權重後加總。

2. 如果權重後的加總輸入大於等於 0，神經元輸出會被設為 1；反之則設為 -1。

3. 神經元在被再次更新之前會維持原本的輸出值。

更新神經元的方法有兩種，後續我會談到。你不用理解更新方法到底是怎麼完成的，因為網路的初始化與即時作業中的數學運算會搞定這些事情。

非同步：選擇某個神經元並立刻更新。這可為預先決定好的順序或隨機執行。

同步：計算所有權重後的輸入加總，但不立即更新神經元。一旦完成之後，所有的神經元都會被一次更新。

關於類神經元的基礎已經介紹完畢，是時候來討論 Hopfield 網路了。這種網路的正式名稱為循環（recurrent）網路，因為輸出值會以無向（undirected）方式回送作為下一次的輸入。這些回授迴圈對於網路的學習效能有相當重大的影響。以下是 Hopfield 網路的一些重要特性。

- 包含了由 N 個神經元（或稱為節點，*node*）組成的集合，之後我都會使用節點一詞

- 設定所有節點的連線權重

- 節點不會直接連回自己（也就是不允許自身迴圈）

- 沒有特殊的輸入或輸出節點

- 每個節點都是二元或雙態輸出

- 一個激發（firing）節點會以正權重值來觸發所有與其連結的節點

- 所有輸入會同時應用到所有節點，接著回授

- 網路會在遞迴有限次數之後達到一個均衡或一致的狀態

圖 7-2 是一個六節點的 Hopfield 網路，我在後續的範例中會用到它。

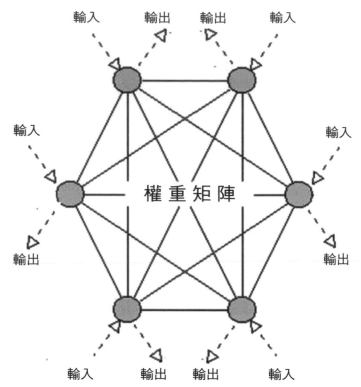

圖 7-2 六節點的 *Hopfield* 網路

本段一開始提到了 Hopfield 網路是以關聯記憶模型為基礎。認識什麼是關聯記憶模型模型並理解其運作原理對你絕對有幫助。看看圖 7-3，我保證你一定看得出來這是個字母 S。

圖 7-3　字母 *S*

之所以認得出來字母 S 的形狀，是因為這從孩提時代就已經根深蒂固在你的
記憶中了。至於如何去回溯這個記憶不是太重要，因為所有字母與數字的圖
案都已經烙印在我們的腦海中了。不過，再看看圖 7-4 然後告訴我這是什麼。

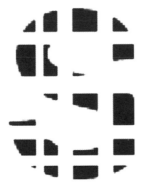

圖 7-4　扭曲後的字母

即便字母本體有一半以上被擦掉了，但我相信多數讀者還是看得出來，這還
是字母 S。你的大腦與既有的記憶基本上已經填滿了這些缺塊，好讓你確信這
的確是字母 S。以各種可能性來說，你並非真的去把這個變形的圖辨識為一個
字母，而是去把這些亂七八糟的點、黑斑與字母 S「關聯」起來。在儲存於機
器記憶中的資訊與它在現實中所呈現的意義，兩者之間的關聯性念在後續範
例中扮演相當重要的角色。

正如你需要學習才知道如何分辨字母 S，機器也需要被教導才能分辨事物。後續的 Hopfield 網路範例只運用了 +1 與 -1 作為輸入符號。這些符號在真實世界中的意義與接下來的討論不太有關。讓我們從一筆有六筆輸入值的範例資料集開始：包含 1、-1、-1、-1、1 與 1。然而要做到數學意義上的精確，我會用以下向量來呈現這筆輸入資料：

$$\begin{Bmatrix} 1 \\ -1 \\ -1 \\ -1 \\ 1 \\ 1 \end{Bmatrix}$$

這個向量需要被轉換為一個 6×6 矩陣才能呈現一個六節點 Hopfield 網路中所有節點的互連狀況。只要把同一筆輸入資料向量自乘就可以了。

$$\begin{Bmatrix} 1 \\ -1 \\ -1 \\ -1 \\ 1 \\ 1 \end{Bmatrix} * \begin{Bmatrix} 1 \\ -1 \\ -1 \\ -1 \\ 1 \\ 1 \end{Bmatrix} = \begin{Bmatrix} 1 & -1 & -1 & -1 & 1 & 1 \\ -1 & 1 & 1 & 1 & -1 & -1 \\ -1 & 1 & 1 & 1 & -1 & -1 \\ -1 & 1 & 1 & 1 & -1 & -1 \\ 1 & -1 & -1 & -1 & 1 & 1 \\ 1 & -1 & -1 & -1 & 1 & 1 \end{Bmatrix}$$

表 7-2 是這個向量乘法的完整資訊。

表 7-2 向量乘法

	1	-1	-1	-1	1	1
1	1	-1	-1	-1	1	1
-1	-1	1	1	1	-1	-1
-1	-1	1	1	1	-1	-1
-1	-1	1	1	1	-1	-1
1	1	-1	-1	-1	1	1
1	1	-1	-1	-1	1	1

幸好，Python 的 numpy 函式庫為本章後續所需的運算提供了相當不錯的矩陣運算函式，把這些煩人又容易出錯的手動計算全部都自動化了。

現在，假設有另一組輸入資料，如以下向量：

$$\begin{bmatrix} 1 \\ -1 \\ 1 \\ -1 \\ 1 \\ -1 \end{bmatrix}$$

這個新向量自乘之後結果如下：

$$\begin{Bmatrix} 1 \\ -1 \\ 1 \\ -1 \\ 1 \\ -1 \end{Bmatrix} * \begin{Bmatrix} 1 \\ -1 \\ 1 \\ -1 \\ 1 \\ -1 \end{Bmatrix} = \begin{Bmatrix} 1 & -1 & 1 & -1 & 1 & -1 \\ -1 & 1 & -1 & 1 & -1 & 1 \\ 1 & -1 & 1 & -1 & 1 & -1 \\ -1 & 1 & -1 & 1 & -1 & 1 \\ 1 & -1 & 1 & -1 & 1 & -1 \\ -1 & 1 & -1 & 1 & -1 & 1 \end{Bmatrix}$$

下一步是把這兩個 6×6 矩陣相加起來，會得到一個「記住了」兩組輸入資料向量的 6×6 矩陣。我們把這個矩陣稱為權重矩陣（*weighting matrix*）去符合圖 7-1 中的矩陣。

$$\begin{Bmatrix} 1 & -1 & -1 & -1 & 1 & 1 & 1 \\ -1 & 1 & 1 & 1 & -1 & -1 & -1 \\ -1 & 1 & 1 & 1 & -1 & -1 & -1 \\ -1 & 1 & 1 & 1 & -1 & -1 & -1 \\ 1 & -1 & -1 & -1 & 1 & 1 & 1 \\ 1 & -1 & -1 & -1 & 1 & 1 & 1 \end{Bmatrix} + \begin{Bmatrix} 1 & -1 & 1 & -1 & 1 & -1 \\ -1 & 1 & -1 & 1 & -1 & 1 \\ 1 & -1 & 1 & -1 & 1 & -1 \\ -1 & 1 & -1 & 1 & -1 & 1 \\ 1 & -1 & 1 & -1 & 1 & -1 \\ -1 & 1 & -1 & 1 & -1 & 1 \end{Bmatrix} = \begin{Bmatrix} 2 & -2 & 0 & -2 & 2 & 0 \\ -2 & 2 & 0 & 2 & -2 & 0 \\ 0 & 0 & 2 & 0 & 0 & -2 \\ -2 & 2 & 0 & 2 & -2 & 0 \\ 2 & -2 & 0 & -2 & 2 & 0 \\ 0 & 0 & -2 & 0 & 0 & 2 \end{Bmatrix}$$

由於兩個輸入矩陣的內容只有 ±1，因此加總後的矩陣只會包含 ±2 或 0。

為了證明這個權重矩陣真的「記住了」兩組輸入資料集向量，我把第一筆向量
與權重矩陣相乘，看看會發生什麼事。

$$\begin{Bmatrix} 1 \\ -1 \\ -1 \\ -1 \\ 1 \\ 1 \end{Bmatrix} * \begin{Bmatrix} 2 & -2 & 0 & -2 & 2 & 0 \\ -2 & 2 & 0 & 2 & -2 & 0 \\ 0 & 0 & 2 & 0 & 0 & -2 \\ -2 & 2 & 0 & 2 & -2 & 0 \\ 2 & -2 & 0 & -2 & 2 & 0 \\ 0 & 0 & -2 & 0 & 0 & 2 \end{Bmatrix} = \begin{Bmatrix} 8 \\ -8 \\ -4 \\ -8 \\ 8 \\ 4 \end{Bmatrix}$$

上述的矩陣乘法包含了六個步驟，向量值會分別乘以權重矩陣中的每一列，
並把所有的部分積加總起來。例如，向量乘以權重矩陣的第一列會得到以下：

$$(1 * 2) + (-1 * -2) (-1 * 0) + (-1 * -2) + (1 * 2) + (1 * 0) = 8$$

算出來的向量接著要進行正規化才能符合輸入資料的格式，內容只會是 1
或 -1。正規化規則很簡單：

　　所有大於等於 0 的數值皆改為 1，所有小於 0 的數值皆改為 -1。

請注意將數值正規化為 0 並非全然是科學導向。某些網路中將數值正規化為 1
會得到更好的結果，有些網路則比較常正規化為 -1。對本網路來說，我認為
前者比較適合，得到的結果也正確許多。

將本規則應用於上述向量會得到以下：

$$\begin{Bmatrix} 8 \\ -8 \\ -4 \\ -8 \\ 8 \\ 4 \end{Bmatrix} \text{應用規則} \begin{Bmatrix} 1 \\ -1 \\ -1 \\ -1 \\ 1 \\ 1 \end{Bmatrix}$$

你現在應該可以看出，正規化後的結果向量與原始的輸入資料向量完全相
同。你可以對第二個輸入資料向量再做一次同樣的運算，結果一定相同，這樣
就證明了權重矩陣的確「記住了」存放於自身中的初始資料。

這時你在想的事情應該是這些運算的確有趣,但真正的價值在哪? Hopfield 網路到底可以運用在那些地方?在回答這些問題之前,請你先思考一下以下情境。

假設這個輸入向量代表了真實世界中的某些事物,可能是由一或多個感測器所產生,並且結果向量因為雜訊或干擾而產生變形或毀損,有點像是圖 7-4 與圖 7-3 的關係。假設新的輸入資料向量如下,0 代表沒有資料:

$$\begin{Bmatrix} 0 \\ 0 \\ 0 \\ -1 \\ 1 \\ 1 \end{Bmatrix}$$

接著,把這個新向量與權重矩陣相乘,看看會發生什麼事:

$$\begin{Bmatrix} 0 \\ 0 \\ 0 \\ -1 \\ 1 \\ 1 \end{Bmatrix} * \begin{Bmatrix} 2 & -2 & 0 & -2 & 2 & 0 \\ -2 & 2 & 0 & 2 & -2 & 0 \\ 0 & 0 & 2 & 0 & 0 & -2 \\ -2 & 2 & 0 & 2 & -2 & 0 \\ 2 & -2 & 0 & -2 & 2 & 0 \\ 0 & 0 & -2 & 0 & 0 & 2 \end{Bmatrix} = \begin{Bmatrix} 4 \\ -4 \\ -2 \\ -4 \\ 4 \\ 2 \end{Bmatrix} \quad \text{正規化} \quad = \begin{Bmatrix} 1 \\ -1 \\ -1 \\ -1 \\ 1 \\ 1 \end{Bmatrix}$$

最終的正規化向量與原始的輸入向量完全相同。Hopfield 網路會把毀損的輸入向量與儲存在自身結構中的資訊關聯起來,接著回傳一個最接近毀損輸入向量的向量。這與你如何從變形得很厲害的字母辨識出來原本字母的狀況非常類似。

下一個範例應該有助於你更明白這個關聯的過程。

範例 7-1：數字圖形辨識範例

圖 7-5 說明如何只運用六條直線線段來呈現 0 到 9 等十進位數字。這套系統沒有名字，因為完全是我捏造的。

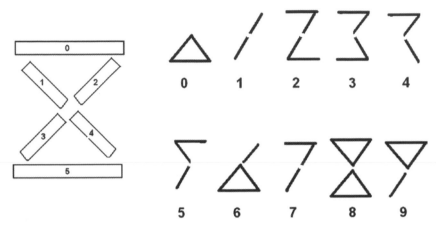

圖 7-5 六線段的數字 *scheme*

我相信你很容易就能辨識出圖 7-5 中大部分的數字。由於線段數量限制的關係，數字 4 與 5 應該是最難看出來的。

假設為這些數字分別建立輸入資料向量，其中 1 代表有顯示的線段，-1 則代表未顯示的線段。例如，數字 0 與 1 可由以下向量來表示：

$$0 \approx \begin{Bmatrix} -1 \\ -1 \\ -1 \\ 1 \\ 1 \\ 1 \end{Bmatrix} \qquad 1 \approx \begin{Bmatrix} -1 \\ -1 \\ 1 \\ 1 \\ -1 \\ -1 \end{Bmatrix}$$

接著就要用這十筆輸入資料向量來建立一個 Hopfield 網路，如表 7-3。

表 7-3　數字系統的輸入資料向量

數字	0	1	2	3	4	5
0	-1	-1	-1	1	1	1
1	-1	-1	1	1	-1	-1
2	1	-1	1	1	-1	1
3	1	1	-1	1	-1	1
4	1	-1	1	-1	1	-1
5	1	1	-1	-1	1	1
6	-1	-1	1	1	1	1
7	1	-1	1	1	-1	-1
8	1	1	1	1	1	1
9	1	1	1	1	-1	-1

我運用先前提過的 Python numpy 矩陣函式庫來省去大量的手動計算過程。後續我會使用點積向量（dot product vector）一詞來描述矩陣乘法的結果。我另外加入了關於點積與差積運算的介紹，並說明如何將它們運用於矩陣中。

點積與差積

點積（*dot product*）也稱為內積（*scalar product*），代表兩個矩陣或陣列彼此相乘的結果。唯一的要件是其中一個矩陣（或陣列）的列數要等於另一個矩陣的行數。以下 Python 範例應足以說明這是如何運作的：

```
>>> import numpy as np
>>> x = np.array(((2,3), (3,5)))
>>> y = np,array(((1,2), (5,-1)))
>>> np.dot(x,y)
matrix([17,1],
       [28,1])
>>>
```

把這兩個陣列轉為矩陣之後再用乘法運算子 (*) 也會得到相同的結果。

```
>>> np.mat(x) * np.mat(y)
matrix ([17,1],
        [28,1])
>>>
```

在上個範例中,當 Python 直譯器判斷出這兩個矩陣要相乘之後就會自動
呼叫點積運算。

另一種類似的矩陣乘法會用到差積（cross product）運算。差積的定義
是：在三維向量空間中,兩個向量的二元運算。計算結果的向量與兩
個輸入向量彼此正交。

下個範例有助於你更理解其定義。假設有兩個單位向量,如下所示：

```
>>> y = np.array([0,1,0])
>>> z = np.array([0,0,1])
>>>
```

圖 7-6 是在立體空間中把這兩個向量畫出來。

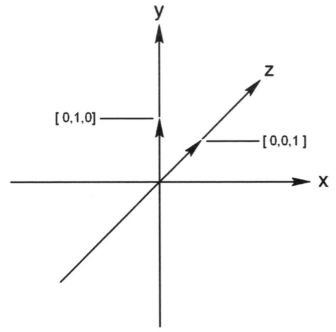

圖 7-6 y 與 z 兩的單位向量

以下語法會計算 y 與 z 的差積向量。

```
>>> np.cross(y, z)
array([-1,0,0]
>>>
```

新的向量與 y 軸、z 軸皆為正交，因此一定是位於 x 軸上，如圖 7-7。

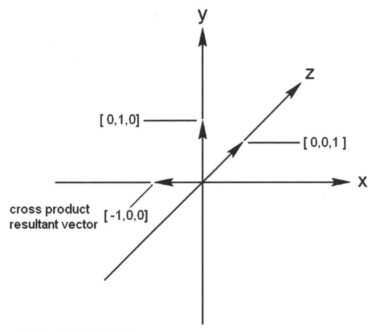

圖 7-7　差積結果向量

numpy 的 cross 函式中的引數順序是很重要的。如果你把 y、z 對調，結果會變成這樣：

```
>>> np.cross(z, y)
array([1,0,0]
>>>
```

還是同一個單位向量，不過方向相反。由於它不難看出來，這次我就不畫了。後續範例中都不會用到差積，但我在此還是介紹一下。

圖 7-8 是我用這 10 筆輸入資料向量來建立 Hopfield 權重矩陣時，Python 命令
列的起始與結束畫面。

```
[>>> import numpy as np
[>>> num0 = np.array([-1,-1,-1,1,1,1])[:,None]
[>>> num0sq = num0*num0.T
[>>> num0sq
array([[ 1,  1,  1, -1, -1, -1],
       [ 1,  1,  1, -1, -1, -1],
       [ 1,  1,  1, -1, -1, -1],
       [-1, -1, -1,  1,  1,  1],
       [-1, -1, -1,  1,  1,  1],
       [-1, -1, -1,  1,  1,  1]])
[>>> num1 = np.array([-1,-1,1,1,-1,-1])[:,None]
[>>> num1sq = num1*num1.T
[>>> num1sq
array([[ 1,  1, -1, -1,  1,  1],
       [ 1,  1, -1, -1,  1,  1],
       [-1, -1,  1,  1, -1, -1],
       [-1, -1,  1,  1, -1, -1],
       [ 1,  1, -1, -1,  1,  1],
       [ 1,  1, -1, -1,  1,  1]])
[>>> wtg = num0sq + num1sq
[>>> wtg
array([[ 2,  2,  0, -2,  0,  0],
       [ 2,  2,  0, -2,  0,  0],
       [ 0,  0,  2,  0, -2, -2],
       [-2, -2,  0,  2,  0,  0],
       [ 0,  0, -2,  0,  2,  2],
       [ 0,  0, -2,  0,  2,  2]])
[>>> num2 = np.array([1,-1,1,1,-1,1])[:,None]
[>>> num2sq = num2*num2.T
[>>> wtg = wtg + num2sq
[>>> num3 = np.array([1,1,-1,1,-1,1])[:,None]
[>>> num3sq = num3*num3.T
[>>> wtg = wtg + num3sq

                    ◆
                    ◆
                    ◆

[>>> num8 = np.array([1,1,1,1,1,1])[:,None]
[>>> num8sq = num8*num8.T
[>>> wtg = wtg + num8sq
[>>> num9 = np.array([1,1,1,1,-1,-1])[:,None]
[>>> num9sq= num9*num9.T
[>>> wtg = wtg + num9sq
[>>> wtg
array([[10,  4,  2,  0, -2,  0],
       [ 4, 10, -4, -2,  0,  2],
       [ 2, -4, 10,  4, -2, -4],
       [ 0, -2,  4, 10, -4,  2],
       [-2,  0, -2, -4, 10,  4],
       [ 0,  2, -4,  2,  4, 10]])
>>> ▮
```

圖 7-8 建立 *Hopfield* 權重矩陣時的 *Python* 對話

以下是最終的權重矩陣：

```
array([[10,  4,  2,  0, -2,  0],
       [ 4, 10, -4, -2,  0,  2],
       [ 2, -4, 10,  4, -2, -4],
       [ 0, -2,  4, 10, -4,  2],
       [-2,  0, -2, -4, 10,  4],
       [ 0,  2, -4,  2,  4, 10]])
```

我會運用這個矩陣以及先前我發明的數字系統中某個輕微變形的數字，來看看 Hopfield 網路可否順利分辨出來。圖 7-9 是少了兩個線段的數字 8。

圖 7-9 變形後的 8

以下是這個變形 8 所對應的輸入資料向量：

$$\left\{\begin{array}{c} 1 \\ 0 \\ 0 \\ 1 \\ 1 \\ 1 \end{array}\right\}$$

測試網路只需要把這個變形後的輸入向量與權重矩陣相乘，並將結果的點積向量正規化即可。圖 7-10 是把向量與權重矩陣相乘，以及顯示結果點積向量的 Python 執行畫面。

```
[>>> wtg = np.array([[10,4,2,0,-2,0],
[... [4,10,-4,-2,0,2],
[... [2,-4,10,4,-2,-4],
[... [0,-2,4,10,-4,2],
[... [-2,0,-2,-4,10,4],
[... [0,2,-4,2,4,10]])
[>>> num = np.array([1,0,0,1,1,1])[:,None]
[>>> ans = np.dot(num.T,wtg)
[>>> ans.T
array([[ 8],
       [ 4],
       [ 0],
       [ 8],
       [ 8],
       [16]])
>>> ▉
```

圖 7-10 計算變形後數字的 *Python* 執行過程

以下是正規化後的向量,與原本的數字 8 輸入資料向量完全相同。

$$\begin{Bmatrix} 8 \\ 4 \\ 0 \\ 8 \\ 8 \\ 16 \end{Bmatrix} \quad 正規化 \quad = \begin{Bmatrix} 1 \\ 1 \\ 1 \\ 1 \\ 1 \\ 1 \end{Bmatrix}$$

本次測試再次證明 Hopfield 網路確實可儲存資料,並可用於辨識未知資料或本身中變形後的資料集。我做了一點關於 Hopfield 網路以及字元或圖案辨識的文獻回顧,我發現這類型網路用於在變形或錯綜複雜的輸入向量去辨識出正確字元,一般來說成功率都高於90%。當然啦,這都仰賴於輸入資料的數量與品質,還有網路中的節點數量。考量到我的簡易範例中各種限制,如果成功率遠高過 70% 的話會讓我非常驚訝。

下個範例與我之前所做的相比有很大幅度的不同,採用了純計算的作法,這算是 ANN 更務實一點的應用。

範例 7-2：運用 ANN 的自動機器小車

本範例會用到上一章的機器小車 Alfie。在 Alfie 的上一個專題中,它的程式會讓它盡量去避開所有的牆壁或門,並在運動過程中盡可能地節省能源。本專題與先前的大不相同,這次機器人會接近障礙物並試著在附近移動。

這次我把節省能源的功能拿掉了,因為它對於本 ANN 範例來說不是很重要。不過,Alfie 裝了另一個超音波感測器來幫忙它偵測與避開障礙物。還實作了一個 Hopfield 網路來幫助機器人記住上一次做了什麼動作,這應該有助於它在環境中四處移動時去選擇更好的動作或行為。

本網路使用的輸入資料向量共有五個元素,以下是各元素的說明:

- 左側感測器
- 右側感測器
- 兩個感測器
- 左側馬達
- 右側馬達

範例一開始只要用到這些元素就夠了,但要再加入更多也沒問題。這五個元素也代表了要採用 5×5 的 Hopfield 網路來支援機器小車的控制系統。在此如上個範例一樣使用名目值 1 與 -1,並把 1 與 -1 的意義與各元素關聯起來。先從感測器開始。用 1 來代表感測器並未偵測到任何障礙物,應該相當合適;或者以「兩個感測器」的狀況來說,1 代表兩個感測器都偵測到前方有障礙物。請注意我還沒有定義超音波感測器的距離閾值,這等會兒再說。

馬達元素的定義也很簡單。1 代表馬達正在轉動,–1 則表示馬達停止。請注意,本範例中的馬達只有轉動或停止兩種狀態,沒有介於中間的轉速設定。所以,以下輸入向量是代表什麼意思呢?

$$\begin{Bmatrix} 1 \\ 1 \\ 1 \\ 1 \\ 1 \end{Bmatrix}$$

所有感測器數值都為1代表沒有偵測到任何障礙物，所有馬達數值都為1代表機器小車往前直進。在此有一個簡易又明確的規則來驗證機器人真的有在學習，而非只是去遵循一組預先儲存起來的規則。在此所需的是一個讓機器小車得以學習什麼是好以及沒那麼好的規則（或行為）之方法。本方法暗示了機器小車得嘗試不同的做法來判斷什麼是好的並且記起來，以及那些不太好的就不需要再保留了。當然啦，哪些是好與不好基本上是完全隨機的，因此一定要有些方法去評估哪些行為要保留下來，哪些則要捨棄。

嘗試不同做法的意思就是讓馬達隨機轉動來行走新的路徑，看看這樣會不會碰到障礙物。唯一禁止的動作就是後退，因為機器人沒有加裝面向後方的感測器，當然也無法產生有效的輸入資料向量。以下是機器人可以執行的動作：

- 左轉
- 右轉
- 前進
- 停止

由於實驗設計，上個範例並未禁止機器人停下來。不過本範例是絕對禁止後退。事實上，這會讓機器人至終學到的最佳行為極有可能是停止且完全不動。本範例的轉彎方式也與之前稍微不同。在先前測試中，位於轉彎那一側的輪子會停下來，同時另一側的輪子繼續轉動。這樣機器人實際上是以轉動的輪子為軸心來轉彎。這次，位於轉彎那一側的輪子則是與另一側的輪子相反方向來轉動，而非停止。這個動作讓機器人以自身旋轉半徑來轉彎。這就是一般所說的零半徑轉彎（*zero-radius turn*）。這不是太精確的說法，但你應該能看出來它的旋轉半徑非常小。

機器人學習過程的下一步就複雜多了：辨別好的以及不那麼好的行為（或動作）。幸好，我們中間多數的人成長過程中都有父母或師長陪伴著並幫助我們完成這個重要的任務。但機器人就沒那麼幸福囉，它身邊可沒人幫忙這個艱鉅的任務。它得自己搞定這件事。

我們可透過程式來幫助機器人去採用那些能夠「改善」整體狀況的動作。要採用的顯然是那些不會撞到障礙物的動作。這件事相當類似於上個範例中的調整適應值。每當碰到牆壁或門時，當下的適應值就會被稍稍降低一點。不過這次沒有任何適應值，而是決定要或不要儲存某一筆輸入資料向量。如果要儲存向量，重點就是機器人「相信」這個狀況真的有幫助。當機器人再次碰到具備相同向量的狀況時，它會回想那些存起來的資訊並重複那個動作。這樣就很有機會讓機器人做的與你所預期的完全不同，別擔心，這是因為它是以自己的方式來「學習」。這在意義上代表了這台機器小車真的是完全自動化。另一方面，觀察一台無法預期的機器人是件愉悅的事，至少它不會去追著你的貓或是打翻昂貴的花瓶。

另一個亟需解答的問題是機器人如何去辨識出一個新的狀況。假設機器人的感測器都沒有偵測到任何東西，導致我們不知道如何去控制馬達。這與我在 Hopfield 網路那段開頭所介紹的變形輸入向量相當類似。在此狀況下，輸入資料向量如下所示：

$$\begin{Bmatrix} 1 \\ 1 \\ 1 \\ 0 \\ 0 \end{Bmatrix}$$

記得要先把變形的輸入向量與權重矩陣相乘。所以先建立一個權重矩陣，以本範例來說為：

$$\begin{Bmatrix} 1 \\ 1 \\ 1 \\ 1 \\ 1 \end{Bmatrix} * \begin{Bmatrix} 1 \\ 1 \\ 1 \\ 1 \\ 1 \end{Bmatrix} = \begin{Bmatrix} 11111 \\ 11111 \\ 11111 \\ 11111 \\ 11111 \end{Bmatrix}$$

因此新的向量與權重矩陣的相乘結果如下：

$$\begin{Bmatrix} 1 \\ 1 \\ 1 \\ 0 \\ 0 \end{Bmatrix} * \begin{Bmatrix} 11111 \\ 11111 \\ 11111 \\ 11111 \\ 11111 \end{Bmatrix} = \begin{Bmatrix} 3 \\ 3 \\ 3 \\ 3 \\ 3 \end{Bmatrix} \quad 正規化 \quad = \begin{Bmatrix} 1 \\ 1 \\ 1 \\ 1 \\ 1 \end{Bmatrix}$$

一路介紹到此，結果向量應該不會讓你太訝異。網路會把這個未知的向量與它本身中所包含未偵測到障礙物之感測器資料的那個向量，彼此關聯起來，例如：

$$\left\{\begin{array}{c}1\\1\\1\\1\\1\end{array}\right\}$$

已儲存的動作是讓兩顆馬達轉動，機器人前進。這會得到以下結論：

> 如果已知資料正確，應可假設該未知資料也是正確的。

這個結論看起來不錯也挺有道理的，但如果被儲存起來的向量是錯的話，自然也會導致採取了錯誤的動作。儲存了一個錯誤的向量就好比錯誤記憶（false memory）。如同任何一個你信以為真的記憶，但實際上並不是真的。在我們的成長過程中，多數人的真實記憶常常被錯誤記憶所取代，讓人們去回想「往日好時光」，但事實上幾乎都沒那麼好。

上述的討論是為後續的程式設計來鋪路。

範例 7-3：可避障的機器小車 Python 腳本

本次的機器小車控制程式名為 annRobot.py，架構上與先前的 robotRoulette. py 程式相當類似。馬達控制與超音波感測器模組都完全一樣，但修改了隨機選擇動作的程式碼，並新增了幾個用於處理 Hopfield 網路的矩陣運算模組。新的程式（如下）相當長，新的段落或模組前也有相當多的註解。與其把每個新段落或模組都說明一遍，我比較喜歡這種做法，分段討論後再把完整的程式碼放在最後。至於已經登場過的模組，請你回顧先前的討論或機器人組裝附錄，例如隨機抽取與馬達控制。

```python
import RPi.GPIO as GPIO
import time
from random import randint
import numpy as np

global pwmL, pwmR

threshold = 25.4

# 採用 BCM 腳位編號
GPIO.setmode(GPIO.BCM)

# 設定馬達控制腳位
GPIO.setup(18, GPIO.OUT)
GPIO.setup(19, GPIO.OUT)

pwmL = GPIO.PWM(18,20) # 腳位 18 控制左輪 pwm 值
pwmR = GPIO.PWM(19,20) # 腳位 19 控制右輪 pwm 值

# 馬達轉速一定要從 0 開始
pwmL.start(2.8)
pwmR.start(2.8)

# 超音波感測器腳位
TRIG1 = 23 # 輸出
ECHO1 = 24 # 輸入
TRIG2 = 25 # 輸出
ECHO2 = 27 # 輸入

# 設定輸出腳位
GPIO.setup(TRIG1, GPIO.OUT)
GPIO.setup(TRIG2, GPIO.OUT)

# 設定輸入腳位
GPIO.setup(ECHO1, GPIO.IN)
GPIO.setup(ECHO2, GPIO.IN)

# 初始化感測器
GPIO.output(TRIG1, GPIO.LOW)
GPIO.output(TRIG2, GPIO.LOW)
time.sleep(1)

# 根據輸入資料向量中的所有 1 來建立名為 wtg 的初始權重矩陣
vInput = np.array([1,1,1,1,1])[:,None] # 實際上是個 [1,0] 矩陣
```

```
wtg = vInput.T*vInput # 矩陣乘法會產生一個 5 x 5 矩陣
                      # vInput.T 是原矩陣的轉置矩陣 ( 行轉列，列轉行 )
                      # 新的與成功的輸入資料向量相乘之後存入 wtg 矩陣中
                      # robotAction 模組

def robotAction(select):
    global pwmL, pwmR
    if select == 0: # 直走
        pwmL.ChangeDutyCycle(3.6)
        pwmR.ChangeDutyCycle(2.2)
    elif select == 1: # 左轉
        pwmL.ChangeDutyCycle(2.2)
        pwmR.ChangeDutyCycle(2.8)
    elif select == 2: # 右轉
        pwmL.ChangeDutyCycle(2.8)
        pwmR.ChangeDutyCycle(3.6)
    elif select == 3: # 停止
        pwmL.ChangeDutyCycle(2.8)
        pwmR.ChangeDutyCycle(2.8)

# 用於觸發新一次抽取的旗標值
clockFlag = False

# 無窮迴圈
while True:

    if clockFlag == False:
        start = time.time()
        draw = randint(0,3) # 產生一次隨機抽取
        if draw == 0: # 前進
            select = 0
            robotAction(select)
        elif draw == 1: # 左轉
            select = 1
            robotAction(select)
        elif draw == 2: # 右轉
            select = 2
            robotAction(select)
        elif draw == 3: # 停止
            select = 3
            robotAction(select)
        clockFlag = True
        numHits = 0
```

```python
# 感測器 1 讀數
GPIO.output(TRIG1, GPIO.HIGH)
time.sleep(0.000010)
GPIO.output(TRIG1, GPIO.LOW)

# 以下程式碼用於偵測回聲脈衝的時間長度
while GPIO.input(ECHO1) == 0:
    pulse_start = time.time()

while GPIO.input(ECHO1) == 1:
    pulse_end = time.time()

pulse_duration = pulse_end - pulse_start

# 計算距離
distance1 = pulse_duration * 17150

# 距離值取到小數點兩位
distance1 = round(distance1, 2)

# 檢查距離值並據此設定 v1
if distance1 < threshold:
    # v1 設為 -1 代表偵測到障礙物
    v1 = -1
    numHits = numHits + 1
else:
    v1 = 1 # 未偵測到障礙物
time.sleep(0.1) # 確保感測器 1 在這段時間內不作用

# sensor 2 reading
GPIO.output(TRIG2, GPIO.HIGH)
time.sleep(0.000010)
GPIO.output(TRIG2, GPIO.LOW)

# 以下程式碼用於偵測回聲脈衝的時間長度
while GPIO.input(ECHO2) == 0:
    pulse_start = time.time()

while GPIO.input(ECHO2) == 1:
    pulse_end = time.time()

pulse_duration = pulse_end - pulse_start

# 計算距離
```

```
distance2 = pulse_duration * 17150

# 距離值取到小數點兩位
distance2 = round(distance2, 2)

# 檢查距離值並據此設定 v2
if distance2 < threshold:
    # v2 設為 -1 代表偵測到障礙物
    v2 = -1
    numHits = numHits + 1
else:
    v2 = 1 # 未偵測到障礙物


time.sleep(0.1) # 確保感測器 2 在這段時間內不作用

# 檢查是否兩個感測器都偵測到了障礙物
if  v1 == -1 and v2 == -1:
    v3 = -1 # v3 設為 -1
    numHits = numHits + 1
else:
    v3 = 1   #v3 設為 1 代表兩個感測器皆未偵測到障礙物

# 建立一個新的輸入資料向量來代表這個新的狀況
vInput = np.array([v1, v2, v3, 0, 0])[:,None]

# 將轉至向量與 wtg 矩陣進行點積運算
testVector = np.dot(vInput.T,wtg)
testVector = np.array(testVector).tolist()

# 正規化 testVector
tv = np.array([0,0,0,0,0])[:,None]
for i in range(0,4):
    if testVector[0][i] >= 0:
        tv[i][0] = 1
    else:
        tv[i][0] = -1

# 檢查方案
if(tv[0][0] != v1 or tv[1][0] != v2 or tv[2][0] != v3):
    print 'No solution found'

    # 產生隨機方案
    if randint(0,64) > 31:
        v4 = 1
```

```python
    else:
        v4 = -1
    if randint(0,64) > 31:
        v5 = 1
    else:
        v5 = -1

    # 根據 v4 與 v5 的隨機抽取結果來決定機器人動作
    if v4 ==1 and v5 == 1:
        select = 0
        robotAction(select)
    elif v4 == 1 and v5 == -1:
        select = 1
        robotAction(select)
    elif v4 == -1 and v5 == 1:
        select = 2
        robotAction(select)
    elif v4 == -1 and v5 == -1:
        select =3
        robotAction(select)

    earlyNumHits =  numHits
    numHits = 0 # 如果新方案較佳的話，本數值歸零

    # 如果有新方案的話，檢查是否較佳
    if  numHits < earlyNumHits or numHits == 0:
        # 建立方案向量
        vInput = np.array([v1, v2, v3, v4, v5])[:,None]
        # 自乘
        VInputSq = vInput.T*vInput
        # 與 wtg 矩陣相加
        wtg = wtg + VInputSq
        # wtg 矩陣已經把新方案儲存起來了

current = time.time()

# 檢查是否經過 2 秒鐘
if (current - start)*1000 > 2000:
    # 在迴圈開始時觸發一次新的抽取
    clockFlag = False
```

測試

機器人是由外接的鈕扣電池盒來供電，讓它可以完全不受線材的限制。我啟動了一個 SSH 遠端連線來啟動 annRobot 程式，如圖 7-11。

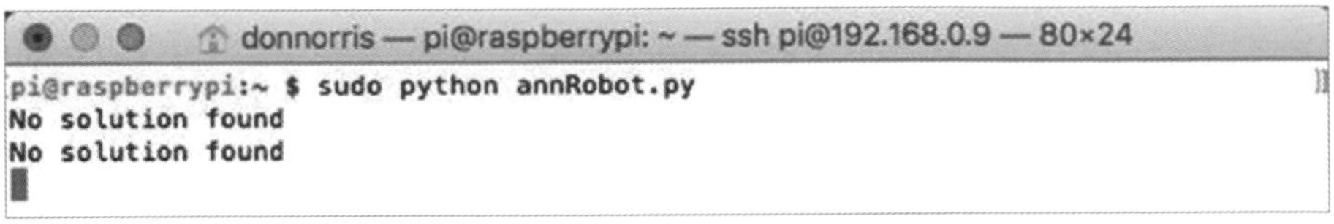

```
●  ●  ●         ⌂ donnorris — pi@raspberrypi: ~ — ssh pi@192.168.0.9 — 80×24
pi@raspberrypi:~ $ sudo python annRobot.py
No solution found
No solution found
```

圖 7-11 *SSH* 連線畫面

機器人一開始很明顯地都在打轉，偶爾會直走一下。前一分鐘內，當機器人碰到了我放在場地中的障礙物或是牆壁時，出現了兩次「not found」的訊息。我覺得動作整體上有點混亂，但還算在設想之中。大約 4 到 5 分鐘之後，機器人大多數的動作都在打轉，非常偶爾才會直走一下。顯然，它學到了這是避開障礙物的最佳方式。即便停下來也是選項之一，不過機器人從不停下來。

下一個範例是本範例的修改版，加入了尋找目標的行為。

範例 7-4：追光機器人

範例 7-3 中的自動機器人只會在場地中四處移動時，同時試著避開障礙物。本範例賦予機器人一項新的使命，要它朝著目標前進，在此是指一個明亮光源。除了上個專題中的兩個超音波感測器之外，我又加了一個新的光感測器。Hopfield 網路可以導引機器人到達其目標。這需要先建立一個具備良好元素定義的初始輸入資料向量。以下向量定義了這個網路：

- v1 - 光感測器讀數 (t0)
- v2 - 光感測器讀數 (t1)
- v3 - 超音波感測器 1
- v4 - 超音波感測器 2
- v5 – 左輪馬達
- v6 – 右輪馬達

向量值中的 1 與 -1 代表了向量中各個元素的狀態 , 如表 7-4。

表 7-4　輸入資料向量的狀態定義

向量元素	數值	狀態描述
v1, v2	1	光強度變高
v1, v2	-1	光強度不變或變低
v3, v4	1	未偵測到物體
v3, v4	-1	偵測到物體
v5, v6	1	馬達轉動
v5, v6	-1	馬達停止

表 7-5 中是機器人可能會碰到的所有相關向量狀態。在 36 種組合中，我只列
出了 10 種狀態。我當然也可以把所有組合都納入考慮，但這只會讓計算變得
更複雜且沒有任何實際幫助。如果後續發現任何向量能派上用場的話，隨時
可以回頭再加回去。

表 7-5　相關的向量狀態

Vector Element	1	2	3	4	5	6	7	8	9	10
v1	1	-1	1	-1	1	-1	1	1	1	1
v2	-1	1	-1	1	-1	1	1	1	1	1
v3	-1	-1	1	1	-1	-1	-1	-1	1	1
v4	-1	-1	-1	-1	1	1	-1	1	-1	1
v5	1	-1	1	1	-1	-1	1	-1	1	-1
v6	1	1	-1	-1	1	1	1	1	-1	-1

以下是一個沒用或「無關的」向量：

$$\begin{bmatrix} -1 \\ -1 \\ 1 \\ 1 \\ -1 \\ -1 \end{bmatrix}$$

本向量代表光強度沒有變化、沒有偵測到障礙物，兩個馬達皆不轉動。這個向量並未包含了有用的資訊來幫助機器人朝著目的地前進；因此，它就不應該被加入最終的權重矩陣中。

接下來的各步驟會把表 7-5 中的各個向量自乘之後相加起來。所有步驟如圖 7-12。

```
donnorris — Python · sudo — 118×53
Last login: Tue Feb 21 14:11:25 on ttys000
Dons-MacBook-Pro:~ donnorris$ sudo python
Password:
Python 2.7.9 (v2.7.9:648dcafa7e5f, Dec 10 2014, 10:10:46)
[GCC 4.2.1 (Apple Inc. build 5666) (dot 3)] on darwin
Type "help", "copyright", "credits" or "license" for more information.
>>> import numpy as np
>>> vector1 = np.array([1,-1,-1,-1,1,1])[:,None]
>>> vector1sq = vector1.T*vector1
>>> vector1sq
array([[ 1, -1, -1, -1,  1,  1],
       [-1,  1,  1,  1, -1, -1],
       [-1,  1,  1,  1, -1, -1],
       [-1,  1,  1,  1, -1, -1],
       [ 1, -1, -1, -1,  1,  1],
       [ 1, -1, -1, -1,  1,  1]])
>>> wtg = vector1sq
>>> vector2 = np.array([-1,1,-1,-1,-1,1])[:,None]
>>> vector2sq = vector2.T*vector2
>>> wtg = wtg + vector2sq
>>> vector3 = np.array([1,-1,1,-1,1,-1])[:,None]
>>> vector3sq = vector3.T*vector3
>>> wtg = wtg + vector3sq
>>> vector4 = np.array([-1,1,1,-1,1,-1])[:,None]
>>> vector4sq = vector4.T*vector4
>>> wtg = wtg + vector4sq
>>> vector5 = np.array([1,-1,-1,1,-1,1])[:,None]
>>> vector5sq = vector5.T*vector5
>>> wtg = wtg + vector5sq
>>> vector6 = np.array([-1,1,-1,1,-1,1])[:,None]
>>> vector6sq = vector6.T*vector6
>>> wtg = wtg + vector6sq
>>> vector7 = np.array([1,1,-1,-1,1,1])[:,None]
>>> vector7sq = vector7.T*vector7
>>> wtg = wtg + vector7sq
>>> vector8 = np.array([1,1,-1,1,-1,1])[:,None]
>>> vector8sq = vector8.T*vector8
>>> wtg = wtg + vector8sq
>>> vector9 = np.array([1,1,1,-1,1,-1])[:,None]
>>> vector9sq = vector9.T*vector9
>>> wtg = wtg + vector9sq
>>> vector10 = np.array([1,1,1,1,-1,-1])[:,None]
>>> vector10sq = vector10.T*vector10
>>> wtg = wtg + vector10sq
>>> wtg
array([[ 10,  -2,   0,   0,   2,   0],
       [ -2,  10,   0,   0,  -2,   0],
       [  0,   0,  10,  -2,   4, -10],
       [  0,   0,  -2,  10,  -8,   2],
       [  2,  -2,   4,  -8,  10,  -4],
       [  0,   0, -10,   2,  -4,  10]])
>>> 
```

圖 7-12 建立權重矩陣的計算過程

最終的權重矩陣名為 wtg，如下所示：

```
>>> wtg
array([[10, -2,  0,  0,  2,  0],
       [-2, 10,  0,  0, -2,  0],
       [ 0,  0, 10, -2,  4,-10],
       [ 0,  0, -2, 10, -8,  2],
       [ 2, -2,  4, -8, 10, -4],
       [ 0,  0,-10,  2, -4, 10]])
```

未知因素

自動機器人運作時的大問題之一，是它會碰到預料之外的狀況。能夠處理這些未知因素，正是 Hopfield 網路能比那些擁有許多內建規則或預先寫好程式來處理不同狀況來得更好的原因。假設機器人在正常運作的過程中突然碰到一個障礙物把其路徑完全擋住。因為某些不明原因，避障功能無法運作，機器人只好不斷與障礙物奮戰而過不去。這種狀況可能是因為地板上有個洞讓驅動輪掉進去，因此即便沒有偵測到障礙物也會讓前進動作無法執行。

理想的做法是讓馬達在過熱並且（或）把電源消耗殆盡之前讓它停下來。來看看 Hopfield 網路的作法。以下輸入資料向量描述了這個狀況：

$$\left\{ \begin{array}{c} -1 \\ -1 \\ 1 \\ 1 \\ 0 \\ 0 \end{array} \right\}$$

本向量代表光強度不變且沒有偵測到障礙物的狀況。馬達,很可能還在轉動,並非屬於已知輸入向量的一部份,因此數值都指定為 0。本向量與 wtg 矩陣相乘得到的結果向量如下:

$$\begin{Bmatrix} -8 \\ -8 \\ 8 \\ 8 \\ -4 \\ -8 \end{Bmatrix} \quad 正規化 \quad = \quad \begin{Bmatrix} -1 \\ -1 \\ 1 \\ 1 \\ -1 \\ -1 \end{Bmatrix}$$

在最終且正規化後的結果向量中,兩個馬達數值皆為 –1,代表它們應該停下來。這正是這個未知狀況的正確作法。能夠妥善處理各種未知狀況正是 Hopfield 網路優於傳統機器人控制法的原因。

下一段將說明如何建立範例 7-1 中的權重矩陣,以及它與腦繪測(brain mapping)之間的關聯性。

腦繪測

Hopfield 網路與人腦之間的相似程度高得驚人。人腦的不同區域各自負責某一種行為,例如視覺、語言與動作。廣義而言,特定區域或權重矩陣的元素集合可對應到某一種行為、功能或感測器輸入,使得權重矩陣得以代表這台機器人。圖 7-13 說明了這些區域於權重矩陣中的位置。

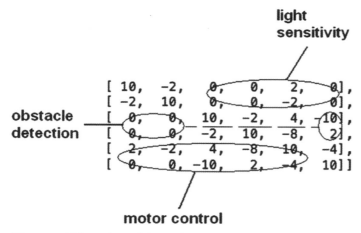

圖 7-13 疊加了各種功能與感測器輸入的權重矩陣

這樣去疊加（overlay）相當有趣，但把權重矩陣這樣分割的實際用途是什麼呢？答案就是運算效率。本範例主要著眼於馬達控制功能，這與尋找光源這個目標直接相關。這個方法只會用到馬達控制向量 v5 與 v6，且相較於處理完整的 36 元素矩陣，它只用到了 8 元素的乘法與加總運算。

另一方面，透過鎖定並修改某個矩陣值來增強或減弱感測器影響或馬達控制效果是全然可行的。如果你想試試看上述的方法，疊加可以提供更亟需的資訊。如我先前所說，結果矩陣很有可能變得不穩定或根本達不到均衡狀態。但不論如何，只要跑一下程式就能讓整個權重矩陣恢復原狀。

單單使用部分的 Hopfield 網路相當類似於腦中風的狀況。若腦子的某部分受損，只要經過一段時間的治療與復健之後，病人就可以恢復一些原本失去的腦功能。這是因為腦部網路的其他部分依然健全而得以執行這些功能，即便相較於中風之前的狀態，此時腦部是無法全面「運作」的。

在討論控制程式之前，先介紹用於本次修改版機器小車中的光敏感測器。

光感測器

我採用光電管（photocell）來測量光線強度。圖 7-14 是一款常見的光電管，
正式名稱為硫化鎘光敏電阻（*cadmium sulphide photoresistor, CdS*）。

圖 7-14　光電管

光電管也稱為光敏電阻（*light dependent resistor, LDR*），這是因為它對於流
經本身的電流所產生的阻抗與照射在表面的光線強度直接相關。光電管必須
施加一定的電壓，並外接一個電阻才能在光電管兩端產生電流以及隨後的壓
降。圖 7-15 是機器小車上的光電管電路示意圖。

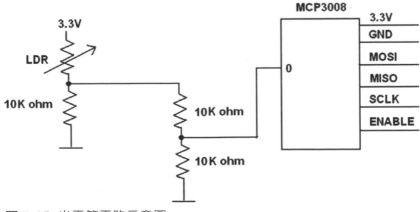

圖 7-15　光電管電路示意圖

MCP3008 ADC 要量測到的電壓是在串聯的 10K 歐姆電阻之兩側壓降，已經被另一個分壓電路減半了，這樣才不會超過 ADC 的輸入電壓上限 3.3V。當被充份照射光線時，光電管電路預期的最高電壓大約是 2.2V。ADC 量到的絕對電壓值不是很重要，因為我們只需要比較相對電壓就能判斷出機器人是朝著光源前進或遠離。唯一要注意的是電壓都需要在離 ADC 一定距離下來量測的，好避免飽和或斷電。

在此我使用與第六章的節能專題中同一款的 MCP3008 電路。這次 ADC 不是用來量測馬達功率，而是量測光電管被不同強度光線照射時的電壓變化。再次提醒，MCP3008 是透過 SPI 匯流排來與 Raspberry Pi 溝通。因此 Raspberry Pi 開機時必須同時啟用這個匯流排，這可透過第一章中介紹的 raspi-config 系統程式來設定。

圖 7-16 是以下範例的機器小車完成圖。

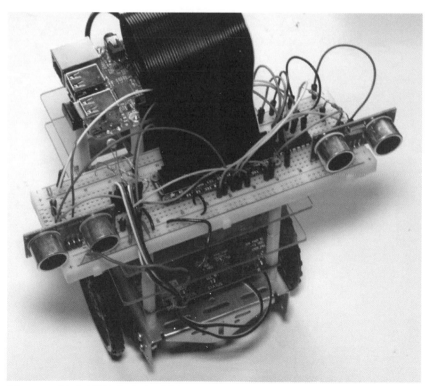

圖 7-16　追光機器小車完成圖

仔細看看小車左側與麵包板，很難看到上面有個光電管。這當然不是最好的配置，我會在後續測試執行這一段中來說明為什麼這麼做。硬體討論到此結束，是時候來討論軟體了。

可尋找目標之機器小車 Python 腳本

我把這個尋找目標的機器小車的 Python 控制腳本命名為 lightSeeker.py，代表它的基本行為模式。它大部分是沿用了 annRobot.py，再加入了 MCP3008 相關的程式碼，還有用來存取光感測器的新模組。由於機器人現在的主要目標是尋找光源而非避障，所以我刪除了所有隨機抽取的程式碼。本範例之後，我會在同時需要避障與尋找光源時說明為什麼要這樣修改。

以下程式碼的註解有助於你理解各段落與模組到底在做些什麼。

```python
import RPi.GPIO as GPIO
import time
from random import randint
import numpy as np
# 請根據 IAW 附錄說明來安裝以下兩個函式庫
import Adafruit_GPIO.SPI as SPI
import Adafruit_MCP3008

global pwmL, pwmR, mcp
lightOld = 0
hysteresis = 2

# 硬體 SPI 設定
SPI_PORT   = 0
SPI_DEVICE = 0
mcp = Adafruit_MCP3008.MCP3008(spi=SPI.SpiDev(SPI_PORT, SPI_DEVICE))

threshold = 25.4

# 採用 BCM 腳位編號
GPIO.setmode(GPIO.BCM)

# 設定馬達控制腳位
GPIO.setup(18, GPIO.OUT)
GPIO.setup(19, GPIO.OUT)
```

```python
pwmL = GPIO.PWM(18,20) # 腳位 18 控制左輪 pwm 值
pwmR = GPIO.PWM(19,20) # 腳位 19 控制右輪 pwm 值

# 馬達轉速一定要從 0 開始
pwmL.start(2.8)
pwmR.start(2.8)

# 超音波感測器腳位
TRIG1 = 23 # 輸出
ECHO1 = 24 # 輸入
TRIG2 = 25 # 輸出
ECHO2 = 27 # 輸入

# 設定輸出腳位
GPIO.setup(TRIG1, GPIO.OUT)
GPIO.setup(TRIG2, GPIO.OUT)

# 設定輸入腳位
GPIO.setup(ECHO1, GPIO.IN)
GPIO.setup(ECHO2, GPIO.IN)

# 初始化感測器
GPIO.output(TRIG1, GPIO.LOW)
GPIO.output(TRIG2, GPIO.LOW)
time.sleep(1)

# 以下陣列元素是用於實作馬達控制函式
# 詳細說明請參考腦繪測段落
m25 = 2
m26 = -2
m27 = 4
m28 = -8
m29 = 10
m30 = -4
m31 = 0
m32 = 0
m33 = -10
m34 = 2
m35 = -4
m36 = 10

# robotAction 模組
def robotAction(select):
    global pwmL, pwmR
```

```
    if select == 0: # 直走
        pwmL.ChangeDutyCycle(3.6)
        pwmR.ChangeDutyCycle(2.2)
    elif select == 1: # 左轉
        pwmL.ChangeDutyCycle(2.4)
        pwmR.ChangeDutyCycle(2.8)
    elif select == 2: # 右轉
        pwmL.ChangeDutyCycle(2.8)
        pwmR.ChangeDutyCycle(3.4)
    elif select == 3: # 停止
        pwmL.ChangeDutyCycle(2.8)
        pwmR.ChangeDutyCycle(2.8)

# 無窮迴圈
while True:
    # 光感測器讀數

    # 取得最新讀數
    lightNew = mcp.read_adc(0)
    v7 = 0
    # 除錯
    print 'lightNew = ',lightNew, ' lightOld = ',lightOld

    # 判斷是朝著光源前進或遠離
    if lightNew  > (lightOld+hysteresis):
        # 朝著光源前進
        v1 = 1
        v2 = -1
    elif lightNew < (lightOld-hysteresis):
        # 遠離光源
        v1 = -1
        v2 = 1
    else:
        # 這個狀況必為靜止
        v1 = 1
        v2 = 1
        v7 = 1
    # 儲存感測器讀數
    lightOld = lightNew
    # 感測器 1 讀數
    GPIO.output(TRIG1, GPIO.HIGH)
    time.sleep(0.000010)
    GPIO.output(TRIG1, GPIO.LOW)
```

```python
# 以下程式碼用於偵測回聲脈衝的時間長度
while GPIO.input(ECHO1) == 0:
    pulse_start = time.time()

while GPIO.input(ECHO1) == 1:
    pulse_end = time.time()

pulse_duration = pulse_end - pulse_start

# 計算距離
distance1 = pulse_duration * 17150

# 距離值取到小數點兩位
distance1 = round(distance1, 2)

# 檢查距離值並據此設定 v3
if distance1 < threshold:
    # v3 設為 -1 代表偵測到障礙物
    v3 = -1
else:
    v3 = 1 # 未偵測到障礙物
time.sleep(0.1) # 確保感測器 1 在這段時間內不作用

# 感測器 2 讀數
GPIO.output(TRIG2, GPIO.HIGH)
time.sleep(0.000010)
GPIO.output(TRIG2, GPIO.LOW)

# 以下程式碼用於偵測回聲脈衝的時間長度
while GPIO.input(ECHO2) == 0:
    pulse_start = time.time()

while GPIO.input(ECHO2) == 1:
    pulse_end = time.time()

pulse_duration = pulse_end - pulse_start

# 計算距離
distance2 = pulse_duration * 17150

# 距離值取到小數點兩位
distance2 = round(distance2, 2)

# 檢查距離值並據此設定 v4
```

```
if distance2 < threshold:
    # v4 設為 -1 代表偵測到障礙物
    v4 = -1
else:
    v4 = 1 # 未偵測到障礙物
time.sleep(0.1) # 確保感測器 2 在這段時間內不作用

# 計算 v5 與 v6
v5 = m25*v1 + m26*v2 + m27*v3 + m28*v4 # m29 與 m30 未使用
v6 = m31*v1 + m32*v2 + m33*v3 + m34*v4 # m35 與 m36 未使用

# 正規化 v5 與 v6
if v5 >= 0:
    v5 = 1
else:
    v5 = -1
if v6 > 0:
    v6 = 1
else:
    v6 = -1

# 根據新算出的向量元素來決定馬達動作
if v7 == 1:
    # 停止，光值不變
    select = 3
    robotAction(select)
    # 除錯
    print 'stopped'
    exit()
elif v5 == 1 and v6 == -1:
    # 前進
    select = 0
    robotAction(select)
    # 除錯
    print 'driving straight ahead'
elif v5 == -1 and v6 == -1:
    # 隨機決定要左轉或右轉
    turnRnd = randint(0,1)
    if turnRnd == 0:
        # 左轉
        select = 1
        robotAction(select)
        # 除錯
        print 'turning left'
```

```
        else:
            # 右轉
            select = 2
            robotAction(select)
            # 除錯
            print 'turning right'

    # 暫停 2 秒鐘
    time.sleep(2)
(End list)
```

測試執行

如同先前所有範例，我在同一個走廊上進行測試。走廊上沒有窗戶，附近的門也都關起來了。我用一盞可調式的桌上型日光燈檯燈作為光源。機器小車放在離檯燈大概 4 英尺遠的地方，車頭對準檯燈。我在我的 MacBook Pro 筆電上透過 SSH 連線來執行本次測試。圖 7-17 是完整的 SSH 連線畫面，執行時間大約 10 秒，機器人則是放在面向牆壁且距離檯燈大概兩英尺處。

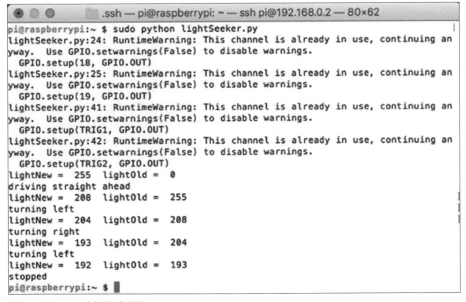

圖 7-17　*SSH* 連線畫面

我忘了考慮到走廊牆壁是用高反射性的白色顏料所粉刷，因此光感測器馬上就偵測到這面牆，並讓機器人朝著牆直奔。當機器人撞到牆時，光強度顯然沒有改變，它會在感測到的同時立刻停下來（程式要求它這麼做的）。這個動作讓我知道程式的確正確運作，但光感測器在偵測環境光的方式上有點問題，注意我不是說偵測光源。把光感測器加個罩子應該幫助不大，因為它除了光源本身之外，還是很可能會偵測到其他反射光。原因在於環境中的反射光比來自光源的更強。這個問題的唯一辦法是把走廊牆壁漆成黑色，但我太太不可能同意，或者在一個除了光源本身之外沒有其他環境光的地方來做實驗。我在傍晚時改換到車庫來執行後者。車庫的空間大到足以讓任何來自牆壁的反射光與光源相較之下減弱非常多。機器人如我所料地朝著檯燈前進並接著停下來，這動作讓我得以確定程式正常運作。

下一段會討論如果同時要避開障礙物又要尋找光源時，可能碰到的問題。

閃避障礙物與追尋光源

要同時做到閃避障礙物與追尋光源是個困難的任務。你應該已經發現到，當機器人在尋找光源時，我並未在機器人的路徑上放置任何障礙物。這兩個功能乍看之下做的事情全然相反，因為避開障礙物的程式會讓機器人隨機選擇動作來避開障礙物，但尋找光源的程式則會讓機器人逐漸接近光源。我承認我在尋找光源中的程式碼中的做法是隨機決定要左轉或右轉，但目的卻是讓機器人朝著光源直線前進。那麼要如何解決這彼此衝突的狀況呢？

有個做法是在偵測到障礙物時，讓尋找光源的功能暫停一下。因為已經知道有個東西擋在路中間，卻又要朝著光源前進，這件事沒什麼意義。這時，讓機器人根據 Hopfield 網路的指令來隨機執行動作，並試看看可否避開障礙物。成功避開之後，就繼續尋找光源。這應該不是尋找光源的最有效方式，但應該會成功。

另一個作法是建立另一個向量，根據光感測器讀數與超音波感測器讀數來決定機器人的動作。這些額外的向量由於採計了所有的感測器數值組合，因此一定會讓權重矩陣變大。例如，要有個新向量元素來代表光強度由高變低以及右側有障礙物。另一個可能的狀況是光強度不變但感測器都在機器人前方偵測到了障礙物。如果是單純的尋找光源程式，這會讓機器人停下來，但這不是現在這個狀況所希望看到的。我希望你能夠了解，採用本方法時會讓複雜度急遽增加。別忘了，Hopfield 網路不是變魔術；它得先把要用到的向量儲存起來才能得到理想的結果。

看來 Hopfield 網路並非是閃避障礙物與尋找目標的最佳方案。還有其他的 AI 方案可以考慮；例如 包容式架構（*subsumption architecture*）會對各個行為指派不同的優先權，這會在第 11 章深入討論。例如賦予避障行為比尋找光源行為更高的優先權，機器人就會在尋找光源之前先避開所有的障礙物。

總結

這是本書第二篇討論機器學習的專章。本章主要討論的是 Hopfield 網路，可說是類神經網路（ANN）架構上最簡單的一種。我們先介紹了用於 Hopfield 網路中的人工 神經元 模型，接著建立一個運用數值矩陣的範例網路來呈現其運作方式。

Hopfield 網路的關鍵特性在於其運作方式如同關聯記憶，這相當接近人腦的運作方式。網路記憶包含了一個由資料向量所組成的權重矩陣，代表感測器輸入與馬達控制動作。

第一個範例採用了上一章的機器小車，本範例的目的是示範讓機器人如何在一個放了障礙物的區域中四處移動。接著說明如何透過 Python 程式腳本來建立與更新 Hopfield 網路，藉此去「學習」偵測並且順利避開障礙物的好方法。程式中運用了 numpy 函式庫的各種矩陣函式來簡化運算過程並提高效率。

第二個範例的做法不太一樣，使用部分的 Hopfield 網路權重矩陣讓機器人去尋找某個目標。目標是採用光電管作為主要感測器來朝著光源移動。因為這次機器人的路徑上不會有障礙物，所以超音波感測器雖然在那兒但用不到。本範例說明了即便只有部分的 Hopfield 網路也能在本狀況下成功控制機器人。

## CHAPTER 8

機器學習：深度學習

這是本書一系列討論機器學習的第三個章節了，主要在討論廣義的人工神經網路（Artificial Neural Network, ANN）。我可是先說在前頭啊，要討論這個主題需要相當廣泛的背景知識與一大堆數學。實作於 Raspberry Pi 的 Python 範例也會用掉不少篇幅。我會盡我所能讓事情有趣又切題。

首先要簡單談一些基礎知識，接著是關於稍大一點的三層 9 節點之 ANN 所需的運算，這會用到 Python 程式語言與 numpy 函式庫中的各類矩陣演算法。還會介紹幾個傳播（propagation）範例與關於梯度下降法（gradient descent, GD）的討論。

本章後續還有兩個範例。第一個說明如何建立一個未訓練的 ANN，第二個則教你如何訓練 ANN 來產生有用的結果。一些在本章 ANN 範例中運用過的技巧到了第九章還會再登場，在一章之內要把 ANN 講完實在是不太可能。

看完本章，你應該具備了相當的理論與實務知識來實作一個還不錯的 ANN了。

廣義 ANN

本書到目前為止已經介紹了相當多關於 ANN 的主題，但還有太多沒涵蓋進去的了。你閱讀本書到此應該理解到，ANN 是一種關於人腦中諸多神經元與其連接方式的數學化呈現方式或模型。ANN 的基礎觀念在第二章介紹過了。並且我在第七章介紹了一種特殊的 ANN，很適用於簡易的機器人。不過，ANN 的領域實在太廣，還有很多沒談到的呢。

我在本章標題用了*深度學習*（*deep learning*）一詞，這在第二章有稍微提過。深度學習普遍地被 AI 從業人員用於指稱多層 ANN，可藉由應用於本身的重複訓練資料來學習。圖 8-1 是一個三層的 ANN。

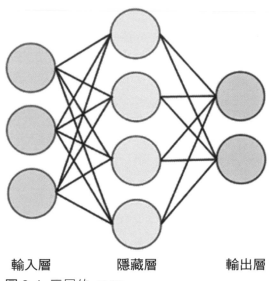

輸入層　　　　　　隱藏層　　　　　　輸出層

圖 8-1　三層的 *ANN*

以下說明圖 8-1 中的各層。

- 輸入：所有的輸入都應用於本層。
- 隱藏：未被分類為輸入或輸出的層皆為隱藏層
- 輸出：輸出將於本層出現

所有的神經元（或節點）都藉由各層彼此相連。這代表輸入層連接了第一個隱藏層的所有節點。同樣地，最後一個隱藏層中的所有節點，也會連接到輸出節點。

我也把這樣的網路設定視為 ANN，好與 Hopfield 網路這個特例區分開來。Hopfield 網路只有一層，其中所有的節點同時是輸入也是輸出，因此也沒有隱藏層。從現在開始只要講到 ANN，我都是指一般型的多層神經網路。

ANN 有兩大主要類別：

- 前授（*FeedForward*）：資料流是單向的。節點把資料從一層送到下一層去。

- 回授（*Feedback*）：使用回授迴圈讓資料得以雙向傳遞。

圖 8-2 是這兩種不同類型的 ANN 模型。

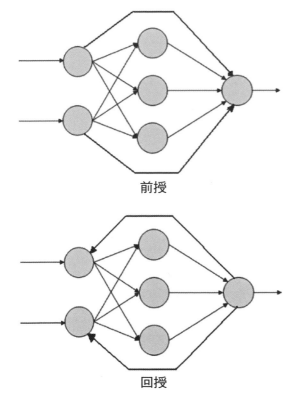

前授

回授

圖 8-2 前授與回授 *ANN* 模型

一個 ANN 的輸入實際上是特定形式的數字，一路傳播經過整個網路，並由各節點把輸入都加總起來，如果加總超過了某個閾值就會激發節點並對其所連接的下一個節點送出一個數字。節點之間的連結強度稱為權重（*weighting*），我在上一章的 Hopfield 網路介紹過了。

如何決定權重值正是 ANN 學習的關鍵點。ANN 的學習通常是發生於多組訓練資料應用於網路時。這些訓練資料集包含了輸入與輸出資料。輸入資料會產生輸出資料，當數值不一致時，再與真正的輸出資料去比較這些錯誤的結果，這些錯誤資料接著又被回送給 ANN，搭配預先寫好的學習 演算法來逐漸調整權重值。經過多次訓練之後，通常是上千次，ANN 就會達到根據指定輸入來算出期望輸出的訓練結果。這種學習法稱為後向傳播（back propagation）。

圖 8-3 是一個標示了各節點之間權重的三層 ANN。權重在此是以 $w_{i,j}$ 的格式來標記，i 代表來源節點，j 則代表接收或目標節點。權重愈高，代表來源節點對於目標節點的影響力愈大，反之亦然。

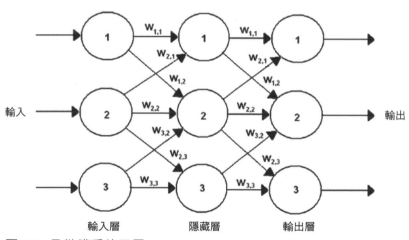

圖 8-3 具備權重的三層 *ANN*

仔細看看圖 8-3，你會發現各層間並非所有節點都彼此相連。例如，輸入層的節點 1 與隱藏層的節點 3 就不相連。如果我們發現網路無法適度訓練時，還有得補救。運用矩陣運算很容易就能加入更多節點之間連線，你很快就會知道怎麼做。連結變多不會有什麼壞處，因為權重都是可調整的。網路最後的訓練結果會讓無關連結的權重值為 0，這樣就能將它們從網路中移除。

此時比較有用的方式是把簡化後 ANN 中的某條路徑實際走一遍,這樣能讓你
更清楚這類網路的內部運作原理。本範例採用相當簡單的雙層四節點網路,
這對於我們的目標來說非常夠用了。圖 8-4 就是這個網路,只有各一個輸入層
與輸出層。本網路不需要使用隱藏層。

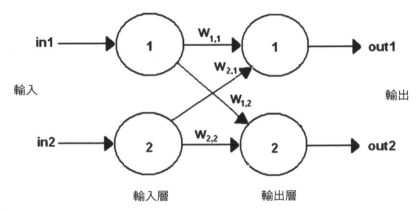

圖 8-4 雙層 *ANN*

現在請如圖 8-4 來指定輸入值與權重值,詳列如表 8-1。

表 8-1 範例 *ANN* 的輸入值與權重值

符號	數值
in1	0.8
in2	0.4
$w_{1,1}$	0.8
$w_{1,2}$	0.1
$w_{2,2}$	0.4
$w_{2,1}$	0.9

這些值都是隨機選的,因此不代表任何一種模型或真實狀況。大多數情況下,
權重都是有目的性來隨機指定,這樣比較容易快速收斂到一個最佳的已訓練
方案。如果輸入與權重個數不多的話,畫圖時省略它們應該沒什麼問題。或者
如果你覺得有幫助的話,可以隨手畫張圖並把數值標出來。

我從層 2 的節點 1 開始計算，因為這裡的輸入資料與輸入節點之間沒有任何修改。輸入節點之所以存在是為了方便網路進行運算。在輸入層節點到輸入資料集之間是沒有權重的。回想一下第二章，節點會把來自所有與其連結的節點的權重後輸入加總起來。以本範例來說，第 2 層的節點 1 有來自於第 1 層兩個節點的輸入，因此權重加總如下：

$$w_{1,1} * in1 + w_{2,1} * in2 = 0.8 * 0.8 + 0.9 * 0.4 = 0.64 + 0.36 = 1.00$$

現在假設觸發函數為標準 S 形函數，如我在第二章所介紹的。S 形函數方程式為：

$$y = 1/(1 + e^{-x})，e 為自然數 2.71828\cdots$$

當 x = 1.0 時，方程式為：

$$y = 1/(1 + e^{-1}) = 1/(1.3679) = 0.7310 \text{ 或 } out1 = 0.7310$$

針對第 2 層的其他節點重複上述步驟得到以下結果：

$$w_{2,2} * in2 + w_{1,2} * in1 = 0.4*0.4 + 0.1*0.8 = 0.16 + 0.08 = 0.24$$

設 x = 0.24 可得：

$$y = 1/(1 + e^{-0.24}) = 1/(1.7866) = 0.5597 \text{ 或 } out2 = 0.5597$$

現在要把這兩筆 ANN 輸出與某一筆輸入資料集來比較。即便是這個 2 層 4 節點的迷你 ANN 就需要相當程度的計算量，我相信你不難理解，到了更大的網路時，要自行計算而不出錯近乎不可能。電腦在對付多層的大型 ANN 中的這些冗長計算可就厲害多了。我在上一章的範例中，用到了 numpy 矩陣來進行 Hopfield 網路的乘法與點積運算。本網路也會用到類似的矩陣運算。本範例的輸入向量只有兩個值：in1 與 in2，用以下向量格式來表示：

$$\begin{Bmatrix} in1 \\ in2 \end{Bmatrix}$$

以下是權重矩陣：

$$\begin{Bmatrix} w_{1,1} & w_{1,2} \\ w_{2,1} & w_{2,2} \end{Bmatrix}$$

圖 8-5 是這些矩陣運算在 Python 中的執行畫面。注意到了嗎？只要幾行語法就能做到與上述繁複計算同樣的效果。

```
[>>> import numpy as np
[>>> wtg = np.matrix([[0.8,0.1],[0.9,0.4]])
[>>> input = np.array([0.8, 0.4])[:,None]
[>>> X = np.dot(input.T,wtg)
[>>> X
matrix([[ 1.  ,  0.24]])
[>>> Y = 1/(1 + np.exp(-X))
[>>> Y
matrix([[ 0.73105858,  0.55971365]])
>>> 
```

圖 8-5 *Python* 執行畫面

接下來的範例會用 Python 來處理更大一點的 ANN。

較大的 ANN

本範例用到了三層的 ANN，每層各有三個節點。ANN 模型如圖 8-6，有一筆輸入資料集並標示了權重值，我們下了一番功夫不讓圖變得很難懂。

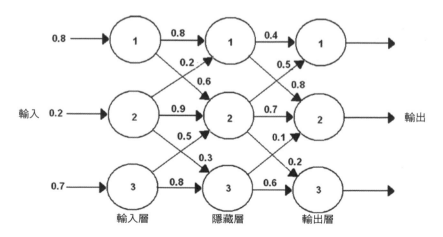

圖 8-6 較大的 *ANN*

先從相對簡單的輸入資料集開始，如以下向量格式：

$$\text{input} = \begin{Bmatrix} 0.8 \\ 0.2 \\ 0.7 \end{Bmatrix}$$

本範例共有兩個權重矩陣。一個是代表輸入層（wtg_{ih}）與隱藏層間的權重。另一個則是隱藏層與輸出層（wtg_{ho}）間的權重。如先前範例，所有權重值都是隨機指定的。

$$\text{wtg}_{ih} = \begin{Bmatrix} w_{1,1} & w_{1,2} & w_{1,3} \\ w_{2,1} & w_{2,2} & w_{2,3} \\ w_{3,1} & w_{3,2} & w_{3,3} \end{Bmatrix} = \begin{Bmatrix} 0.8 & 0.6 & 0.3 \\ 0.2 & 0.9 & 0.3 \\ 0.2 & 0.5 & 0.8 \end{Bmatrix}$$

$$\text{wtg}_{ho} = \begin{Bmatrix} w_{1,1} & w_{1,2} & w_{1,3} \\ w_{2,1} & w_{2,2} & w_{2,3} \\ w_{3,1} & w_{3,2} & w_{3,3} \end{Bmatrix} = \begin{Bmatrix} 0.4 & 0.8 & 0.4 \\ 0.5 & 0.7 & 0.2 \\ 0.9 & 0.1 & 0.6 \end{Bmatrix}$$

圖 8-7 是輸入層與隱藏層的矩陣乘法過程，結果矩陣如下圖中的 X1。

```
[Dons-MacBook-Pro:~ donnorris$ python
Python 2.7.9 (v2.7.9:648dcafa7e5f, Dec 10 2014, 10:10:46)
[GCC 4.2.1 (Apple Inc. build 5666) (dot 3)] on darwin
Type "help", "copyright", "credits" or "license" for more information.
[>>> import numpy as np
[>>> input = np.array([0.8,0.2,0.7])[:,None]
[>>> wtgih = np.matrix([[0.8, 0.6, 0.3],
[...                     [0.2, 0.9, 0.3],
[...                     [0.2, 0.5, 0.8]])
[>>> wtgih
matrix([[ 0.8,  0.6,  0.3],
        [ 0.2,  0.9,  0.3],
        [ 0.2,  0.5,  0.8]])
[>>> X1 = np.dot(input.T,wtgih)
[>>> X1
matrix([[ 0.82,  1.01,  0.86]])
>>> 
```

圖 8-7 第一個矩陣乘法

接著要將 S 形激發函數應用於本計算結果。我把這個變換過後的矩陣稱為 O1，代表這是一筆由隱藏層到實際輸出層的輸出。O1 矩陣為：

```
array([[ 0.69423634, 0.73302015, 0.70266065]])
```

這些值要與權重矩陣 wtg_{ho} 相乘，計算過程如圖 8-8。我把結果矩陣命名為 X2 來與第一個區分。圖中也可看到最終的 S 形函數計算結果，我命名為 O2。

```
>>> O1 = 1/(1+np.exp(-X1))
>>> O1
matrix([[ 0.69423634,  0.73302015,  0.70266065]])
>>> wtgho = np.matrix([[0.4, 0.8, 0.4],
...                    [0.5, 0.7, 0.2],
...                    [0.9, 0.1, 0.6]])
>>> wtgho
matrix([[ 0.4,  0.8,  0.4],
        [ 0.5,  0.7,  0.2],
        [ 0.9,  0.1,  0.6]])
>>> X2 = np.dot(O1,wtgho)
>>> X2
matrix([[ 1.2765992 ,  1.13876924,  0.84589496]])
>>> O2 = 1/(1 + np.exp(-X2))
>>> O2
matrix([[ 0.78187033,  0.7574536 ,  0.69970531]])
>>> 
```

圖 8-8 第二個矩陣乘法

矩陣 O2 就是 ANN 的最後輸出結果：

```
matrix([[ 0.78187033, 0.7574536, 0.69970531]])
```

這次的輸出結果應足以反映輸入，現在來比較兩者並計算誤差，詳列如表 8-2。

表 8-2 *ANN* 的輸入輸出比較

輸入	輸出	錯誤
0.8	0.78187033	0.01812967
0.2	0.7574536	-0.5574536
0.7	0.69970531	0.00029469

結果相當不錯，因為三筆輸出中有兩筆與各自對應的輸入值非常接近。不過，

中間的那筆值就差蠻多的，代表需要修改某些 ANN 權重。但是要怎麼做呢？

在我示範如何做到之前，請先看看圖 8-9 中的狀況。

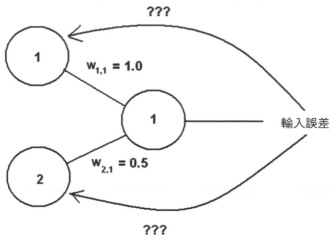

圖 8-9 誤差分配問題

圖 8-9 中的兩個節點都連接到同一個輸出節點，並產生一個誤差值。這個誤差要如何反應到連接這些節點的那筆權重呢？一個做法是把這個誤差值均分給兩個輸入節點。不過，這樣當然無法正確呈現來自輸入節點的真實誤差分配狀況，因為節點 1 的權重值（或影響力）為節點 2 的兩倍。稍微想一下，你應該不難理解正確的作法就是讓誤差根據連接節點的權重值來分配。以圖 8-9 中的兩個輸入節點為例，節點 1 應該分配到誤差值的 2/3，節點 2 則是 1/3，這是根據兩者應用在輸出節點的權重加總所算出的。

這類的權重分配方式是權重矩陣的另一個特徵。一般來說，權重是用於 ANN 訊號的向前傳播過程。不過，本方法同時運用了權重以及誤差值，因此屬於後向傳播。這也就是為什麼判斷誤差也稱為後向傳播（backward propagation）的緣故。

接著思考一下新的狀況，如果不只一個輸出節點產生了誤差，這應該是大多數 ANN 剛開始執行的情形，如圖 8-10。

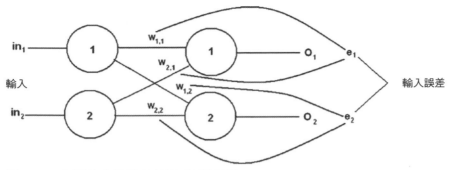

圖 8-10　多個輸出節點的誤差分配問題

結果證明，多節點與單一節點的做法完全相同。這點倒是沒錯，因為輸出節點都是獨立的，彼此間沒有互聯。如果不是這樣的話，就很難做到在彼此連結的輸出節點之間做到後向傳播。

分配誤差方程式相當簡單，根據連結於輸出節點的權重比例就能算出。例如要判斷圖 8-10 中的 e_1 修正值，應用於 $w_{1,1}$ 與 $w_{2,1}$ 的分數部分如下：

$$w_{1,1}/(w_{1,1} + w_{2,1}) \text{ 與 } w_{2,1}/(w_{1,1} + w_{2,1})$$

同樣地，以下是 e2 的誤差。

$$w_{1,2}/(w_{1,2} + w_{2,2}) \text{ 與 } w_{2,2}/(w_{1,2} + w_{2,2})$$

到目前為止根據輸出誤差來調整權重的過程還算簡單。因為訓練資料中有正確解答所以要很容易判斷誤差。對於兩層的 ANN 來說，這樣就足夠了。但如果是三層 ANN，其中的隱藏層輸出可說一定會產生誤差，並且沒有可用的訓練資料來判斷誤差值，這時應該怎麼辦呢？

三層 ANN 的後向傳播

圖 8-11 是一個三層六節點的 ANN，每層各有兩個節點。在此我刻意簡化了這個 ANN，這樣要理解網路所需的有限後向傳播就更容易了。

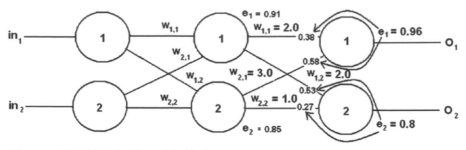

圖 8-11 具備誤差值的三層六節點 *ANN*

圖 8-11 可以看到為了本範例所隨機產生的輸出誤差值。隱藏層的節點 1 與節點 2 之誤差分配結果，分別標註在各輸出節點的輸入端。這些正規化數值的計算方式如下：

$$e_{1output1} * w_{1,1}/(w_{1,1} + w_{2,1}) = 0.96 * 2/(2 + 3) = 0.96 * 0.4 = 0.38$$

$$e_{1output2} * w_{2,1}/(w_{1,1} + w_{2,1}) = 0.96 * 3/(2 + 3) = 0.96 * 0.6 = 0.58$$

$$e_{2output1} * w_{1,2}/(w_{1,2} + w_{2,2}) = 0.8 * 2/(2 + 1) = 0.8 * 0.66 = 0.53$$

$$e_{2output2} * w_{2,2}/(w_{1,2} + w_{2,2}) = 0.8 * 1/(2 + 1) = 0.8 * 0.33 = 0.27$$

各個隱藏節點的正規化誤差總值就是某個輸出節點的個別誤差值的加總結果，計算方式如下：

$$e_1 = e_{1output1} + e_{2output1} = 0.38 + 0.53 = 0.91$$

$$e_2 = e_{1output2} + e_{2output2} = 0.58 + 0.27 = 0.85$$

這些誤差值標註於各隱藏節點的旁邊，如圖 8-11。如果還有其他上述隱藏 層的話，請重複以上步驟來計算所有的加總誤差值。你無須計算輸入層的誤差值，因為輸入節點只是把輸入傳到下一層而不進行任何修改，所以誤差值必為 0。

上述的隱藏層誤差輸出值計算過程如果自行計算的話，相當冗長。如果能像之前所介紹的向前回饋一樣，計算過程可以透過矩陣來自動完成就更完美了。如果要用一對一的方式來手動計算矩陣就需要以下公式：

$$e_{hidden} = \left\{ \begin{array}{cc} \dfrac{w_{1,1}}{w_{1,1} + w_{2,1}} & \dfrac{w_{1,2}}{w_{1,2} + w_{2,2}} \\ \dfrac{w_{2,1}}{w_{2,1} + w_{1,1}} & \dfrac{w_{2,2}}{w_{2,2} + w_{1,2}} \end{array} \right\} * \left\{ \begin{array}{c} in1 \\ in2 \end{array} \right\}$$

糟糕的是,還沒有把這些分數輸入到上述矩陣的合理作法。但回想一下之前的誤差分配作法就知道還不到絕望的時候。這個做法可以把節點的誤差分配正規化,也就是把分數轉為介於 0 到 1.0 之間的數值。相對誤差也可用只採分子忽略分母的非正規化數值來表示。這樣做的結果還算可接受,因為真正要緊的事情是把有助於更新權重的誤差值組合結果算出來。我在下一段會討論到。

移除所有分數的分母得到以下:

$$e_{hidden} = \left\{ \begin{array}{cc} w_{1,1} & w_{1,2} \\ w_{2,1} & w_{2,2} \end{array} \right\} * \left\{ \begin{array}{c} in1 \\ in2 \end{array} \right\}$$

上述矩陣只要運用 numpy 的矩陣運算式就能輕鬆搞定。唯一要注意的地方是,在本次乘法運算中一定會用到矩陣轉置,不過問題不大。圖 8-12 是本誤差向後傳播範例中的實際矩陣運算過程。

```
●●●                    🏠 donnorris — Python — 80×57
[>>> input = np.array([1.2,0.8])
[>>> wtg = np.matrix([[2,2],[3,1]])
[>>> wtg
matrix([[2, 2],
        [3, 1]])
[>>> error = np.dot(input,wtg.T)
[>>> error
matrix([[ 4. ,  4.4]])
>>> █
```

圖 8-12 隱藏層的誤差矩陣乘法運算

現在要來討論當判斷出各個誤差值之後,要如何更新權重矩陣值。

更新權重矩陣

更新權重矩陣是 ANN 學習過程中的關鍵。權重矩陣的品質決定了本 ANN 是否可有效處理它所面對的特定 AI 問題。然而，在透過指定節點的輸入與權重來決定其輸出時會遇到一個相當大的問題。請看以下用於判斷某輸出節點數值的方程式，適用於三層、九節點的 ANN：

$$O_k = \frac{1}{1+e^{-\sum_{j=1}^{3}\left(w_{j,k} \cdot \frac{1}{1+e^{-\sum_{j=1}^{3}\left(w_{j,k} \cdot x_i\right)}}\right)}}$$

O_k 為 k_{th} 節點的輸出。

$w_{j,k}$ 為輸入層與特定輸出節點之間的連線權重。

x_i 為輸入值。

即便只用於這麼簡單的三層九節點 ANN，這個方程式還是讓人頭痛不已。你應該可以想像，六個輸入的五層 ANN 的方程式模型根本就是怪獸了，不過它不算什麼大的 ANN。更大的 ANN 方程式根本就超出了人類的理解範圍。要怎麼解決這個難題呢？

你可以嘗試暴力破解法，用一台超快的電腦對各個權重嘗試一連串不同的數值。例如，用 1000 個數值來測試各個權重，範圍是從 -1 開始，以 0.002 累加到 1 的所有數值。ANN 可接受權重值為負數，0.002 這個累加值應足以決定一個夠準確的權重。但是我們的三層九節點 ANN 就包含了 18 條可能的權重連結。既然每條連結有 1000 個數值，就會產生 18,000 種結果。

如果電腦每種組合要花一秒鐘來處理的話，代表大概要五小時才能把所有的組合跑過一遍。五小時對於小型的 ANN 來說還不算太差啦，不過當 ANN 變大時，這個時間會指數倍成長。以常見的 500 節點 ANN 來說好了，大概有五億種權重組合。一秒鐘測試一種組合的話，全部搞定就要花上十六年。這還只是一個訓練資料集而已呢！想像一下如果有上千個訓練集要花多少時間，顯然，一定會有比暴力法更好的方法。

這個難題的解決方法來自於一個名為最陡下降法（steepest descent）的數學方法，由法國數學教授 Augustin Louis Cauchy 於 1847 年所提出，他在一篇學術論文中提到了聯立方程式系統的解法。不過，直到 120 年之後才被數學家與 AI 研究者應用於 ANN 領域中。ANN 的相關領域也在這個方法廣為人知之後蓬勃發展了起來。

這個方法也常被稱為梯度下降法（gradient descent），我之後就會這麼稱呼它。它所隱含的數學原理有點囉唆又不太好懂，尤其是應用在 ANN 的時候。以下 sidebar 詳細介紹了 GD 法，讓有興趣的讀者對於這個主題能建立基礎的背景知識。

驗證梯度下降法

感謝 Matt Nedrich 在 2014 年發表了一篇很棒的部落格文章，本節的討論大部分以此為基礎。當時 Matt 任職於 Atomic Objects 公司，位於美國密西根州的安娜堡。部落格原文請參考以下網址：

https://spin.atomicobject.com

我想先從一個相當類似的技術：線性迴歸（*linear regression*）開始介紹。這不是第一次提到它囉，我在第二章的蘑菇範例介紹過線性預測器的概念。線性預測器實際上就是一條斜線，一般式為：

$$y = mx + b$$

我在第二章沒談到，不過本方程式常用於 x-y 散佈資料的「最適」預測器，也就是線性迴歸的基礎。請看圖 8-13，這是 Matt 部落格的自動繪點過程的起始畫面。

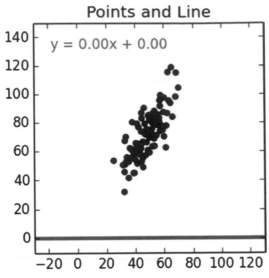

圖 8-13 初始 *x-y* 散佈圖

線性迴歸技術會努力去配適一條穿過這些 x-y 資料點的斜直線並使總誤
差為最小，就像之前我們把這條斜線用於指定 x 的 y 預測器一樣。我建
議你開啟 Matt 的部落格網頁並點選 gif 圖檔來看看這條直線找到最適位
置的自動化過程。我在本書中只能用數學的方式一步步帶你找出這條斜
線的位置。

我們會用這個方程式來進行線性迴歸技術的相關討論。以本範例來說，
它正是我們在第二章線性預測器模型段落時所提到的直線方程式。

$$y = mx + b$$

m 為斜率或梯度
b 為 y 軸截距

一般的做法是用一組 (m, b) 值的資料集，接著判斷以這些參數產生的直
線去「配適」x-y 資料點的程度到底有多好。這個配適程度根據資料集中
的指定 x 來算出對應的 y 值，並運用資料集中的真實 y 值來計算誤差。資
料集中的所有 x 都會用到。這個誤差也就是該點到穿過資料集那條斜線
的距離。這個誤差，或距離，需要乘方來確保位於斜線下方的距離值不
會把在斜線上方者抵銷。距離乘方還能確保誤差函式是可微分的。

以下使用 Python 來實作這個誤差計算函式：

```
# y = mx + b
# m 為斜率，b 為 y 軸截距
def computeErrorForLineGivenPoints(b, m, points):
    totalError = 0
    for i in range(0, len(points)):
        totalError += (points[i].y - (m * points[i].x + b)) ** 2
    return totalError / float(len(points))
```

以下是程式中所用的正式誤差計算方程式：

$$e_{m,b} = \frac{1}{N} \sum_{i=1}^{N} \left(y_i - \left(m * x_i + b \right) \right)^2$$

產生最佳配適度的斜線（由上述的誤差函數求得）就是位於整體資料集所可能產生的最小值處。在此的技巧是建立特定格式的誤差函式來算出合適的 m 與 b 值以達到整體最小值。在開始之前，先把 m、b 與 $e_{m,b}$ 彼此的關係以視覺化方式呈現應會更容易理解。圖 8-14 引用自 Matt 部落格，可以清楚看出變數之間的捲曲關係。

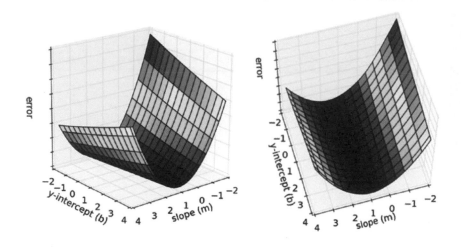

圖 8-14　b 與 $e_{m,b}$ 的圖表

想像拿一顆彈珠放在某一個表面上並讓它沿著斜坡滑下來。彈珠應該會停在某個具有最小值的點，其 m 與 b 值就是最小值 $e_{m,b}$。

執行梯度下降搜尋就等於讓這顆虛構的彈珠從斜面上滑下去。梯度下降計算過程中的第一件事情是對誤差函式進行兩次偏微分，因為它有兩個獨立變數：m 與 b。

$$\frac{\partial}{\partial m} = \frac{2}{N} \sum_{i=1}^{N} - x_i \left(y_i - \left(mx_i + b \right) \right)$$

$$\frac{\partial}{\partial b} = \frac{2}{N} \sum_{i=1}^{N} - \left(y_i - \left(mx_i + b \right) \right)$$

在介紹如何計算 m 與 b 值的最佳值之前，我想先介紹關於全域最小值的概念。圖 8-15 是 x 與 y 的分析連續函數的 3D 圖。

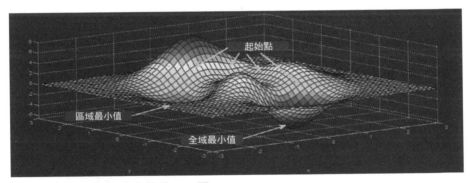

圖 8-15 具有多個最小值的 3D 圖

在本 3D 圖中可以看到兩個最小值或是「谷」。其中一個比另外一個「更深」。最深的最小值就稱為全域最小值（*global minimum*），另一個則稱為區域最小值（*local minimum*）。

根據你開始進行梯度下降的位置，很有可能去找到一個區域最小值並將其視為全域最小值。糟糕的是，電腦本身並不具備去搜尋像是圖 8-15 這類 3D 影像的能力，並確實根據梯度下降的起點來找到真正的全域最小值。因此就需要把獨立變數 m 與 b 的範圍全部涵蓋進去，並以足夠小的距離（step size）來找到全域最小值並排除所有的區域最小值。簡單來說，如何設定這個距離值正是過程的關鍵所在。

梯度下降要用到的所有東西都介紹完畢了。搜尋是從 $m = -1$ 與 $b = 0$ 開始。這點可稱為原點以便參考。梯度下降應該根據初始誤差函式來沿著下坡找到最佳解。每次遞迴都應該提供更好的解，直到找到某一點讓誤差不再變化或反而開始增加為止。單次遞迴所進行的方向是根據先前提過的兩次偏微分來決定。

以下是實作梯度下降演算法的 Python 程式碼：

```python
def stepGradient(b_current, m_current, points, learningRate):
    b_gradient = 0
    m_gradient = 0
    N = float(len(points))
    for i in range(0, len(points)):
        b_gradient += -(2/N) * (points[i].y -
        ((m_current*points[i].x) + b_current))
        m_gradient += -(2/N) * points[i].x * (points[i].y -
        ((m_current * points[i].x) + b_current))
    new_b = b_current - (learningRate * b_gradient)
    new_m = m_current - (learningRate * m_gradient)
    return [new_b, new_m]
```

learningRate 變數用來控制每次逼近最小值的距離。距離太大可能會錯過最小值，但太小又會讓遞迴次數在找到最小值之前暴增。

如前所述，我們從原點開始執行這個演算法。每次遞迴都會更新 m 與 b 這兩個值，好讓本次的誤差能比上一次遞迴的再小一點。圖 8-16 中，左圖中的點是當下的梯度下降搜尋位置。右圖則顯示了以這組 m 與 b 值所對應的最佳配適線。

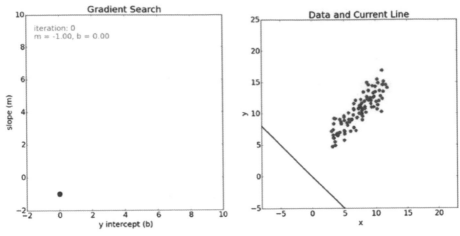

圖 8-16　開始執行梯度下降

從右圖很容易看得出來，初次的配適線差得遠了。但配適度在下一次遞迴就提升了非常多，如圖 8-17。現在左圖中有一條線，代表從初始點到現在位置的路徑。

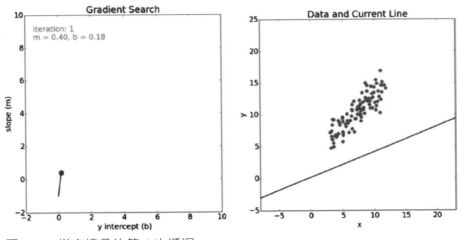

圖 8-17　梯度搜尋的第 1 次遞迴

配適度到了下一次遞迴又提高了，如圖 8-18。

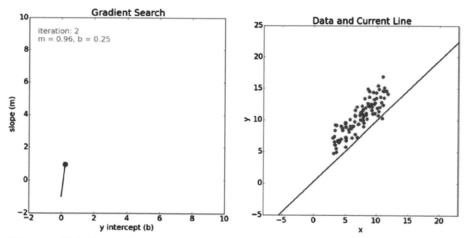

圖 8-18 梯度搜尋的第 2 次遞迴

最後在 100 次遞迴之後，搜尋呈現了相當好的配適度，如圖 8-19。

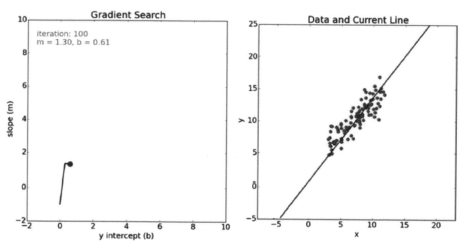

圖 8-19 梯度搜尋的第 100 次遞迴

左圖中，最後一次遞迴，會讓搜尋全域最小值的路徑稍微往下之後再向右。

圖 8-20 是在梯度搜尋過程中前一百次遞迴的標示結果。

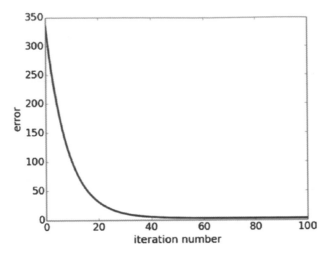

圖 8-20 誤差值 *vs* 遞迴次數

時時檢查梯度搜尋是否正常運作情形是件好事。請確認誤差值確實隨著遞迴增加而遞減。回顧上述圖表，誤差值在第 50 次遞迴之後就非常接近零了。這可能代表存在著一個較寬的最小值平面，其中 *m* 與 *b* 這兩個值不會再大幅變化而產生了最佳配適線。

以下是梯度搜尋經過 100 次遞迴後的最終最佳配適線：

$$y = 1.3x + 0.61$$

希望你到此對於梯度搜尋技術的運作方式有一些理解了。

應用梯度下降法於 ANN

圖 8-21 清楚說明了梯度下降技術應用於 ANN 的方式，透過調整權重 $w_{i,j}$ 來找出全域最小值，並藉此將 ANN 的整體誤差最小化。

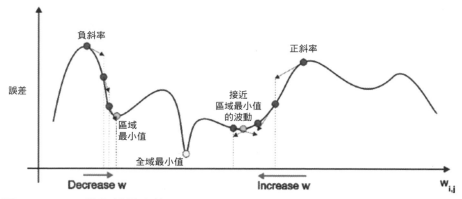

圖 8-21 *ANN* 的全域最小值

這個調整最後會變成權重 $w_{j,k}$ 的誤差函式偏微分方程。這個偏微分式子如下所示：$\dfrac{\partial e}{\partial w_{j,k}}$

微分結果就是誤差函式的斜率，梯度下降演算法會根據這個斜率來找到全域最小值。

圖 8-22 是一個三層六節點的 ANN，後續討論內容中會以它為基礎。請注意 i、j 與 k 等索引值，它們在之後的流程介紹相當重要。

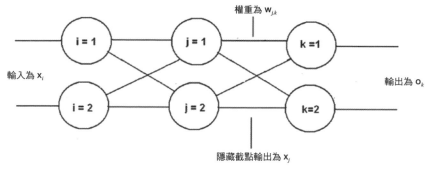

圖 8-22 三層六節點的 *ANN*

除了圖 8-22 中的元素之外，還需要一個符號：輸出節點誤差，表示式如下：

$$e_k = t_k - o_k$$

t_k 是來自訓練資料集的真實值或目標值。

o_k 是來自訓練資料集中輸入 x_i 值的輸出。

任一節點 n 的總誤差為就是把上述方程式中的 n 換成 k。因此，ANN 的總誤差就是個別節點的所有誤差的總和。也因為之前所提過的，誤差還需要平方。這會得到以下的誤差函式方程式：

$$e = \sum_{i=1}^{N}\left(t_n - o_n\right)^2$$

N 為 ANN 的節點總數。

本誤差函式就是把 $w_{j,k}$ 拿去微分的同一個，式子如下：

$$\frac{\partial e}{\partial w_{j,k}} = \frac{\partial}{\partial w_{j,k}} \sum_{i=1}^{N}\left(t_n - o_n\right)^2$$

考慮到任一指定節點的誤差完全是受到其輸入連結所影響，本方程式有可能大幅簡化。這代表 k_{th} 節點的輸出只會受到其輸入連線之 $w_{j,k}$ 權重所影響。這個事實可讓我們把加總運算從誤差函式中移除掉，因為沒有其他任何節點會影響到 k_{th} 節點的輸出。這會得到一個較簡易的誤差函式：

$$\frac{\partial e}{\partial w_{j,k}} = \frac{\partial}{\partial w_{j,k}}\left(t_k - o_k\right)^2$$

下一步是對本函數進行部分積分。我會用最快的速度帶你推導出最終的方程式，而非一步步微分下去。

1. 運用連鎖律：$\dfrac{\partial e}{\partial w_{j,k}} = \dfrac{\partial e}{\partial o_k} * \dfrac{\partial o_k}{\partial w_{j,k}}$

2. o_k 獨立於 $w_{j,k}$。第一次部分積分結果 $= -2(t_k - o_k)$

3. 輸出 o_k 需應用 S 形函數，第二次偏微分結果

$$= \frac{\partial o_k}{\partial w_{j,k}} \; sigmoid \left(\sum_j w_{j,k} * o_j \right)$$

4. S 形函數微分：

$$\frac{\partial}{\partial x} sigmoid(x) = sigmoid(x) * (1 - sigmoid(x))$$

5. 組合：$\dfrac{\partial e}{\partial w_{j,k}} = -2(t_k - o_k) * sigmoid\left(\sum_j w_{j,k} * o_j \right) *$

$$\left(1 - sigmoid\left(\sum_j w_{j,k} * o_j \right) \right) * \frac{\partial}{\partial w_{j,k}} \left(\sum_j w_{j,k} * o_j \right)$$

請注意，由於 S 形函數的加總格式，所以上述式子中最後一項是有必要的。這裡再次用到了連鎖律。

6. 簡化：

$$\frac{\partial e}{\partial w_{j,k}} = -2(t_k - o_k) * sigmoid\left(\sum_j w_{j,k} * o_j \right) * \left(1 - sigmoid\left(\sum_j w_{j,k} * o_j \right) \right)$$

深呼吸，這是我在進行一大串微積分之後常做的事情。這就是用來調整權重的最終方程式：

$$\frac{\partial e}{\partial w_{j,k}} = -(t_k - o_k) * sigmoid\left(\sum_j w_{j,k} * o_j \right) * \left(1 - sigmoid\left(\sum_j w_{j,k} * o_j \right) \right) * o_j$$

你應該也注意到了方程式最前面的 2 被捨棄了。它的作用只是個比例因數，對於判斷誤差函數斜率的方向，也就是梯度下降演算法的關鍵來說沒那麼重要。我要恭喜每一位能堅持到這裡的讀者。很多人對於這裡所需的數學可說是吃盡苦頭。

在這個複雜的方程式中加入一點物理性解釋應該相當有幫助。式子中第一段 ($t_k - o_k$) 不難看出這就是誤差。在 S 形函數中的加總算式 $\sum_j w_{j,k} * o_j$ 就是最後一層 k_{th} 節點的輸入。最後一個 o_j 則代表隱藏層中 j_{th} 節點的輸出。理解這個物理示例應該使得建立其他的層對層誤差斜率方程式變得簡單多了。

我之所以這樣來說明輸入層對隱藏層的誤差斜率方程式，是為了不讓你陷入嚴肅的數學推導之中。本式子是根據以上介紹的物理示例而得。

$$\frac{\partial e}{\partial w_{i,j}} = -\left(e_j\right) * \text{sigmoid}\left(\sum_i w_{i,j} * o_i\right) * \left(1 - sigmoid\left(\sum_i w_{i,j} * o_i\right)\right) * o_i$$

下一步要示範如何使用上述的誤差斜率式來計算新的權重值。實際上就如同以下方程式一樣簡單：

$$new\ w_{j,k} = old\ w_{j,k} - \alpha * \frac{\partial e}{\partial w_{j,k}}$$

α = 學習率

沒錯，它就和我在第二章談到線性預測器所用的式子一模一樣。學習率非常重要，因為把它調太高的話會讓梯度下降太多而錯過最小值，調太低會產生更多額外的遞迴而讓梯度下降演算法的效率變差。

用於判斷權重變化的矩陣乘法

以矩陣來表達所有上述運算式是很好的做法，可以很快算出實際的權重變化。以下運算式是代表隱藏層與輸出層之間，誤差斜率式中的其中一個矩陣元素：

$$\text{gd}\left(w_{j,k}\right) = \alpha * e_k * sigmoid(o_k) * \left(1 - sigmoid(o_k)\right) * o_j^T$$

o_j^T 是隱藏層輸出矩陣的轉置結果。

以下是這個三層六節點範例 ANN 的矩陣：

$$\begin{Bmatrix} \mathrm{gd}(w_{1,1}) & \mathrm{gd}(w_{2,1}) & \mathrm{gd}(w_{3,1}) \\ \mathrm{gd}(w_{1,2}) & \mathrm{gd}(w_{2,2}) & \mathrm{gd}(w_{3,2}) \end{Bmatrix} * \begin{Bmatrix} e_1 * sigmoid_1 * (1 - sigmoid_1) \\ e_2 * sigmoid_2 * (1 - sigmoid_2) \end{Bmatrix} * \{ o_1 \quad o_2 \}$$

o_1 與 o_2 為隱藏層的輸出。

這樣關於更新權重的預備性背景知識就都介紹完畢了。

逐步範例

我覺得有必要在示範 Python 作法之前，先把範例手動走過一次，這樣在執行 Python 腳本時才能真正理解其過程。圖 8-23 是由圖 8-11 稍微修改而來，我加入了隨機的隱藏節點輸出值好讓資料足以完成本範例。

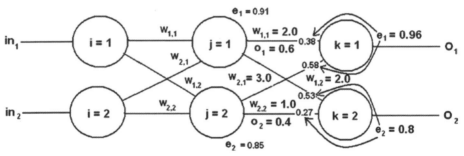

圖 8-23　用於手動計算的範例 *ANN*

從更新 $w_{1,1}$，就是連接隱藏層節點 1 與輸出層節點 1 的權重。它目前的值是 2.0。以下是用於這些層連結的誤差斜率方程式：

$$\frac{\partial e}{\partial w_{j,k}} = -(t_k - o_k) * \mathrm{sigmoid}\left(\sum_j w_{j,k} * o_j \right) * \left(1 - sigmoid\left(\sum_j w_{j,k} * o_j \right) \right) * o_j$$

代入上圖中的值，得到：

$$\left(t_k - o_k\right) = \mathrm{e}_1 = 0.96$$

$$\left(\sum_j w_{j,k} * o_j\right) = (2.0 * 0.6) + (3.0 * 0.4) = 2.4$$

$$\text{sigmoid} = \frac{1}{\left(1 + e^{-2.4}\right)} = 0.9168$$

$$1 - \text{sigmoid} = 0.0832$$

$$o_1 = 0.6$$

再與加了負號的誤差值相乘，得到：

−0.96 * 0.9168 * 0.0832 * 0.6 = −0.04394

在此假設學習率為 0.15，這個值不算太激進，新的權重值如下：

2.0 − 0.15 * (−0.04394) = 2.0 + 0.0066 = 2.0066

這與原始值相比變化不大，但你要記得在找到全域最小值之前，就算沒有上千次，也需要執行上百次遞迴。即便很微小的修改很快就會累積成相當大的權重變化。

網路中的其他權重也是與上述的同樣方式來調整。

關於 ANN 的學習效率還有許多重要議題，我會在之後討論。

ANN 學習會碰到的問題

正如每個人的學習方式不同，你應該發現並非所有的 ANN 都能學習得很好。幸好對於 ANN 來說，學習得好不好與智力高低無關，反而是與 S 形激發函數這種很普通的事情有關。圖 8-24 是圖 2-12 的修改版，可以看到 S 形函數的輸入與輸出範圍。

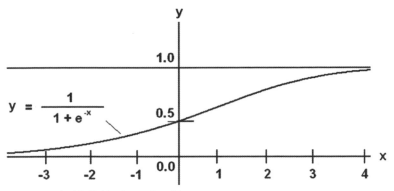

圖 8-24　標註數值的 *S* 形函數

請參考圖 8-24，你會發現如果 x 輸入大於 2.5 的話，y 輸出的變化就會非常不明顯。這是因為 S 形函數在這個 x 值以上時會漸漸逼近 1.0，而較大輸入值的變化所產生梯度變化是非常小的。ANN 學習在這個情況下就趨近於停止，因為梯度下降演算法需要一定程度以上的斜率才有效。因此，ANN 的訓練資料集應該要把輸入 x 值限制在一個稱為**偽線性範圍**（*pseudo-linear range*）之間，大約是在 –3 到 3 之間。超過本範圍的 x 值會造成 ANN 學習上的飽和，而不再產生有效的權重更新。

相同的概念，S 形函數無法產生大於 1 或小於 0 的值。在該範圍中的輸出值是不允許的，需要權重稍微拉回來一點，才能維持在一個可接受的輸出範圍之內。事實上，由於上述所說的漸進線本質，輸出範圍應該是 0.01 到 0.99 才對。

初始權重選擇

根據先前討論內容，我相信你應該了解到，如何選擇一組良好的 ANN 初始權重至關重要，好讓學習真的能發揮效用並避免輸入飽和或輸出限制等問題。常用的做法之一是將權重選擇範圍限制在一個偽線性範圍中，我先前提過大約是在 ±3。大多數的狀況下，會因為保守的緣故而近一步把權重限制於 ±1 之間。

多年下來，AI 研究者與數學家們建立一項經驗法則，大概是這樣說的：

> 初始權重的分配方式應使用常態分配，並使其平均數等於 ANN 節點數量平方根之倒數。

對於一個 36 節點的三層 ANN 來說，就是我先前所使用的，這個平均數就是 $\frac{1}{\sqrt{36}}$ 或 0.16667。圖 8-25 是使用這個平均數的常態機率分配並標出了大約 ±2 個標準差的位置。

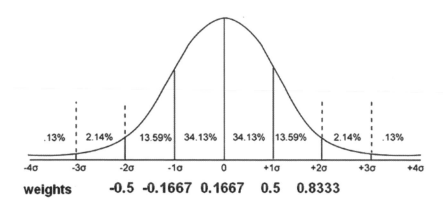

$$\text{approximate sd}(\sigma) = \frac{\text{largest value} - \text{smallest value}}{6} = \frac{1 - (1)}{6} = 0.333$$

圖 8-25　36 節點 *ANN* 之初始權重常態分配

大約在 –0.5 到 0.8333 這個範圍之間隨機選擇權重，對於這個 36 節點網路的 ANN 學習來說是個相當不錯的起點。

由於 ANN 學習仰賴不均等的權重分配，至終你應該避免把所有的權重都設成一樣。另一方面，所有的權重顯然不能都設為 0，這樣會讓 ANN 完全失效。

關於 ANN 的背景知識討論到此結束。終於可以在 Raspberry Pi 上使用 Python 來建立一個完整的 ANN 了。

範例 8-1：ANN Python 腳本

本章第一個範例將說明如何使用 Python 來建立一個未訓練的 ANN。我會先介紹構成一個 ANN 所需的模組。完成之後，就會把所有模組放在一起並執行腳本。第一個要介紹的就是用於建立與初始化 ANN 的模組。

初始化

本模組的架構與所要建立的 ANN 類型息息相關。本範例中會建立一個三層九節點的 ANN，也就是說需要建立能代表各層的物件。再者，還需要建立輸入、輸出與權重並適當命名。表 8-3 列出了本模組所需的物件與說明。

表 8-3 初始化模組物件與說明

名稱	說明
inode	輸入層的節點數量
hnode	隱藏層的節點數量
onode	輸出層的節點數量
wtgih	輸入層與隱藏層之間的權重矩陣
wtgho	隱藏層與輸出層之間的權重矩陣
wij	個別的權重矩陣元素
input	輸入陣列
output	輸出陣列
ohidden	用於隱藏層輸出的陣列
lr	學習率

基本的初始化模組內容如下：

```python
def __init__ (self, inode, hnode, onode, lr):
    # 設定區域變數
    self.inode = inode
    self.hnode = hnode
    self.onode = onode
    self.lr = lr
```

你需要適當的數值來呼叫 init 模組才能順利建立 ANN。對於中等學習率的三層九節點的網路，相關數值如下：

- inode = 3
- hnode = 3
- onode = 3
- lr = 0.25

接著要討論的是如何根據上述所有的背景知識來建立與初始化最關鍵的權重矩陣。我使用平均數為 0.1667，標準差為 0.3333 的常態分配來產生權重。還好，numpy 有相當不錯的函式來自動完成這件事。首先產生的矩陣為 wtgih，大小為 inode × hnode，以本範例來說就是 3 × 3。

以下 Python 語法用於產生本矩陣：

```
self.wtgih = np.random.normal(0.1667, 0.3333, self.hnodes, self.inodes)
```

以下是在 Python 中輸入上述語法的結果：

```
>>>import numpy as np
>>>wtgih = np.random.normal(0.1667, 0.3333, [3, 3])
>>>wtgih
array([[ 0.44602141, 0.58021837, 0.00499487],
       [ 0.40433922, -0.31695922, -0.40410581],
       [ 0.63401073, -0.37218566, 0.14726115]])
```

所產生的矩陣 wtgih 結構良好，初始值也不錯。這時再加入先前介紹的矩陣產生語法，init 模組就完成了。

```
def __init__ (self, inode, hnode, onode, lr):
    # 設定區域變數
    self.inode = inode
    self.hnode = hnode
    self.onode = onode
    self.lr = lr

    # 平均數為所有節點平方根的倒數
    mean = 1/(pow((inode + hnode + onode), 0.5)
```

```
# 標準差 (sd) 約為權重整體範圍的 1/6
# 整體範圍 = 2
sd = 0.3333

# 產生兩個權重矩陣
# 輸入層對隱藏層的權重矩陣
self.wtgih = np.random.normal(mean, sd, (hnode, inode])

# 隱藏層對輸出層的權重矩陣
self.wtgho = np.random.normal(mean, sd, [onode, hnode])
```

在此我要介紹第二個模組，它會在由 init 模組所建立的網路中進行一些簡單的測試。為了代表其目的，本模組名為 testNet。它需要一筆輸入資料集（或 Python 中的值組，tuple）來產生一筆輸出資料集。執行順序如下：

1. 將輸入資料值組轉換為陣列。

2. 這個陣列再與 wtgih 權重矩陣相乘，用於連接輸入層與隱藏層。

3. 這個新陣列會藉由 S 形函數來調整。

4. 來自隱藏層的陣列調整後再與 wtgho 矩陣相乘，用於連接輸入層與輸出層。

5. 這個新陣列再次藉由 S 形函數來調整，求出最終的輸出陣列。

本模組內容如下：

```
def testNet(self, input):
    # 將輸入值組轉換為陣列
    輸入 = np.array(input, ndmin=2).T

    # 將輸入與 wtgih 相乘
    hOutput = np.dot(self.wtgih, input)

    # 使用 S 形函數來調整
    hOutput= 1/(1 + np.exp(-hinput))

    # 將隱藏層輸出與 wtgho 相乘
    oInput = np.dot(self.wtgho, hOutput)

    # 使用 S 形函數來調整
    oOutput = 1/(1 + np.exp(-oinput))

    return oOutput
```

測試執行

圖 8-26 是我在 Raspberry Pi 3 上執行上述小程式的畫面。

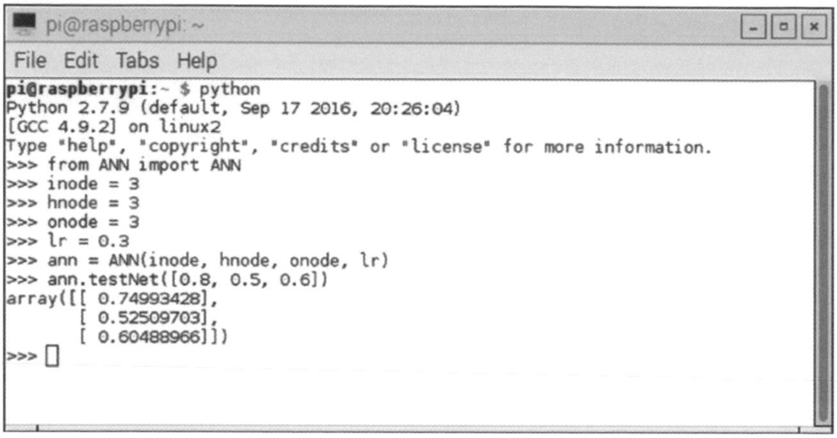

```
pi@raspberrypi: ~
File Edit Tabs Help
pi@raspberrypi:~ $ python
Python 2.7.9 (default, Sep 17 2016, 20:26:04)
[GCC 4.9.2] on linux2
Type "help", "copyright", "credits" or "license" for more information.
>>> from ANN import ANN
>>> inode = 3
>>> hnode = 3
>>> onode = 3
>>> lr = 0.3
>>> ann = ANN(inode, hnode, onode, lr)
>>> ann.testNet([0.8, 0.5, 0.6])
array([[ 0.74993428],
       [ 0.52509703],
       [ 0.60488966]])
>>> 
```

圖 8-26 *Python* 執行畫面

`init` 與 `testNet` 模組都屬於 ANN 這個類別，且都是放在同一份 ANN.py 檔案中。我先啟動 Python 並從檔案中匯入本類別，這樣 Python 直譯器才認識這個類別的名稱。接著我建立一個名為 ann 物件，節點數為 3，學習率設為 0.3。學習率這時還用不到，但還是要先宣告它否則無法建立物件。建立物件的過程會自動去執行 init 模組，這需要用到三個節點與學習率等相關數值。

接著用這三筆輸入值來執行 testNet 模組，對應的計算輸出值如表 8-4。我還列出了我自己算的錯誤值。

表 8-4 *Initial Test*

輸入	輸出	錯誤	錯誤百分比
0.8	0.74993428	–0.05006572	6.3
0.5	0.52509703	0.02509703	5.0
0.6	0.60488966	0.00488966	0.8

由於這是一個完全未經訓練的 ANN，因此錯誤不算太高。下一段要討論的是如何訓練 ANN 來大幅提升其正確性。

範例 8-2：訓練 ANN

本範例會教你如何使用 trainNet 這個第三方模組來訓練 ANN，它已經包在 ANN 類別定義中了。本模組的運作方式與 testNet 相當類似，根據一組輸入資料集來算出一組輸出資料集。不過，trainNet 模組的輸入資料是一組預先決定的訓練資料集，而非我方才使用的隨機資料值組。這個新模組也會去比較 ANN 輸出與本身輸入來產生一個誤差集合，並根據這些誤差來訓練網路。輸出的計算方式與 testNet 模組所作完全相同。現在，trainNet 的引數就包括輸入清單與訓練清單了。以下語法可由清單引數來建立這些陣列：

```
def trainNet(self, inputT, train):
    # 本模組需用到 init 模組執行時所建立的值，陣列與矩陣

    # 由清單引數來建立陣列
    self.inputT = np.array(inputT, ndmin=2).T
    self.train = np.array(train, ndmin=2).T
```

如前所述，誤差是訓練資料集的輸出與實際輸出的差異。k_{th} 輸出節點的誤差方程式如下：

$$e_k = t_k - o_k$$

輸出誤差以矩陣表示為：

```
self.eOutput= self.train - self.oOutput
```

因此本範例 ANN 的隱藏層誤差陣列以矩陣表示為：

$$\text{hError} = \begin{Bmatrix} w_{1,1} & w_{1,2} & w_{1,3} \\ w_{2,1} & w_{2,2} & w_{2,3} \\ w_{3,1} & w_{3,2} & w_{3,3} \end{Bmatrix}^T * \begin{Bmatrix} e_1 \\ e_2 \\ e_3 \end{Bmatrix}$$

以下是用於產生本陣列的 Python 語法：

```
self.hError = np.dot(self.wtgho.T, self.eOutput)
```

以下是用於更新 j_{th} 與 k_{th} 層之間連結的方程式，先前有提到過：

$$gd(w_{j,k}) = \alpha * e_k * sigmoid(o_k) * (1 - sigmoid(o_k)) * o_j^T$$

由於原本的陣列已經調整過了，因此要把這個新的 $gd(w_{j,k})$ 陣列加入原本的陣列。上述方程式只要一行 Python 語法就搞定了：

```
self.wtgho += self.lr * np.dot((self.eOutput* self.oOutputT *(1 - self.
oOutputT)), self.hOutputT.T)
```

用於更新輸入層與隱藏層之間權重的程式碼也是同樣的格式。

```
self.wtgih += self.lr * np.dot((self.hError * self.hOutputT *(1 - self.
hOutputT)), self.inputT.T)
```

把上述所有的程式碼與模組組合起來就是 ANN.py。請注意我對各段落的功能都加入了註解，還有一些除錯用的語法。

```
import numpy as np

class ANN:

    def __init__ (self, inode, hnode, onode, lr):
        # 設定區域變數
        self.inode = inode
        self.hnode = hnode
        self.onode = onode
        self.lr = lr

        # 平均數為所有節點平方根的倒數
        mean = 1/(pow((inode + hnode + onode), 0.5))

        # 標準差約為整體範圍的 1/6
        # 範圍 = 2
        stdev = 0.3333

        # 產生兩個權重矩陣
        #輸入層對隱藏層的權重矩陣
        self.wtgih = np.random.normal(mean, stdev, [hnode, inode])
        print 'wtgih'
        print self.wtgih
```

```
        print

        #隱藏層對輸出層的權重矩陣
        self.wtgho = np.random.normal(mean, stdev, [onode, hnode])
        print 'wtgho'
        print self.wtgho
        print

    def testNet(self, input):
        # 將輸入值組轉換為陣列
        input= np.array(input, ndmin=2).T

        # 輸入與 wtgih 相乘
        hOutput = np.dot(self.wtgih, input)

        # S 形函數調整
        hOutput= 1/(1 + np.exp(-hinput))

        # 隱藏層輸出與 wtgho 相乘
        oInput= np.dot(self.wtgho, hOutput)

        # S 形函數調整
        oOutput= 1/(1 + np.exp(-oinput))

        return oOutput

    def trainNet(self, inputT, train):

        # 本模組需用到 init 模組執行時所建立的值，陣列與矩陣

        # 由清單引數來建立陣列
        self.inputT = np.array(inputT, ndmin=2).T
        self.train = np.array(train, ndmin=2).T

        # inputT 陣列與 wtgih 相乘
        self.hinputT = np.dot(self.wtgih, self.inputT)

        # S 形函數調整
        self.hOutputT = 1/(1 + np.exp(-self.hinputT))

        #隱藏層輸出與 wtgho 相乘
        self.oinputT = np.dot(self.wtgho, self.hOutputT)

        # S 形函數調整
```

```
self.oOutputT = 1/(1 + np.exp(-self.oinputT))

# 計算輸出誤差
self.eOutput= self.train - self.oOutputT

# 計算隱藏層誤差陣列
self.hError = np.dot(self.wtgho.T, self.eOutput)

# 更新權重矩陣 wtgho
self.wtgho += self.lr * np.dot((self.eOutput*
self.oOutputT * (1 - self.oOutputT)), self.hOutputT.T)

# 更新權重矩陣 wtgih
self.wtgih += self.lr * np.dot((self.hError *
self.hOutputT * (1 - self.hOutputT)), self.inputT.T)
print 'updated wtgih'
print wtgih
print
print 'updated wtgho'
print wtgho
print
```

測試執行

圖 8-27 是我以 0.20 之學習率在建立一個 3 層 9 節點之 ANN 時的 Python 畫面。

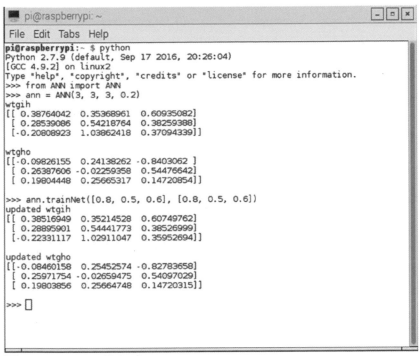

圖 8-27 *Python 執行畫面*

我在這份 ANN 腳本中用了一些除錯用的 print 語法，可以直接比較最初與更新後的權重矩陣。你應該發現其中只有微幅修改，這正是我們所預期並希望看到的。

事實證明，梯度下降搭配微幅的累加值來避免錯過區域最小值，這個做法相當不錯。由於程式碼並非以多重遞迴來完成，因此我只能在 Python 對話逐一執行單次。

恭喜你與我一路奮戰到了現在！我用了許許多多的主題來介紹 ANN 的基礎觀念與實作。你現在應該充分準備好了，足以理解並領會下一章中各種有趣又實用的 ANN 範例。

總結

本章是本書四個討論到類神經網路（ANN）章節的第三個。本章主要是關於深度學習，但其範圍應該不會超出多層 ANN 的基礎概念。

簡單介紹過重要基礎之後，我一步步把兩層六節點的 ANN 親自算給你看，然後用 Python 把計算過程重做一遍。

接著是討論在一個稍大一點的 3 層 9 節點之 ANN 所需的運算。這些運算都可透過 Python 與 numpy 函式庫中的各種矩陣演算法來完成。

我介紹了在未經訓練的 ANN 中一定會產生誤差，以及 ANN 的資料傳播方式。這點相當重要，因為在 ANN 最佳化過程中，有個用於調整權重的技術稱為後向傳播（後向傳播），它就是這技術的基礎所在。

隨之我介紹了一個完整的後向傳播範例，說明了如何更新權重來降低網路整體的錯誤。並且運用線性迴歸範例來介紹梯度下降（Gradient Descent, GD）技術。接著就是把 GD 應用到 ANN 上。GD 演算法運用了錯誤函式的斜率來找到全域最小值，這樣可讓 ANN 的效能更好。

我用一個完整的範例來說明如何運用 GD 演算法來更新權重，並討論了 ANN 學習與初始權重選擇上會碰到的問題。

本章最後以一個可以初始化與訓練任何大小的完整 Python 範例結尾。

## CHAPTER 9

機器學習：ANN 實務示範

這是探索機器學習系列的最後一章。我會使用前面章節所介紹的機器學習之概念和 Python 語言來實作兩個 ANN（artificial neuron network，類神經網路）範例。在閱讀或實際操作此章節的實例前，我建議你先複習至少前面兩章的內容。

我將此章節歸功於 Tariq Rashid。他的著作《*Make Your Own Neural Network*》（2016 年由 CreateSpace Independent Publishing Platforms 出版）是我撰寫此章及本書其他部分的重要靈感來源與方向指引。如果你希望進一步了解 ANN 的實務操作，我誠摯推薦 Rashid 的著作。他的部落格[1]上有許多相當實用的資訊和豐富的討論串。

本章的實例以辨識手寫數字為核心進行示範。此類案例是能夠充分展示 ANN 學習能力的典型專題。

---

1 http://makeyourownneuralnetwork.blogspot.co.uk/

零件清單

你需要使用表格 9-1 所列的零件來完成本章實例。

表格 9-1 零件表

描述	數量	備註
Pi Cobbler 擴充板	1	40 腳位版本，T 型或 DIP 型都可以
無焊麵包板	1	700 孔，並至少有一電源供應軌
跳線	1 包	
電阻（220 歐姆）	1	¼ 瓦特
LED	1	
Pi Camera	1	第二版
微型彈跳按鈕	1	附無焊接頭

範例 9-1：MNIST 資料集

我將示範 ANN 如何辨識手寫數字。此範例中所使用的訓練與試驗資料皆直接來自 Mixed National Institute of Standards and Technology（MNIST）的兩個資料庫。這兩個資料庫已經被廣泛運用於 ANN 的訓練與試驗，被公認為測試 ANN 完成任務之精準度的標準。

MNIST 資料庫中的資料取自五百個人的手寫數字符號之圖像；其中一半的人是美國人口調查普查單位的員工，另外一半則是高中生。原始的黑白圖檔被轉換成 20x20 像素的圖像塊（bounding block），並加以「抗失真」處理，最後針對各像素產生出大小為 1 位元組的灰階值。後續會進一步解釋這數值的意義。

MNIST 的資料集量相當龐大，包括六萬個訓練圖檔（**104MB**）和一萬個測試圖檔（**18MB**）。每組資料可以從下列兩個網址中免費取得 CSV 格式的資料：

訓練組：

http://www.pjreddie.com/media/files/mnist_train.csv

測試組：

http://www.pjreddie.com/media/files/mnist_test.csv

訓練資料集將用作 ANN 的訓練。資料集中的紀錄都已被標註，表示 CSV 資料可對應到它所代表的某張圖檔。測試組則是用於檢測 ANN 辨識 CSV 測試資料的性能。測試資料集也包括了輔助確認 ANN 是否成功辨識正確數值的標籤。把訓練與測試資料集區隔開來的好處在於，如果兩組資料相同的話，ANN 的回傳結果會是自身已儲存的內容。但這樣的狀況就無法真實呈現 ANN 的學習效果。

圖 9-1 是在我的 MacBook Pro 上使用 hex editor 應用程式所讀取的部分訓練資料集：這是第一組紀錄的開頭。

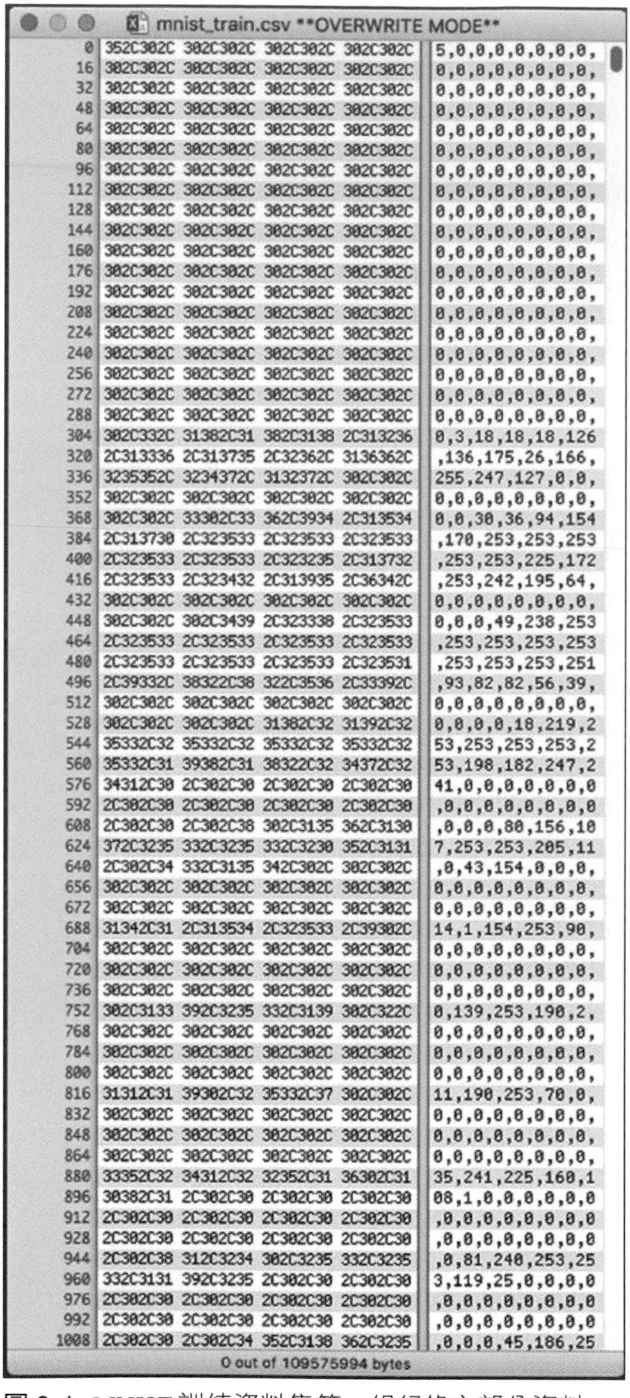

圖 9-1 *MNIST* 訓練資料集第一組紀錄之部分資料

每張圖的大小為 784 位元組，因為資料庫中的每個圖像都已經被調整為 28 x 28 像素，也就是 784 位元組。每一個像素值就代表該像素的灰階值：一個位元組的數值範圍是從 0 到 255，0 代表全白，255 代表全黑。因此資料庫中的每張圖都包含了 784 個像素、785 個逗號以及 1 位元組大小的標籤，總共是 1570 個位元組。處理單一筆這樣大小的檔案沒什麼問題，但一次處理超過六萬筆會讓大部分的軟體都掛掉，尤其是要在 Raspberry Pi 上執行時。幸運的是，以下兩個網址提供了 MNIST 資料庫中相比小了許多的訓練與測試資料集子集：

測試資料集子集：

https://raw.githubusercontent.com/makeyourownneuralnetwork/
makeyourownneuralnetwork/master/mnist_dataset/mnist_test_10.csv

訓練資料集子集：

https://raw.githubusercontent.com/makeyourownneuralnetwork/
makeyourownneuralnetwork/master/mnist_dataset/mnist_train_100.csv

我用 hex editor 將兩組資料集開啟，兩個檔案都看似沒有問題。然而，若要使用資料於 Python 腳本，你會需要額外使用一些程式碼來讀取這兩個資料集。以下的 Python 程式會直接導向一個名為「dataFile」的檔案物件，並且會一行行讀取此資料中名為「dataList」的清單物件，最後關閉資料夾。這種語法是相當常見的 Python 讀取資料檔案方式：

```
dataFile = open("mnist_train_100.csv")
dataList = dataFile.readlines()
dataFile.close()
```

圖 9-2 是我使用前述描述檔產生「dataList」的 Raspberry Pi 命令列。

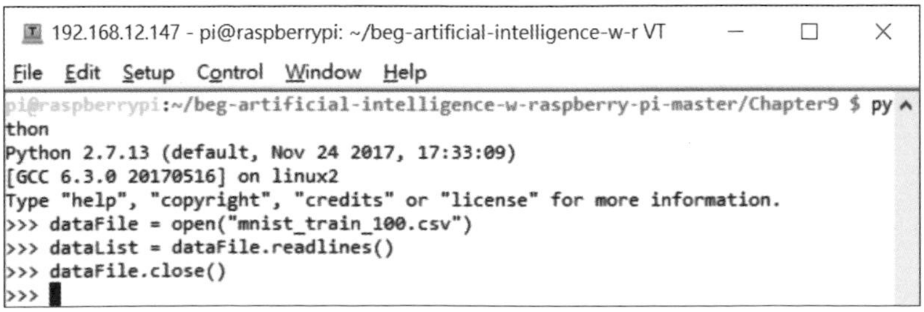

圖 9-2 產生 *dataList* 物件的互動 *Python* 對話終端

我在儲存 MNIST 資料集的根目錄中處理 Python 的讀取程序。如果你不希望
在同一個目錄中存取資料集，那麼你需要準備適切的途徑讓 Python 能夠順利
搜尋到 MNIST 資料集的檔名。

一旦資料組被讀取後，你便可以開始檢驗它。我輸入了 len(dataList) 以找出
dataList 物件中所包含的紀錄筆數。如同預期，搜尋結果是 100。圖 9-3 顯示
了上述的搜尋，以及第一筆紀錄，我輸入了 dataList[0] 後得到了這個結果。

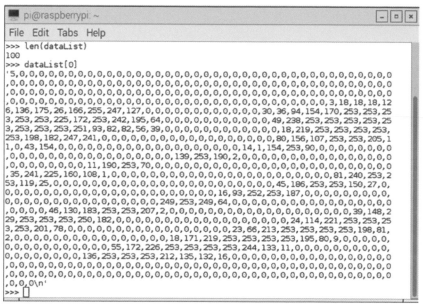

圖 9-3 *dataList* 內容

如果你仔細看看圖中的 **datalist[0]**，應該會發現資料的開頭與結尾都是單引
號'。這代表 dataList[0] 這筆資料被 Python 直譯器視為字串。看起來雖然很像
是數字，但實際上 Python 把它當作由 ASCII 字元所組成的字串。在結尾單引
號之前的字元是換行符號 \n。這對 Python 來說，代表第一筆資料的結尾，並
且需要在此插入新的一行。新一行的字元就是記錄集的定界符（delimiter），
告訴 Python 這裡是一筆記錄的結尾以及下一筆紀錄的開頭。將這 100 筆記錄
編號之後，只要在清單名稱後面搭配適當的索引值就可以獨立讀取，例如，
dataList[0] 來讀取第一筆資料。索引值從 0 開始，以本範例來說就是 0 到 99。

接下來，我會示範如何將資料紀錄圖像化，而不只是看一連串無趣、甚至意義不明的數字。

將 MNIST 紀錄圖像化

利用一些 Python 指令來圖像化資料記錄其實非常簡單。我使用 Python GUI IDLE 2 來完成以下的步驟。GUI 的環境對於合成圖像非常必要。如有偏好，你也可以使用 Python 3 GUI，但你需要用以下安裝敘述程式碼來調整。你需要使用 Matplotlib 函式庫來產生和顯示圖像；具體而言，就是 Matplotlib 函式庫中 pyplot 套件所提供的 imshow 和 show 方法。輸入以下指令來安裝 Matplotlib 函式庫：

```
sudo apt-get update
sudo apt-get install python-matplotlib
```

一旦安裝完成，你就可以輸入指令來讀取 100 筆紀錄資料（原始資料集的精簡版）。請輸入以下指令：

```
import numpy as np
import matplotlib.pyplot as plt
dataFile = open('mnist_train_100.csv')
dataList = dataFile.readlines()
dataFile.close()
```

前兩個 import 指令在讀取資料時實際上用不到，但我習慣把所有的 import 語法放在程式碼的最前面。dataFile 的邏輯參照是由 open 語法所建立，並指向我們之前下載的那個擁有 100 筆紀錄的檔案。讀取資料是在下一個語法時才發生，會把 100 個獨立的資料讀取進入一個名為 dataLiest 的清單物件。

Readlines 方法會逐一讀取每一個字元，直到碰到換行符號（\n）為止。此時，它會為這個清單建立一筆新的資料，並繼續讀取每個字元，直到碰到檔案結尾（end-of-file，EOF）字元為止。close 方法會「消滅」dataFile 的邏輯參照，以避免檔案被不小心改到。

我要教學的程式指令目的在圖像化選定紀錄資料中存取好的資料。以下程式碼將會完成這個目的：

```
record0 = dataList[0].split(',')
imageArray = np.asfarray(record0[1:]).reshape((28, 28))
plt.imshow(imageArray, cmap='Greys', interpolation='None')
plt.show()
```

第一個指令建立一個名為 **record0** 的清單物件，包含了從第一筆資料讀取進入 **dataList** 物件中的 785 個元素。並且在 **record0** 中的 785 個清單元素都是獨立的，因為我們在用 **split** 方法建立時，使用了逗號做為分隔子來切割。第二個語法則使用了 **imshow** 方法來產生我們想要呈現的影像。它從第二個清單元素開始，而且是一個 **28 x 28** 像素陣列大小的灰階影像。請注意在 **imshow** 方法中的 **Greys** 參數的拼法。最後，**show** 方法會負責在 IDLE 2 圖形化介面顯示影像。

圖 9-4 顯示了所有產生 IDLE 2 GUI 的前述指令。

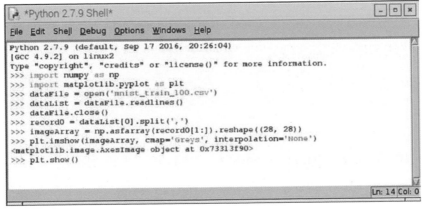

圖 9-4 *IDLE* 2 *GUI* 互動 *Python* 對話終端

前述流程的目標圖像如圖 9-5。

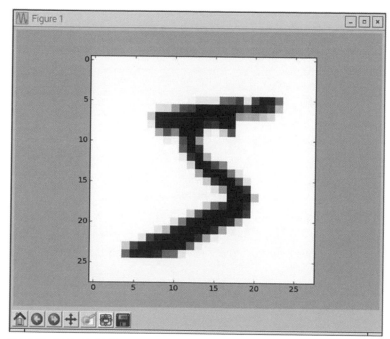

圖 9-5　數字的圖像

你可以發現，這個圖像顯示了隨意手寫的羅馬數字 5，這是在眾多紀錄資料中其中一個被拿來訓練 ANN 的紀錄。附帶一提，若你回去看圖 9-1，你可以看到數字 5 正是第一組紀錄的符號，這也就確核了資料身份。

接下來，我要將議題轉向如何準備資料集，以讓它們有效地被 ANN 使用。

調整輸入與輸出的資料集

你已經知道 MNIST 資料集中的所有數值範圍都必須介於 0 到 255 之間，這大大超過了我所開發的任何 ANN 所能接受的範圍。輸入值的理想範圍是從 0.01 到 1.0，恰好符合 S 型函數的輸入值條件。以下的 Python 程式會將 MNIST 資料集的數值換算，調整成 ANN 所能接受的數值範圍。

```
adjustedRecord0 = (np.asfarray(record0[1:]) / 255.0 * 0.99) + 0.01
```

圖 9-6 是在 Python 的命令列中顯示了經過換算的紀錄資料。螢幕截圖中也可以看到一部分的資料集，確認新的 MNIST 都落在理想的資料範圍內。

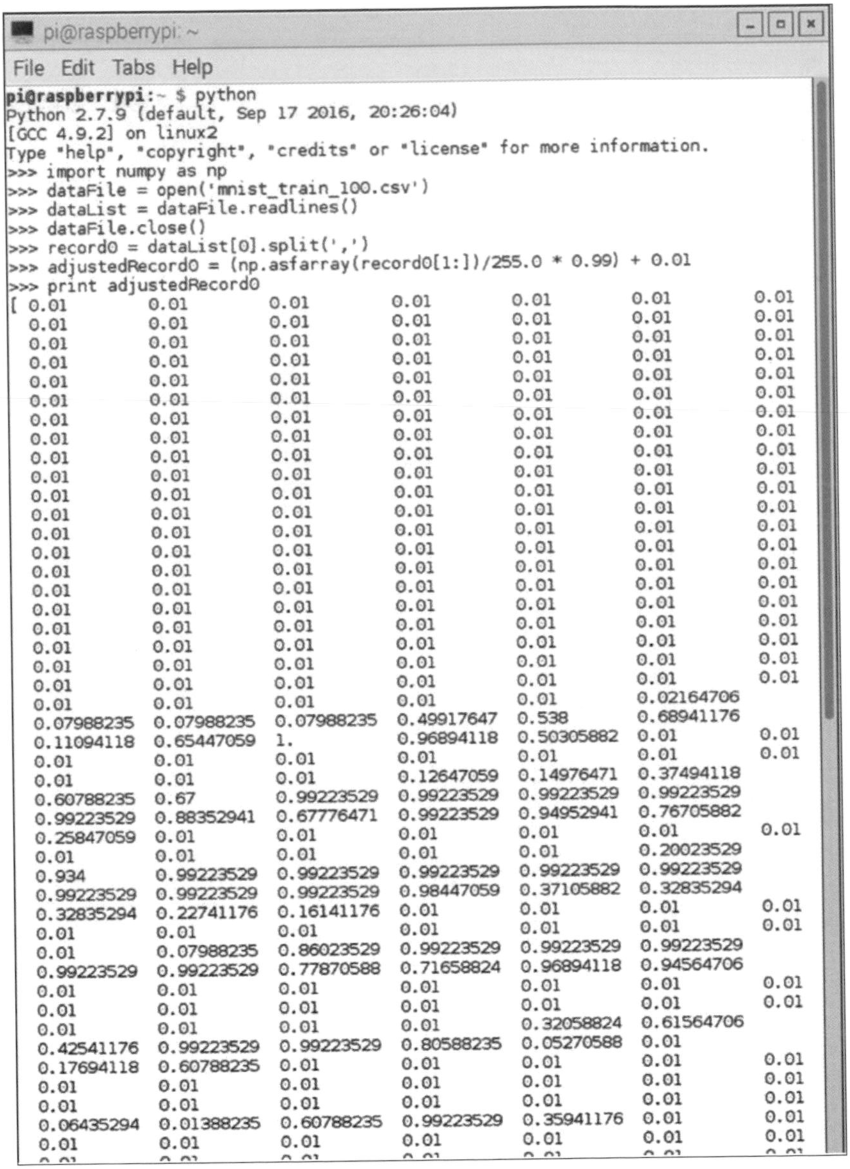

圖 9-6 經過調整的 *MNIST* 資料集

前述教學討論了輸入值，那麼輸出值呢？答案會體現在思考 ANN 用途的過程中。ANN 的目的在於辨識手寫的羅馬數字 0 到 9，所以照理而言，應該讓 ANN 只輸出一個逼近辨識數字的輸出節點（output node）。因此，理想輸出陣列要能夠顯示 ANN 所辨識的羅馬數字 5，如下圖。

$$
\begin{Bmatrix}
0 \\
0 \\
0 \\
0 \\
0 \\
1 \\
0 \\
0 \\
0 \\
0
\end{Bmatrix}
$$

在這種陣列中的實際數值不會是 0 或 1，而是某個接近 0 的數值代表低辨識度，接近 1 的數值代表高辨識度。ANN 中的某些節點之輸出數值也很有可能像是 0.4 與 0.6 這樣的中間值，代表 ANN 無法選出一個特定的數值，但「認為」輸入數值可能為幾個可能者的其中之一。這有點類似我們人類無法去判斷一些寫得歪七扭八的數字，例如 4 和 9。

接下來的程式碼會產生一個訓練陣列的範例，其用途是更新 ANN 的權重，使 ANN 可以辨識一個特定的數字。讓我們用前述的 MNIST 資料集子集中的第一筆紀錄資料組作為實際輸入數值來訓練陣列。Python 程式碼相當簡單，呈現如下：

```
import numpy as np
dataFile = open('mnist_train_100.csv')
dataList = dataFile.readlines()
dataFile.close()
record0 = dataList[0].split(',')
onodes = 10
train = np.zeros(onodes) + 0.01
train[int[record0[0]]] = 0.99
print train
```

除了最後幾行指令，上述的程式碼現在對你來說應該非常熟悉了。下列指令將會產生一個十位元的陣列，而所有的數值將等於 0.01：

```
train = np.zeros(onodes) + 0.01
```

接下來這行指令會將第一筆紀錄資料的第一個元素（數字）轉換成整數，並將其指定 0.99：

```
train[int([record0[0]]) = 0.99
```

圖 9-7 顯示了上述的操作過程。

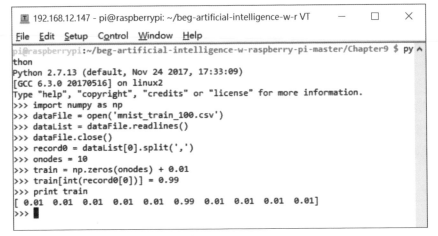

圖 9-7 建立訓練陣列的命令列

你可以清楚看到產生出來的陣列中，第六個元素被轉換成 0.99，因為它辨識出的數字是 5。

現在我們已經清楚如何得出輸入與輸出值，接著要討論如何配置 ANN。

配置能夠辨識手寫數字的 ANN

第一步，我們需要決定基本的 ANN 配置。到現在為止，我主要使用三層的 ANN，而我沒有特殊理由必須更動這個做法。剩下必須搞定的就是要建立的輸入與隱藏節點的數量。

找出輸入節點的數量相對簡單，因為我們有 784 個不同的像素值需被檢驗。這代表 ANN 需要 784 個輸入節點。這量看起來很多，但這類的問題就是要用到這麼多個輸入節點才能處理所有的資料。

決定隱藏層次裡面的節點數量是更困難的問題。目前沒有可用的分析方法來決定適切的數量。我在這個議題上做過相當多的研究，結果是大部分的 AI 研究員使用了各種經驗法則來決定這個量值。以下的幾個方法最為常見：

- 使用輸入層節點量值（N_i）和輸出層節點量值（N_0）的平均數
- 取 N_i 乘以 N_0 的平方根
- 隱藏層的節點數量（N_h）應該介於 N_i 和 N_0。
- N_h 等於 N_0 與 N_i 的和的 2/3
- N_h 應該少於 兩倍的 N_i

ANN 的配置經常是個試誤的過程（我已經非常清楚這個事實）。有兩個你必須熟悉的名詞：「低度配適」（under-fitting）和「過度配適」（over-fitting）。「低度配適」發生在 ANN 的節點數不足以支撐適度的訓練。此時，ANN 無法被訓練，同時（又或者）誤差太大，導致 ANN 無法被使用。相反地，在「過度配適」發生時，節點數太多，訓練過程被過多連結阻礙，而 ANN 的表現受到影響。此時，ANN 需處理太多的資訊需要處理，其負載量不足以訓練所有隱藏層級裡的節點。此外，隱藏層中大量的非必要節點會導致 ANN 受訓時間拉長。要獲得最好的 ANN 表現，目標是要避免「低度配適」或「過度配適」的發生。

根據前述討論和我的研究結果，我針對隱藏層級中所需要的節點數以下列敘述作結：

> 一個三層 ANN 的隱藏層節點數應該設定為輸出節點數的平方，但此數字不應該超過輸入節點數和輸出節點數的平均值。

這個結論應可被當作前述數個經驗法則的混合版。根據領域中的軼事作法，ANN 技術中似乎與「平方」算法有某種關聯。這種關聯出現在最初衡量權重計算平均數以及計算誤差函數斜率的時候。將十個輸出節點數取平方意味著可以得到一百個隱藏層級的節點數。這個值作為初始測試值似乎不錯。若 ANN 表現結果不佳，調整這個數字也不會太難。

現在可以將上述所有的程式碼整理成一份 Python 腳本，它一樣會用到上一章範例中的 ANN.py。以下程式碼檔名為 trainANN.py：

```python
# trainANN.py
import numpy as np
import matplotlib.pyplot as plt
from ANN import ANN

# 設定神經網路參數
inode = 784
hnode = 100
onode = 10

# 設定學習率
lr = 0.2

# 建立名為 ann 的 ANN 物件
ann = ANN(inode, hnode, onode, lr)

# 建立訓練用的清單資料
dataFile = open('mnist_train_100.csv')
dataList = dataFile.readlines()
dataFile.close()

# 使用清單中所有資料來訓練 ANN
for record in dataList:
    recordx = record.split(',')
    inputT = (np.asfarray(recordx[1:])/255.0 * 0.99) + 0.01
```

```
train = np.zeros(onode) + 0.01
train[int(recordx[0])] = 0.99
# 由此開始訓練
ann.trainNet(inputT, train)
```

就本範例的計算量而言，這個 Python 程式碼可說非常精簡。將 ANN 的類別定義與測試碼區隔開來總是個好方法，因為很容易去升級或擴充類別，同時不會影響到測試碼。

我在一個對話終端中執行 **trainANN** 的腳本，它跑得很順利，沒有出現任何錯誤，當然也沒有顯示其他結果。它現在需要一些測試資料來看看表現如何。

測試運轉

我將下載好的 MNIST 測試資料集子集用訓練資料的方式設定，因為兩者的格式一樣。以下是用來準備測試資料的 Python 語法：

```
import numpy as np
testDataFile = open('mnist_test_10.csv')
testDataList = testDataFile.readlines()
testDataFile.close()
```

在開始測試 ANN 之前，最好先將第一組測試資料以圖形化方式呈現出來看看。圖 9-8 是在 IDLE 2 環境中把這組資料繪製出來：

圖 9-8 *IDLE 2 GUI* 互動 *Python* 視窗

圖像化後的數字如圖 9-9。

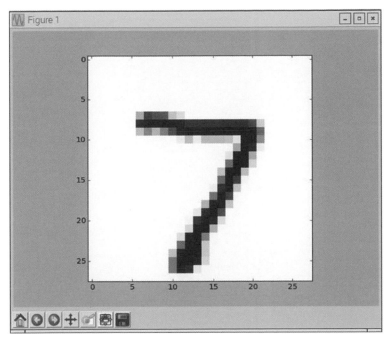

圖 9-9　顯示的數字

接下來，我們要將下面的程式碼加入 **trainANN.py** 的腳本中。事實上，這個腳本同時能做到訓練與測試 ANN。你可能會希望為它另外取名來符合這個新的功能。我在此只用原本的檔名，但別忘了它現在也具備測試功能了。新增的 Python 程式碼如下：

```
# 建立測試清單資料
testDataFile = open('mnist_test_10.csv')
testDataList = testDataFile.readlines()
testDataFile.close()

# 執行所有 10 筆測試資料並顯示輸出陣列
for record in testDataList:
    recordz = record.split(',')
    # 判別記錄標籤
    labelz = int(recordz[0])
    # 縮放與調整紀錄值
    inputz = (np.asfarray(recordz[1:])/255.0 * 0.99) + 0.01
    outputz = ann.testNet(inputz)
    print 'output for label = ', labelz
    print outputz
```

圖 9-10 是更新後的 trainANN 腳本的執行結果。由於螢幕擷圖的關係，下圖只顯示了十個結果輸出序列中的六個。

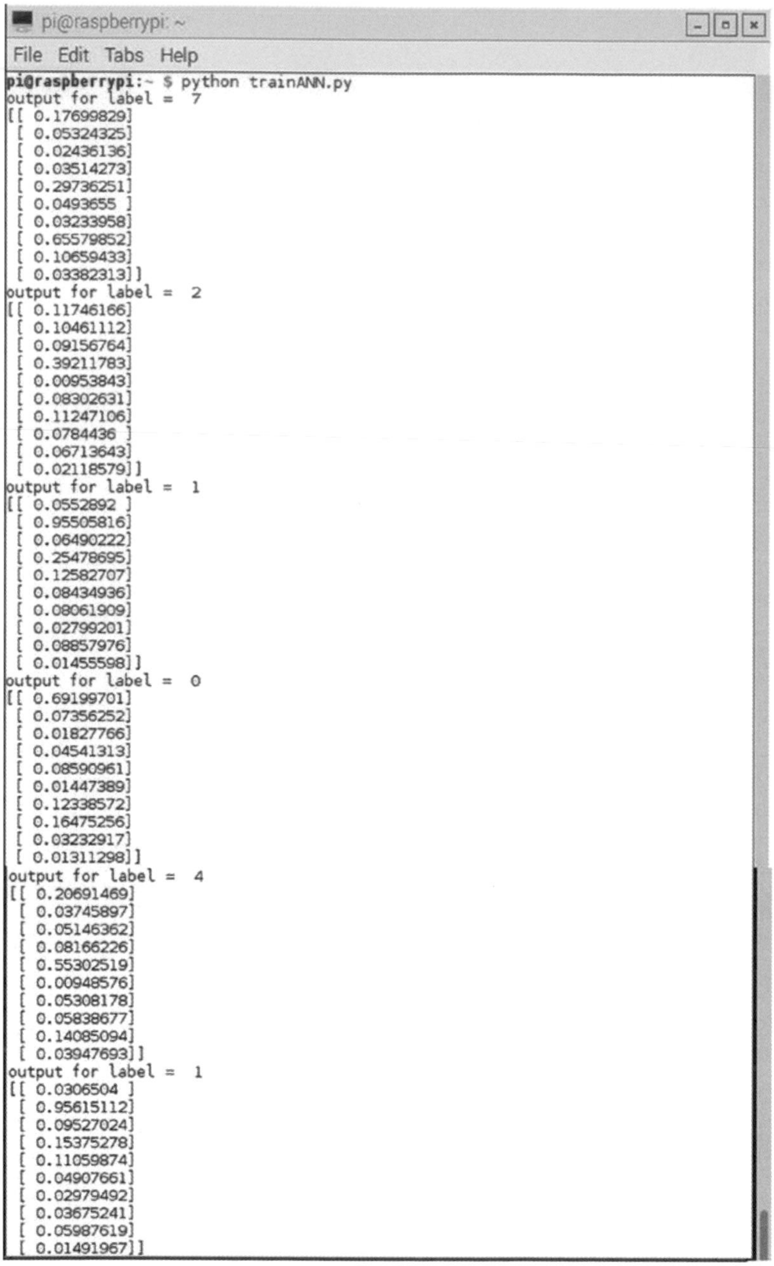

```
pi@raspberrypi: ~                                    _ □ ×
File  Edit  Tabs  Help
pi@raspberrypi:~ $ python trainANN.py
output for label =  7
[[ 0.17699829]
 [ 0.05324325]
 [ 0.02436136]
 [ 0.03514273]
 [ 0.29736251]
 [ 0.0493655 ]
 [ 0.03233958]
 [ 0.65579852]
 [ 0.10659433]
 [ 0.03382313]]
output for label =  2
[[ 0.11746166]
 [ 0.10461112]
 [ 0.09156764]
 [ 0.39211783]
 [ 0.00953843]
 [ 0.08302631]
 [ 0.11247106]
 [ 0.0784436 ]
 [ 0.06713643]
 [ 0.02118579]]
output for label =  1
[[ 0.0552892 ]
 [ 0.95505816]
 [ 0.06490222]
 [ 0.25478695]
 [ 0.12582707]
 [ 0.08434936]
 [ 0.08061909]
 [ 0.02799201]
 [ 0.08857976]
 [ 0.01455598]]
output for label =  0
[[ 0.69199701]
 [ 0.07356252]
 [ 0.01827766]
 [ 0.04541313]
 [ 0.08590961]
 [ 0.01447389]
 [ 0.12338572]
 [ 0.16475256]
 [ 0.03232917]
 [ 0.01311298]]
output for label =  4
[[ 0.20691469]
 [ 0.03745897]
 [ 0.05146362]
 [ 0.08166226]
 [ 0.55302519]
 [ 0.00948576]
 [ 0.05308178]
 [ 0.05838677]
 [ 0.14085094]
 [ 0.03947693]]
output for label =  1
[[ 0.0306504 ]
 [ 0.95615112]
 [ 0.09527024]
 [ 0.15375278]
 [ 0.11059874]
 [ 0.04907661]
 [ 0.02979492]
 [ 0.03675241]
 [ 0.05987619]
 [ 0.01491967]]
```

圖 9-10 *trainANN* 輸出測試結果

下表 9-2 清楚呈現了數字值和輸出的最高指數值之比較結果。

表 9-2　測試結果

Label	7	2	1	0	4	1	4	9	5	9
Index	7	3	1	0	4	1	7	6	0	7
Match	x		x	x	x		x			

準確率只有百分之五十有些令人失望，但還算是意料之中，因為這個 ANN 只有使用六萬個可測試資料中的一百個來訓練過。我注意到，只要某一筆紀錄只要結果是符合的，其輸出數值都相當高，而不符合者的數值則大致上是隨機的。

於是我稍微調整了程式碼來自動計算成功率，尤其在考量到後續要測試一萬筆資料，並且我不打算自己動手。我同時也刪去了顯示輸出陣列的程式碼。以下程式碼是上述修改的實作：

```
match = 0
no_match = 0
# 執行所有測試資料並顯示輸出陣列
for record in testDataList:
    recordz = record.split(',')
    # 判別記錄標籤
    labelz = int(recordz[0])
    # 縮放與調整紀錄值
    inputz = (np.asfarray(recordz[1:])/255.0 * 0.99) + 0.01
    outputz = ann.testNet(inputz)
    max_value = np.argmax(outputz)
    if max_ value == labelz:
        match = match + 1
    else:
        no_match = no_match + 1
        print 'success match rate = ', float(match)/float(match + no_match)
```

我一共測試了 trainANN 腳本六次，得到了一些有趣的發現，如圖 9-11 所示。

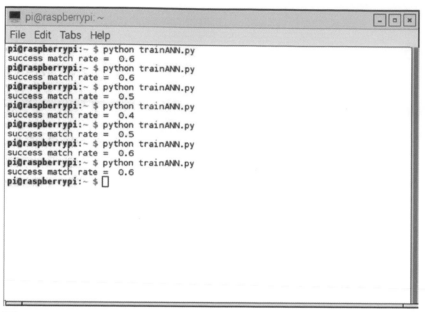

圖 9-11 *trainANN* 腳本和成功率計算結果

成功率大約是介於 **0.4 ～ 0.6** 之間；每次測試都使用同一組測試資料，可解釋這個現象的唯一變因是有些權重矩陣比其他的來得更契合。如我在第八章所說的，這些矩陣是由隨機常態分佈生成，因此顯然有些矩陣會比其他來得有機會產生較準確的結果。讓我們期許 ANN 完成六萬筆資料的訓練之後，這些隨機變異會消失。若要使用這六萬筆資料，只需要將 **trainANN.py** 腳本中開啟檔案的 **open** 程式碼作如下修改：

```
dataFile = open('mnist_train.csv')
```

我執行了上述改變後重新跑了十組測試資料。我很驚訝的發現正確率現在高達 **0.90**。同時，**Raspberry Pi** 花了大約五分鐘執行整組訓練資料，我認為對於這款四核心的 **1.2GHz** 的處理器來說並不算太久。

下一步，我們要執行完整的一萬筆測試資料集，你只需再次改寫程式碼如下：

```
testDataFile = open('mnist_test.csv')
```

這一次，跑完整個腳本耗時 **8** 分鐘，正確率高達 **0.9381**。

接下來，我想要測試配對成功率如何隨著學習率改變。為此，我在 trainANN.py 腳本中新增了一個可以執行訓練和測試資料的迴圈，並將學習率從 0.1 依序調整至 0.9。圖 9-12 是本次的實驗結果。

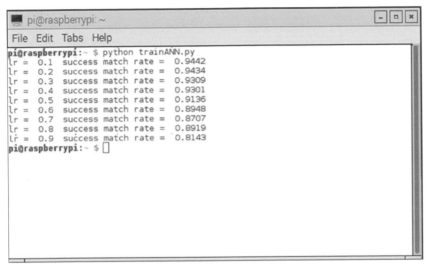

圖 9-12 配對成功率隨學習率改變

最高的配對成功率是 0.9442，此時學習率為 0.1。這是相當不錯的辨識比率，可媲美其他許多更大或更為複雜的研究型 ANN。如果你依照我到目前為止的教學複製了表現如此優異的 ANN，你應該相當欣慰。依照我個人經驗，大部分學習 AI 的大學生應該做不到你在這個章節所完成的成就。你應該為你所學到的背景知識與課外教育感到非常開心。

然而，請不要膽怯於嘗試其他測試 ANN 表現的實驗參數，例如改變隱藏節點的數目。Tariq 在他的書中提到其中一個技巧是「循環次數」（epoch）的概念，意思是反覆用同一組資料訓練 ANN。每一次完整的訓練週期就稱為*循環次數*。Tariq 和其他 AI 研究員發現過度訓練 ANN 是有可能的，這會導致 ANN 的整體表現比起只跑幾組訓練資料來得欠佳。此現象的確切原因未知，但研究員們猜測 ANN 會因為超載資料而出現過度適配的情形。關於此現象，請見前面關於過度適配的討論內容。

ANN 的好玩與有趣之處在於可以有許多變化，你可以自行實驗、調整出更多不同的結果。得出百分之 94 ～ 95 的辨識準確率完全足以感到驕傲，但改善 ANN 也是值得嘗試的一步。你可以試著建立卷積式的 ANN，據說應用在 MINST 測試資料集的準確率高達 98.5%。Adrian Rosebrock 博士在其部落格 [2] 上有一篇文章中解釋了這個過程。過程有點複雜，但這個過程用上了很棒的 Python 函式庫：Keras，以及 Adrian 自製的函式庫，讓建造 ANN 的過程快速又省事。在此推薦給有興趣繼續實驗的有志之士。

接下來，我將示範使用 Pi Camera 辨識手寫數字。

範例 9-2：使用 Pi Camera 辨識手寫數字

首先，我們要確定手邊的 Raspberry Pi，系統設定中是可以使用 Pi Camera 的。最簡單的方法在命令列中輸入以下指令來啟動 raspi-config 公用程式：

```
sudo raspi-config
```

會看到如圖 9-13 的畫面：

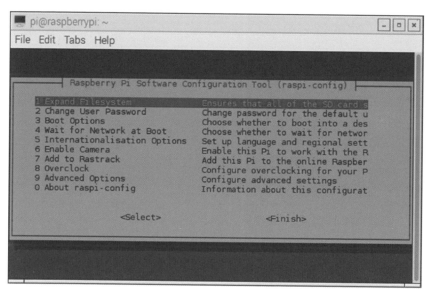

圖 9-13 *Raspi-config* 目錄

選項六「**Enable Camera**」：此選項會安裝 **Pi Camera** 的驅動程式，讓相機裝置和作業系統 **Jessie** 可一起運作。

下一步驟是安裝 **Pi Camera**。當你購買時，相機上應該已經有一條可彎折的扁平纜線。將纜線的另一端接至位處電路板上 **RJ-45** 連接器後方的相機序列介面（**CSI, camera serial interface**）。連接纜線時，請小心將接頭兩側的黑色塑膠片輕輕地往上拉。請格外小心，這塑膠片很容易過度受力斷裂。上拉之後，塑膠片會變鬆，但仍然是在接頭中。

接下來，將電纜銀色正面背向 **RJ-45** 連接器插入插槽。纜線的藍色反面必須面像 **RJ-45** 連接器。確認電纜牢固地與電路板垂直相連，且沒有歪向任一邊。之後，把黑色塑膠片輕輕地垂直按下來固定電纜。在此提醒，我發現在移動相機的時候容易鬆動接埠，導致電纜在連接器中稍微移動。如果發生這種狀況的話，你通常會看到相機已經斷線的訊息，此時請再次調整即可。圖 **9-14** 是相機的帶狀纜線與 **CSI** 接頭接好之後的照片。

圖 9-14 接上電路板的相機纜線

接下來，你會需要再安裝一些用相機拍照所需的 Python 函式庫。很簡單，只需要輸入以下的指令即可：

```
sudo apt-get update
sudo apt-get install python-picamera
```

完成後就可以開始拍照了。我會在 Python 指令列當中逐步示範如何顯示手寫數字的影像。

首先，你需要準備一個手寫數字作為主要辨識物件。建議你使用黑色細頭簽字筆在白紙上寫下長寬約四吋的數字。此例中，我寫了數字 9。你可以隨意選擇喜歡的數字。圖 9-15 是我的手寫數字。

圖 9-15 辨識物件：手寫數字

上圖看起來有點奇怪，因為我是用 Pi Camera 的單色模式來拍照，稍後會做說明。在那之前請相信我，我是在白紙上用非常黑的筆寫下這個數字的。接下來是 Python 對話終端，我會在每一行指令後加上備註：

```
>>> import picamera
```

picamera 套件包含了所有擷取、儲存和讀取影像所需的模組。

```
>>> camera = picamera.PiCamera()
```

此指令會建立一個名為「camera」物件，用來呼叫所需的指令。

```
>>> camera.color_effects = (128, 128)
```

此指令將 Pi Camera 所拍攝的畫面設定為黑白，技術上也稱作「單色」
（monochrome）或是「灰階」（shades of gray）。

```
>>> camera.capture('ninebw.jpg')
```

此指令會拍攝或擷取一張影像。在此範例中，儲存下來的相片命名為
「ninebw.jpg」，其格式為預設的高解析度 1920x1080 畫素。我建議將寫有數
字的白紙垂直固定在距離鏡頭五吋的地方。Pi Camera 有廣角鏡頭，所以它能
夠近距離捕捉全部畫面。程式碼會進一步把原本的影像大幅縮小。

圖 9-16 顯示第二版本的 Pi Camera 加裝了透明塑膠握把，讓相機能垂直拍攝
直立於桌面的白紙。附帶一提，這個價格合理的塑膠把手可以在 Amazon.com
上購買。

圖 9-16 使用 *Pi* 鏡頭捕捉畫面

拍攝手寫數字的完整 Python 命令列如圖 9-17 所示。

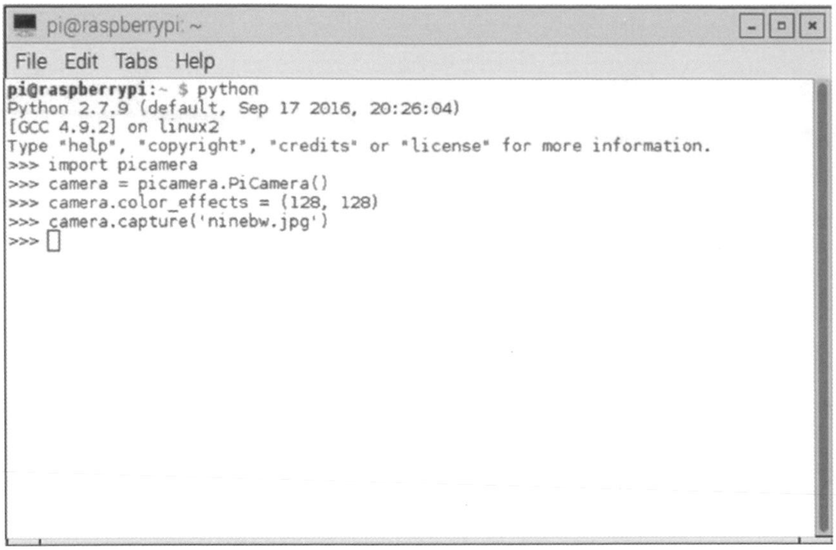
pi@raspberrypi: ~
File Edit Tabs Help
pi@raspberrypi:~ $ python
Python 2.7.9 (default, Sep 17 2016, 20:26:04)
[GCC 4.9.2] on linux2
Type "help", "copyright", "credits" or "license" for more information.
>>> import picamera
>>> camera = picamera.PiCamera()
>>> camera.color_effects = (128, 128)
>>> camera.capture('ninebw.jpg')
>>>

圖 9-17 *Python* 命令列

我稍微修改了 trainANN.py，讓它能使用圖 9-15 的數字作為測試輸入資料。trainANN_Image.py 的完整內容如下，後續再逐一說明。

```
import numpy as np
import matplotlib.pyplot as plt
from ANN import ANN
import PIL
from PIL import Image

# 設定神經網路參數
inode = 784
hnode = 100
onode = 10

# 設定學習率
lr = 0.1

# 建立名為 ann 的 ANN 物件
ann = ANN(inode, hnode, onode, lr)

# 建立訓練清單資料
```

```
dataFile = open('mnist_train.csv')
dataList = dataFile.readlines()
dataFile.close()

# 使用清單中所有資料來訓練 ANN
for record in dataList:
    recordx = record.split(',')
    inputT = (np.asfarray(recordx[1:])/255.0 * 0.99) + 0.01
    train = np.zeros(onode) + 0.01
    train[int(recordx[0])] = 0.99
    # 由此開始訓練
    ann.trainNet(inputT, train)

# 由單張影像建立測試清單資料
img = Image.open('ninebw.jpg')
img = img.resize((28, 28), PIL.Image.ANTIALIAS)

# 把像素讀取入清單
pixels = list(img.getdata())

# 由 tuple 轉換為單一數值
pixels = [i[0] for i in pixels]

# 存入 test.csv 暫存檔並以逗號分隔
a = np.array(pixels)
a.tofile('test.csv', sep=',')

# 開啟暫存檔並讀取入清單中
testDataFile = open('test.csv')
testDataList = testDataFile.readlines()
testDataFile.close()

# 執行所有清單元素並傳給 ANN
for record in testDataList:
    recordx = record.split(',')
    input = (np.asfarray(recordx[0:])/255.0 * 0.99) + 0.01
    output = ann.testNet(input)

# 顯示輸出結果
print output
```

請注意，我不需要修改基礎的 ANN 類別就能把這些修改整合到 trainANN_ Image 腳本中，這就是我所說把類別定義與應用程式碼區隔開的強大之處。

接下來只會討論對於原本的 **trainAN.py** 腳本的修改之處，加入了新的影像處理功能。

調整 **trainAN.py** 腳本

從下列指令開始：

```
import PIL
from PIL import Image
```

透過 Python 語言來處理影像時，需要用到 Python 影像函式庫（Python Imaging Library, PIL）和其元素 Image。

```
img = Image.open('ninebw.jpg')
img = img.resize((28, 28), PIL.Image.ANTIALIAS)
```

上述指令會載入檔案，需要在腳本中寫死。接著是把影像檔案尺寸縮小為 28x28 像素。ANTIALIAS 參數會確保在縮圖的過程中不會產生鋸齒效果。

```
pixels = list(img.getdata())
```

這項指令會將 784 畫素值轉換為名為 pixels 的清單。

```
a = np.array(pixels)
a.tofile('test.csv', sep=',')
```

這個畫單接下來會被轉換成適合用逗號分格的行列，檔案名為「**test.csv**」。這個新增的檔案會如同其他 **trainANN.py** 腳本中未經修改的測試檔案一樣，用同樣的方式進行處理。

圖 9-18 顯示輸出的檔案行列，你可以清楚看到最後一行的數值最高，符合 ANN 辨識出的數字 9，正好是正確答案。

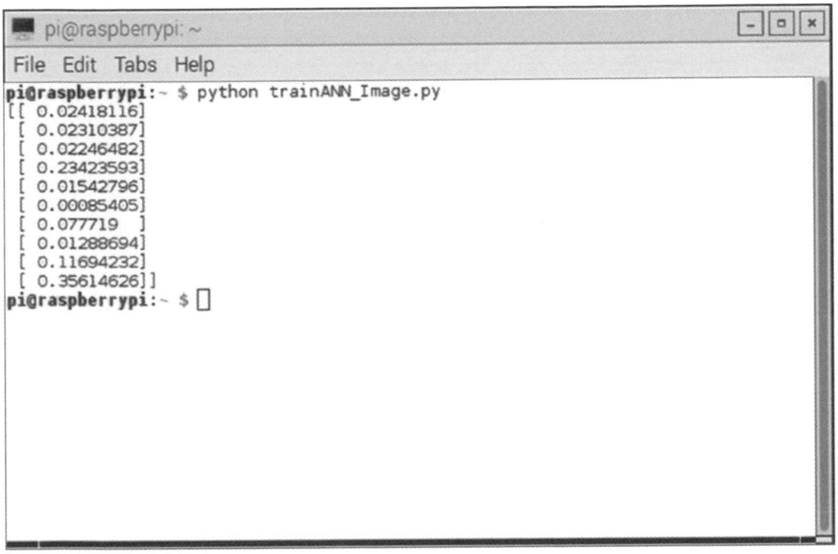

圖 9-18 輸出資料陣列

我花了不少時間準備這個範例，用 Raspberry Pi 控制的相機結合訓練完善的 ANN 確實可以辨識它從來沒有處理過的手寫數字。

這個範例的最後一部分要解釋如何自動化辨識畫面的處理過程。

使用 ANN 來自動辨識數字

運用 ANN 來將影像處理流程自動化是個相當簡單的事情。我使用了可藉由中斷來驅動的結構（擷取和處理畫面都是由一顆接在 Raspberry Pi 的 GPIO 腳位上的按鈕所觸發的）。

第一步要設定硬體，包括連接 Pi Camera、實體按鈕，以及一個使用 Pi Cobbler 擴充板所連接的 LED。圖 9-19 是 LED、按鈕與 Pi Cobbler 連接方式的 Fritzing 軟體示意圖。

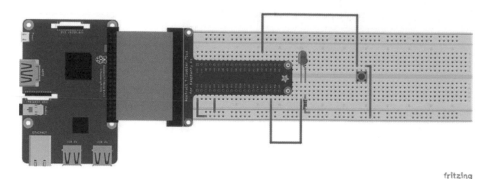

fritzing

圖 9-19 LED 和按鈕接線

圖 9-19 把接線說明得很清楚，應該沒有必要另外提供圖解。Pi Camera 的接法之前也介紹過了。

新腳本 automatedImager.py 中用到了一個無窮迴圈，它會在等待中斷訊號以進行影像處理的同時不斷閃爍 LED。程式完整內容如下，我們會列出與 trainANN_Image.py 的不同之處。

```python
import numpy as np
import matplotlib.pyplot as plt
from ANN import ANN
import PIL
from PIL import Image
import RPi.GPIO as GPIO
import time
import picamera

# 建立並設定 Pi Camera 物件
camera = picamera.PiCamera()
camera.color_effects = (128, 128)

# 設定 I/O 腳位為 12 與 19
GPIO.setmode(GPIO.BCM)
GPIO.setup(12, GPIO.IN, pull_up_down=GPIO.PUD_DOWN)
GPIO.setup(19, GPIO.OUT)

# 定義影像處理完畢之後的回呼函數
def processImage(self):
    # 取得單張影像
    camera.capture('test.jpg')
```

```
    # 由單張影像建立測試清單資料
    img = Image.open('test.jpg')
    img = img.resize((28, 28), PIL.Image.ANTIALIAS)

    # 把像素讀取入清單
    pixels = list(img.getdata())

    # 由 tuple 轉換為單一數值
    pixels = [i[0] for i in pixels]

    # 存入 test.csv 暫存檔並以逗號分隔
    a = np.array(pixels)
    a.tofile('test.csv', sep=',')

    #   開啟暫存檔並讀取入清單中
    testDataFile = open('test.csv')
    testDataList = testDataFile.readlines()
    testDataFile.close()

    # 執行所有清單元素並傳給 ANN
    for record in testDataList:
        recordx = record.split(',')
        input = (np.asfarray(recordx[0:])/255.0 * 0.99) + 0.01
        output = ann.testNet(input)

    # 顯示輸出結果
    print output

# 偵測事件
GPIO.add_event_detect(12, GPIO.RISING, callback=processImage)

# setup the network configuration
inode = 784
hnode = 100
onode = 10

#   設定神經網路參數
lr = 0.1 # 最佳值

#   建立名為 ann 的 ANN 物件
ann = ANN(inode, hnode, onode, lr)

#   建立訓練清單資料
dataFile = open('mnist_train.csv')
```

```
dataList = dataFile.readlines()
dataFile.close()

# 使用清單中所有資料來訓練 ANN
for record in dataList:
    recordx = record.split(',')

    inputT = (np.asfarray(recordx[1:])/255.0 * 0.99) + 0.01
    train = np.zeros(onode) + 0.01
    train[int(recordx[0])] = 0.99
    # 由此開始訓練
    ann.trainNet(inputT, train)

while True:
    # 持續讓 LEd 閃爍
    GPIO.output(19, GPIO.HIGH)
    time.sleep(1)
    GPIO.output(19, GPIO.LOW)
    time.sleep(1)
```

測試執行

在此 Pi Camera 的設定方式與先前的手動範例完全相同。LED 會在訓練結束後開始閃爍，代表裝置已經準備好透過按鈕來驅動照相和 ANN 分析程序。圖 9-20 顯示 ANN 的測試運行結果。

圖 9-20 自動化試運行輸出結果

陣列的最後一個元素就是數值最高者，代表 ANN 的數字辨識結果為 9，也是正確結果。

我以這個專案為本章用一個真實範例來總結，也正是我想秀給你看的。你可以將它們視為對於 ANN 進一步實驗與練習的起點。

結論

本章介紹了兩個 ANN 實務範例，說明了 ANN 如何辨識手寫數字。其中，資料集包含了六萬筆來自 MNIST 資料庫的紀錄。

第一個範例使用了不同於 MNIST 資料庫資料的一萬筆紀錄，其結果顯示三層 ANN 可以達到 94.5% 的成功辨識率。

第二個範例使用 Pi Camera 來辨識手寫數字。運用 Python 將相機捕捉到的畫面轉換成資料，並成功辨識出數字。

最後，說明如何小幅修改程式來將圖像辨識過程自動化。

## CHAPTER 10

演化運算

本章探討 EC（演化運算 , Evolutionary Computing）。我首先會定義 EC 及其範疇，如此你可了解此概念在章節被討論的內容與如何應用在人工智慧上。以下是幾個 EC 的子題：

- 演化程控
- 演化策略
- 基因演算
- 基因編碼
- 分級系統

此列表並非囊括了所有範疇。通常人工智慧的學術子題會隨著操作者的觀點有所不同，但這個列表對我來說相當足夠，且也充分涵蓋了本章所要討論的內容。

我會從一個故事開始講起，它有助於將奠定 EC 的基礎演化與突變概念成現在脈絡之中。

Alife

許多年前，一個亞熱帶叢林的巨大洞穴中住著一種兩棲類生物，我在此將之稱為「alife」。Alife 是種相當溫馴的動物，洞穴中有以萬計的數量群聚久居。牠們以地衣、苔蘚以及其他營養物質為食，這些可在經過洞穴裡的清澈水流中充分收集。Alife 的繁殖量大、速度也快，在幾周之內即可增加許多世代。牠們的群落大小很穩定，因為固定的出生與死亡率以及穩定的食物來源而達到平衡。Alife 群體似乎非常滿意於這個狀況。之後，災難來襲。

一場嚴重的地震襲擊該地區導致洞穴坍方，alife 聚落因而相隔許多代後首次暴露於外在世界。Alife 們並沒有察覺這個改變，因為牠們的大腦仍然非常原始，所以牠們還是過著往常的生活。然而，一隻老鷹偶然在附近盤旋，發現了這個意外開啟的天井。牠在這邊發現了肥美的 alife 群，並開始捕食牠們。飽餐一頓後，老鷹飛回牠的巢穴附近，也告訴了牠的老鷹同伴們這個新發現。短時間內，許多老鷹紛紛到這裡獵食 alife，讓牠們的日子變得非常難過。

雖然有一些 alife 懂得藏身在石頭或小洞裡以躲避老鷹獵捕，alife 全體還是難逃被吃光的命運。後來，奇蹟發生了。一隻新生的 alife 寶寶頭頂上的皮膚細胞開始產生變化（或突變），讓牠對光異常敏感。這隻 alife 不知該怎麼辦，只好順從先天直覺走避任何光線。有趣的是，每一個世代的 alife 比前一代變得越來越能探查光線。這些對光敏感的 alife 子群也迅速學會怎麼躲避老鷹追擊，成為唯一生存的 alife。在發現不再有免費美食後，老鷹們也就不再來訪了。

另外一個突變發生在第二組光敏感的細胞出現在第一組細胞附近時。經過許多世代後，這些光敏感的細胞演化成原始的眼睛，讓 alife 有了視覺，且更重要的是，雙眼讓牠們有了探測三度空間的能力。有了新能力，牠們能離開原來的穴居生活開始探索外在世界。

當 alife 開始探索世界，暴露在強光之下，讓上表皮細胞也開始突變，變得堅硬且具有保護力。他們的口部也突變，因為他們需要更多食物能量以在叢林中活動。牠們長出牙齒，消化系統也開始變化來接受新攝取的生食。牠們的身體隨之變化，長出新的部位與器官。這個演化過程持續至今。現今，alife 還存活在世上，我們稱牠們為 alligators（鱷魚）。

相信你們知道這個故事是我瞎掰的，除了突變與演化，這些能讓 alife 持續生存的重要資訊。生物適應環境而在惡劣環境中生存是達爾文《物種起源》的主要論點。

大自然中的突變規模都非常小，且遵循某些隨機過程來進行的，且隨機發生在一些物種身上。但突變的概念可以被應用在演化運算上，而這個變化（或突變）也是小規模，且對於整個過程的影響也不是很大，無論形式為何。這些突變也適用一個契合的擬態隨機機制來產生。我將會繼續講述這些概念在 EP（演化程控，Evolutionary Programming）的應用討論。

演化程控

EP（Evolutionary programming）的概念最早是由 Lawrence Fogel 博士於 1960 年代初期所提出。它可被視為一種利用隨機選擇試驗法來檢驗一種或多種目標的最適化策略。此策略也被稱作單一族群（*Individual Population*）。突變會接續應用在現存的個體上，進而產生了新的物種或子代（*off spring*）。突變可在新物種的結果行為上產生大範圍的影響。之後，新物種被拿來「競賽」，比較哪個物種可存活下來成為獨立的個別群體。

EP 不同於 *GA* （基因演算，genetic algorithm），因為 EP 聚焦在親代與子代的行為關聯上；GA 則是試著模擬在基因體中發生的自然基因工程，包括行為編碼和跨基因的重組。

EP 同時非常近似於 *ES*（演化策略，evolution strategy），即使它們有各自的發展歷程。最主要的不同在於 EP 使用了隨機的過程來選擇群體之中的物種個體，有別於 ES 確定性的方式。在 ES 裡，表現不好的物種個體會被設計精良的公制從群體中剔除。

現在我已經介紹了 EC，也討論了它的基本要件，接下來示範一個實際的 EC 例子。

範例 10-1：人工演算

我將利用一些人工演算來開啟這個範例說明，如同其他章節一樣。然而，事先說明目標會幫助你更了解範例的重點。我們的目標是要產生一個六個整數的列表，而這六個整數位於 0 至 100 之間，總和是 371。我相信讀者們能夠輕易得出這個列表，不會遇到什麼問題。

以下是我的邏輯過程，將有助於你了解我如何得出數字列表：

1. 首先，我得出每個數字可能都大於 60，因為六個數字必須總和為 371。

2. 接下來，我選擇一個數字（71），將它從目標總和扣除，並得到一個新的目標總和 300，必須是五個數字的總和。

3. 我用其他數字重複以上步驟，直到我得到以下數字列表。最後一個數字就會是我選完第五個數字所剩餘的差。

   [71, 90, 65, 70, 25, 50]

這個過程並不是隨機的，因為我依照邏輯選擇了每一個數字。這個過程應該被分類為確定性（deterministic）。附帶一提，我也可以得出以下列表，因為沒有規定表中的整數不能重複：

   [60, 60, 60, 60, 60, 71]

只是我們人類的本性讓我們不常會那樣思考或推論。

我認為上述的人工演算對人而言相當瑣碎。但是，對電腦而言並不是如此，讓我們用 Python 來示範。

Python 腳本

在此必須大大感謝 Will Larson。我在此使用的程式碼是來自於 2009 年他在部落格（Irrational Exuberance）上發表的一篇文章：Genetic Algorithms: Cool Name & Damn Simple[1]（基因：酷炫標題＆超級簡單）。我強烈建議你看看這篇文章。

待解決的問題與之前動手去算出 0 與 100 之間的某六個整數，相加起來總和剛好為 371。

找出解的第一步是思考如何讓問題符合 EC 的理論框架，好比創造了「個體」（individual）之後總會形成「群體」（population）。此例中，「個體」是一個擁有六個元素的清單，元素資料範圍為 0 到 100 間的整數。然後數個「個體」則會形成一個「群體」。下列的程式碼可產生一個個體：

```python
from random import randint
def individual(length, min, max):
    # 產生一個個體
    return [randint(min, max) for x in xrange(length)]
```

圖 10-1 是我產生了一些個體之後的 Python 執行畫面。

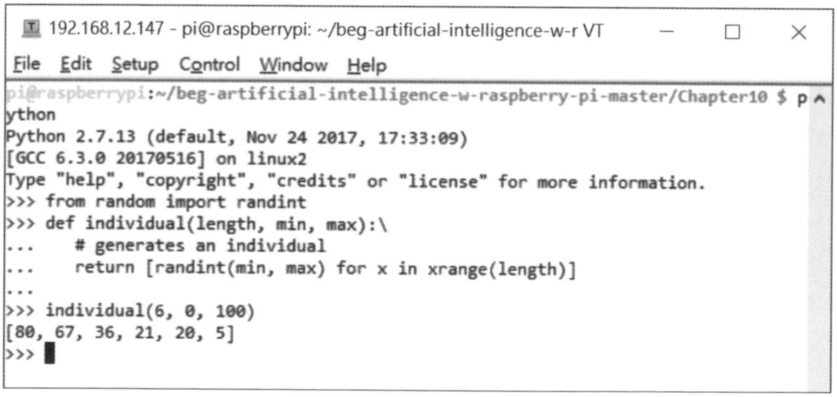

圖 10-1　生成個體的執行畫面

1　https://lethain.com/genetic-algorithms-cool-name-damn-simple/

被個別產生的個體需要被收集起來才能形成群體,這就是我們的下一個步
驟。接下來的程式碼將會產生一個群體。這段程式碼仰賴於先前已經輸入的
程式碼:

```
def population(count, length, min, max):
    # 產生一個群體
    return [individual(length, min, max) for x in xrange(count)]
```

圖 10-2 是生成數個群體的 Python 執行畫面。

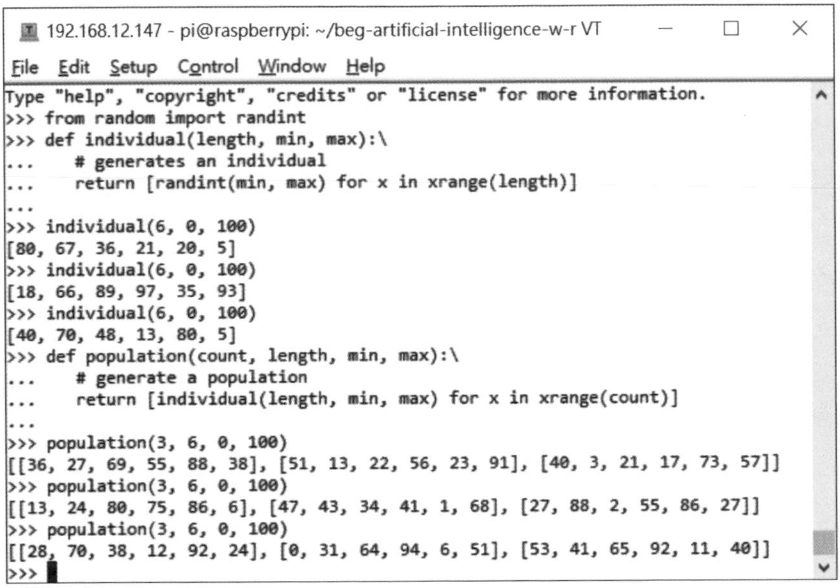

圖 10-2 生成群體的 *Python* 執行過程

下一步,我們要建立能夠量測單一個體在特定目標下性能表現的函數(目
標例如使整數列表中的值之總和等於某個目標值)。此函數名為**適應函數**
(*Fitness Function*)。請注意,適應函數需要個體函數優先被輸入。以下是適
應性函數的程式實作:

```
from operator import add
def fitness(individual, target):
    # 計算適應度,越低越好
    sum = reduce(add, individual, 0)
    return abs(target - sum)
```

圖 10-3 是我利用固定目標值來測試數個個體的互動 Python 對話終端。

```
□ 192.168.12.147 - pi@raspberrypi: ~/beg-artificial-intelligence-w-r VT   —   □   ×
File  Edit  Setup  Control  Window  Help
>>> def fitness(individual, target):\
...     # calculate fitness, lower the better
...     sum = reduce(add, individual, 0)
...     return abs(target - sum)
...
>>> x = individual(6, 0, 100)
>>> fitness(x, 240)
4
>>> x = individual(6, 0, 100)
>>> fitness(x, 240)
58
>>> x = individual(6, 0, 100)
>>> fitness(x, 240)
25
>>>
>>>
>>>
>>>
>>>
```

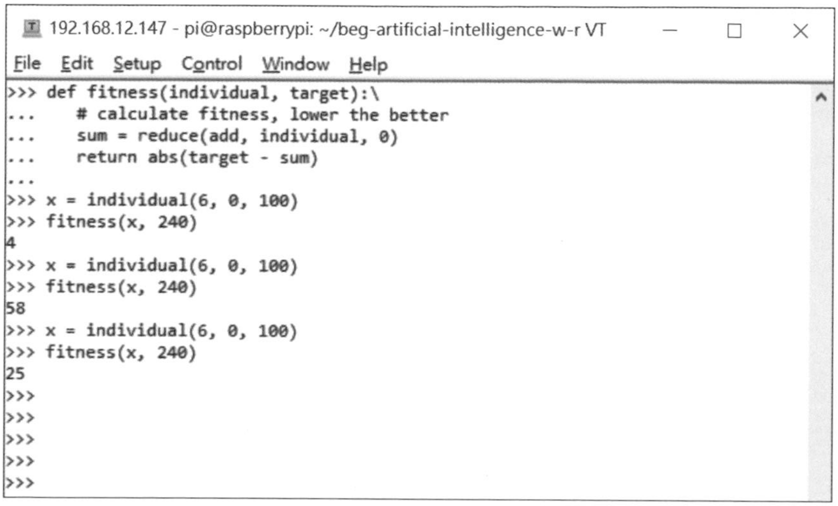

圖 10-3 適應函數的互動 *Python* 對話終端

這個特定的適應函數比我在前幾章節中示範的相似適應測試來得簡易許多。此例中，被計算的只有個數列表的總值與目標值之差的絕對值。最好的結果值是 0.0，接著進行示範。

在這個架構中唯一缺乏的是如何將群體轉換或演化來達成目標。除非我們超級幸運，不然第一個測試的結果一定不會是最佳解。以下是一系列適合此結構的策略。

- 將前一組群體中前 20％（菁英比例）表現最佳的個體另外組織在一起
- 將新群體的 75％ 培育為新子群
- 取一個「父親」個體的前段（兩個數字）和一個「母親」個體的前段（兩個數字）來形成「小孩」。
- 「父親」和「母親」不能為同一個體。
- 隨機從新群體中挑選 5％。
- 將新群體的 1％ 進行變異。

上述的策略不是標準策略，也不甚詳盡，但足夠解決眼下的問題，針對其他相似的問題也足夠具有代表性。

圖 10-4 的 Python 執行過程顯示了「小孩」在這個策略下的創造過程。

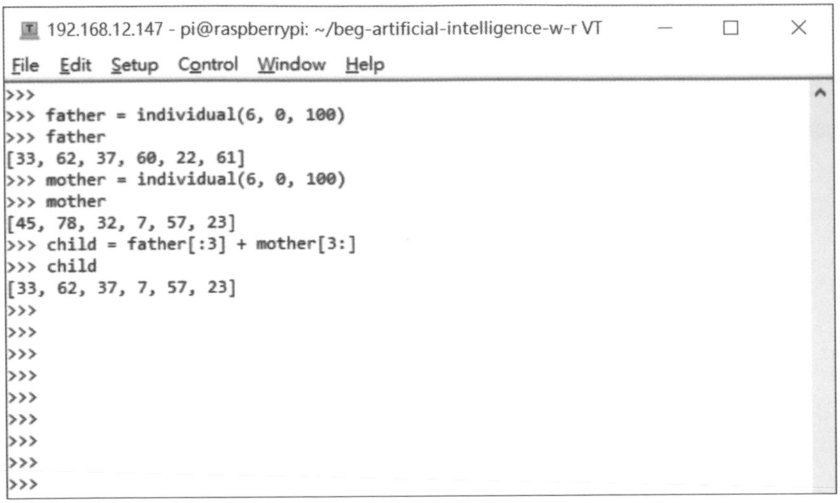

```
192.168.12.147 - pi@raspberrypi: ~/beg-artificial-intelligence-w-r VT    —   □   ×
File  Edit  Setup  Control  Window  Help
>>>
>>> father = individual(6, 0, 100)
>>> father
[33, 62, 37, 60, 22, 61]
>>> mother = individual(6, 0, 100)
>>> mother
[45, 78, 32, 7, 57, 23]
>>> child = father[:3] + mother[3:]
>>> child
[33, 62, 37, 7, 57, 23]
>>>
>>>
>>>
>>>
>>>
>>>
>>>
>>>
>>>
```

圖 10-4 創造「子女」群來行成新群體

這個策略中談及變異的部分比較複雜，如以下的程式碼。我會在之後進行說明。

```python
from random import random, randint
chance_to_mutate = 0.01
for i in population:
    if chance_to_mutate > random():
        place_to_mutate = randint(0, len(i))
        i[place_to_mutate] = randint(min(i), max(i))
...
...
```

在程式中，`chance_to_mutate` 這個變數被設定為 0.01，代表變異機率為 1％－如我先前所述，這樣的設定是非常低的。`for i in population` 這個語法會把整個群體跑過一遍，只有在隨機數產生器的結果低於 0.01 才會產生變異，顯然這不會太常發生。實際被選中要進行變異的個體是由 `place_to_mutate = randint(0, len(i))` 語法所決定，此個體不太可能是在隨機數字低於 0.01 時所產生。最後，變異是透過 `i[place_to_mutate]= randint(min(i), max(i))` 語法來執行。被選中個體中的整數值是依據群體中的 min 值和 max 值來隨機產生。

整個策略設計，包括選擇最佳表現個體的綜合考量、利用親代各部分培育子代、以及偶然變異等等，都是為了找到全域最大值，避開局部最大值。這個邏輯如同 ANN 的梯度下降演算法，其目的是要找到全域最小值，避開局部最小值。請參考圖 8-15 中代表全域最大值的高峰，而不是如低谷般的全域最小值。

evolve 函數能做到的還不止這樣。其餘程式碼可在後續的完整腳本中查閱。

在進入完整腳本之前，還得先介紹另一個函數。這個函數名為 grade，它會計算群體的總體適應性。Python 內建的 reduce 函數可以將個體的適應分數加總起來，並且以群體大小求得均值。grade 函式內容如下：

```
def grade(pop, target):
    'Find average fitness for a population.'
    summed = reduce(add, (fitness(x, target) for x in pop))
    return summed / (len(pop) * 1.0))
```

關於這個 Python 腳本中的所有函數的討論與說明就停在這裡。以下是最終版腳本的完整內容，以及如何在 Python 命令列執行這個腳本的指令。請注意我稍微調整了指令，好將達成目標的第一代數字結果以及最終解顯示出來。此範例中群體的個數為 100，且每個個體都有六個介於 0 與 100 之間的數字。

```
"""
# Example usage
>>> from genetic import *
>>> target = 371
>>> p_count = 100
>>> i_length = 6
>>> i_min = 0
>>> i_max = 100
>>> p = population(p_count, i_length, i_min, i_max)
>>> fitness_history = [grade(p, target),]
>>> fitFlag = 0
>>> for i in xrange(100):
...     p = evolve(p, target)
...     fitness_history.append(grade(p, target))
...     if grade(p, target) == 0:
...         if fitFlag == 0:
...             fitFlag = 1
```

```
...                print 'Generation = ', i
...                print p[0]
>>> for datum in fitness_history:
... print datum
"""

from random import randint, random
from operator import add

def individual(length, min, max):
    'Create a member of the population.'
    return [ randint(min,max) for x in xrange(length) ]

def population(count, length, min, max):
    """
    Create a number of individuals (i.e. a population).
    count: the number of individuals in the population
    length: the number of values per individual
    min: the minimum possible value in an individual's list of values
    max: the maximum possible value in an individual's list of values

    """
    return [ individual(length, min, max) for x in xrange(count) ]

def fitness(individual, target):
    """
    Determine the fitness of an individual. Higher is better.

    individual: the individual to evaluate
    target: the target number individuals are aiming for
    """
    sum = reduce(add, individual, 0)
    return abs(target-sum)
def grade(pop, target):
    'Find average fitness for a population.'
    summed = reduce(add, (fitness(x, target) for x in pop))
    return summed / (len(pop) * 1.0)

def evolve(pop, target, retain=0.2, random_select=0.05,
mutate=0.01):
    graded = [ (fitness(x, target), x) for x in pop]
    graded = [ x[1] for x in sorted(graded)]
    retain_length = int(len(graded)*retain)
    parents = graded[:retain_length]
```

```python
        # randomly add other individuals to
        # promote genetic diversity
        for individual in graded[retain_length:]:
            if random_select > random():
                parents.append(individual)
        # 突變某些個體
        for individual in parents:
            if mutate > random():
                pos_to_mutate = randint(0, len(individual)-1)
                # this mutation is not ideal, because it
                # restricts the range of possible values,
                # but the function is unaware of the min/max
                # values used to create the individuals,
                individual[pos_to_mutate] = randint(
                    min(individual), max(individual))
        # 親代雜交以產生子代
        parents_length = len(parents)
        desired_length = len(pop) - parents_length
        children = []
        while len(children) < desired_length:
            male = randint(0, parents_length-1)
            female = randint(0, parents_length-1)
            if male != female:
                male = parents[male]
                female = parents[female]
                half = len(male) / 2
                child = male[:half] + female[half:]
                children.append(child)
        parents.extend(children)
        return parents
```

圖 10-5 是我輸入上述程式碼中一段語法後的執行畫面。

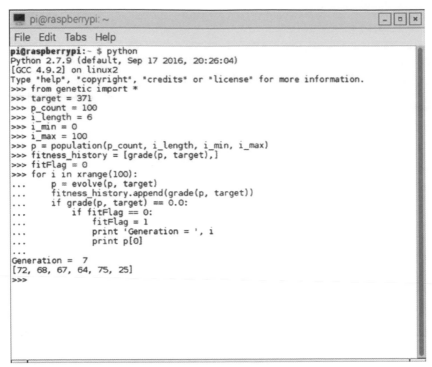

圖 10-5　執行腳本的互動 *Python* 命令列

你應該可以在以上螢幕截圖中發現，僅僅進行了七代演算後就找到了一個解：
[72，68，67，64，75，25]，總和是 371。這個腳本不會在找到第一個成功解
後就停止，它會持續演化與變異，稍微降階之後再改善直到跑完預先設定的
次數為止。

圖 10-6 是每一代的適應值的部分歷史。

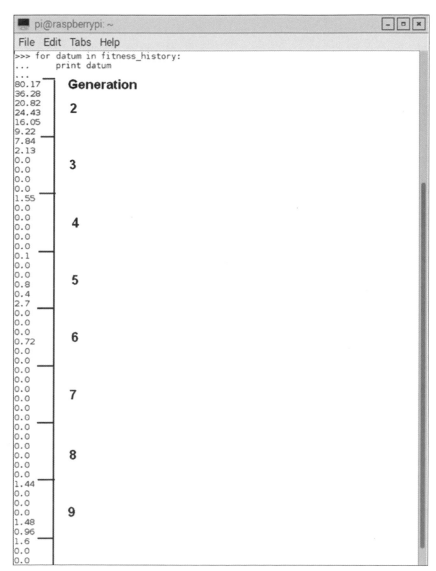

圖 10-6　適應值的歷史列表

圖 10-6 中，我標註了第七代各個體的適應值皆為 0.0。整體而言，這套基因演算程式的做法非常有效率，尤其是對於相對簡單的目標，例如本範例中去判斷一個具備六個隨機數的清單原總和是否達到某個目標值。

下一個範例稍微改編自「康威生命遊戲」（Conway's Game of Life）而來。這是一個整合了基因演算程式與人工生命（Artificial Life, alife）的經典案例，個體在其中會根據各種以彼此鄰近程度為基礎的條件來繁衍或死亡，後續我會詳細說明。

範例 10-2：康威生命遊戲

生命遊戲，或常見簡稱為「生命」，是由英國數學家 John Conway 在 1970 所設計的格狀自動機計畫。遊戲開始於某個初始狀態，而它不需要任何玩家輸入就能自己一路玩到遊戲結束。這種遊戲設計邏輯稱為「零對手遊戲」（zero-player game），意思是自動機一或我接下來將使用的「細胞」（cell）一詞一會依賴以下規則或狀態自行演化：

1. 任何活著的細胞旁邊少於兩個細胞，它就會死亡——有如人口過少。
2. 任何活著的細胞有兩個或三個鄰居，它就會活到下一個世代。
3. 任何活著的細胞旁邊超過三個鄰居，它就會死亡——有如人口過剩。
4. 任何死亡的細胞有剛好三個活著的鄰居，它就會復活——有如人口繁衍。

這個遊戲所在的世界，或稱為「宇宙」，理論上是個無限多個彼此正交的方格，其中一個細胞個體無論存活或死亡都獨佔一個方格。*存活*（alive）在意義上等於人口稠密（populated），*死亡*（dead）則代表人口過少（unpopulated）。每個細胞個體最多可有八個鄰居，但在現實世界中位於邊界的細胞則除外，因為實際上不會真的有無限大的板子。

遊戲開始於格板被「種下」第一回的細胞，這可以是隨機或計畫性地放置。先前提及的規則立即適用，因而細胞會立刻死亡與復活。這在遊戲術語中稱為 *time tick*。新生代出現之後，遊戲規則也立即適用在它們身上。最終，遊戲進入一種平衡狀態—細胞群會在兩個穩定組態之間來回：不斷閃晃或是全員陣亡。

由歷史角度而言，康威對 John von Neumann 教授想要打造出能自我複製的電腦遊戲的企圖非常感興趣。Von Neumann 最終藉由描述一個能遵循複雜規則

的方格陣的數學模型成功完成目標，而康威的遊戲大大簡化了 von Neumann
的概念。此遊戲在 1970 年十月於《科學人》雜誌（*Scientific American*）中
Martin Gardener 的《Mathematical Games》專欄出版。它馬上成功吸引其他
AI 的學者與熱衷讀者的興趣。

這個遊戲也可以被延伸來和圖靈機（Turing Machine）相比，Alan Turing 在
1940 年代首次提出圖靈機，這在先前的章節討論過了。

這個遊戲還有對 AI 另一重大影響：它可能一舉發起了數學界「細胞自動機」
（cellular automata）的研究領域。這個遊戲模擬了和現實自然界狀況出奇相
似的生命循環，它也直接導致了其他模擬自然界程序的遊戲開發。這些擬態
已經被應用於電腦科學、生物、物理、生化、經濟、數學和其他領域。

我接下來要用一個設計精巧的 Raspberry Pi 擴充板「Sense HAT」來示範康威
的生命遊戲。圖 10-7 就是 Sense HAT。HAT 是一系列稱為 Hardware Attached
on Top（HAT）的擴充板，可以直接接上 40-pin 的 GPIO 接頭，因此相容於
Raspberry Pi 2 與 3。

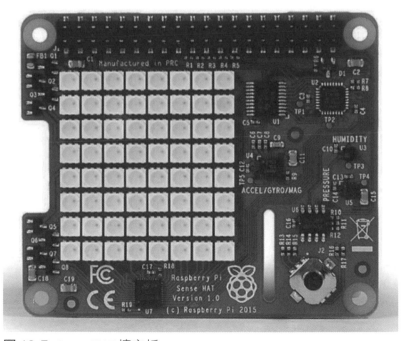

圖 10-7　*Sense HAT* 擴充板

每個 HAT 擴充板都支援一套能夠自動設定 GPIO 和驅動程式的自動配置系統。這個自動配置是透過 Pi 的 40-pin GPIO 腳位中兩支為 I2C eeprom 所保留的特殊腳位所達成的。這個 eeprom 記憶體中存有製造商的資料、GPIO 以及本裝置的樹狀圖片段，就是這個擴充硬體的說明書，它能夠讓 Linux 作業系統自動載入任何需要的驅動程式。

這片 Sense HAT 擴充板具備一組 8x8 RGB LED 陣列模組，提供了非常適合細胞自動機的格狀配置。再者，有一個相當不錯的 Python 函式庫提供了各種 LED 陣列和一系列板載感測器的功能，包括：

- 陀螺儀
- 加速儀
- 磁力儀
- 溫度計
- 氣壓計
- 濕度計

市面上也有一個五向搖桿能夠支援需要使用者操控的應用模式。在這個生命遊戲的範例中，不需要用到上述任何一種感測器或搖桿，8x8 的 LED 陣列就足夠了。

Sense HAT 硬體安裝

首先，請先確認 Raspberry Pi 的電源完全關閉。Sense HAT 面板被設計來安裝於 Raspberry Pi 的上方。Sense HAT 包含了一組 40-pin 的 GPIO 母座，需要先把它接上 Raspberry Pi 上的 40-pin 的公座。請將 Raspberry Pi 的 40-pin 公座當作基準來裝上 Sense HAT。這些腳位應該很容易推入 Sense 板的母座中。剩下要做的就是裝上另外提供的支架了，它可以穩穩支撐住 Raspberry Pi 和 Sense HAT。圖 10-8 是 Sense HAT 安裝於 Raspberry Pi 後的樣子。

圖 10-8　*Sense HAT* 被固定在 *Raspberry Pi* 上

還有一個配件需要介紹。Raspberry Pi 和 Sense HAT 需要能夠提供 2.5 安培、5 伏特的電源。如果使用了規格不對的電源，有可能會造成異狀，例如 Linux OS 無法辨識 Sense HAT 等情形，這件事不幸地已被我證實。

Sense HAT 軟體安裝

在執行任何生命遊戲的程式之前，得先裝好支援 Sense HAT 的 Python 函式庫才行。首先，請先確定 Raspberry Pi 已連上網路，然後輸入以下的指令來安裝軟體：

```
sudo apt-get update
sudo apt-get install sense-hat
sudo reboot
```

請在 Python 的命令列輸入接下來的程式碼，確認 Sense HAT 與新安裝的軟體開始正常運作：

```
from sense_hat import SenseHat
sense = SenseHat()
sense.show_message("Hello World!")
```

若安裝程序一切順利，你會看見 Hello World 的跑馬燈訊息在 LED 陣列上出現。如果沒有看到這個訊息，建議你重新確認 Sense HAT 是否確實地安裝在 Raspberry Pi 上，且所有 40 個腳位都接到了對應的接孔。有一種可能的情況是在接合的時候不小心折到了其中一個腳位導致沒有完全契合。如果是這樣的話，請小心地將腳位順直之後再接一次。

軟體裝好之後，就可以開始執行結合 Sense HAT 和 Raspberry Pi 硬體的 Python 版生命遊戲。我將在下一段說明本遊戲的軟體內容。

Python 版生命遊戲

在討論開始之前，我要大大感謝 Swee Meng Ng 先生。他是一位來自馬來西亞、極具才華的開發者。他在 GitHub.com 上以 sweement 的使用者代號發佈了許多我接下來會用到的程式碼。你也可以造訪他的部落格[2]，瞭解他持續進行的程式碼開發計畫。

請先從以下網址下載下列的 Python 腳本到你的 home 目錄：
http://github.com/sweemeng/sweemengs-game-of-life.git

- genelab.ppy
- designer.py
- gameoflife.py

我會先從第一個腳本 genelab.py 開始討論。這是本專題的主程式。「主要」的意思是它負責了程式起點、初始化、產生世代以及變異；最後，它還會強致執行各種與行為相關的規則。然而，這個腳本需要其他兩個輔助腳本才能正確執行。這些輔助腳本名為 designer.py 和 gameoflife.py，我將會逐一討論。我已經在 Swee Meng 的腳本上加上我的註解，部分是為了回溯到一些之前討論過的概念，希望能讓你更清楚每一段程式碼的目的。

```
import random
import time
# 第一個 helper
```

```python
from designer import CellDesigner
from designer import GeneBank
# 第二個 helper
from gameoflife import GameOfLife
# 螢幕需用到這個函式庫
from sense_hat import SenseHat
# 在此定義顏色
WHITE = [ 0, 0, 0 ]
RED = [ 120, 0, 0 ]

# 類別定義
class Genelab(object):
    # 初始化
    def __init__(self):
        self.survive_min = 5 # Cycle
        self.surival_record = 0
        self.designer = CellDesigner()
        self.gene_bank = GeneBank()
        self.game = GameOfLife()
        self.sense = SenseHat()

    # 隨機起始點
    def get_start_point(self):
        x = random.randint(0, 7)
        y = random.randint(0, 7)
        return x, y

    # 建立新的世代（族群）
    # 或既有的突變
    def get_new_gen(self):
        if len(self.gene_bank.bank) == 0:
            print("creating new generation")
            self.designer.generate_genome()
        elif len(self.gene_bank.bank) == 1:
            print("Mutating first gen")
            self.designer.destroy()
            seq_x = self.gene_bank.bank[0]
            self.designer.mutate(seq_x)
        else:
            self.designer.destroy()
            coin_toss = random.choice([0, 1])
            if coin_toss:
                print("Breeding")
                seq_x = self.gene_bank.random_choice()
```

```python
                    seq_y = self.gene_bank.random_choice()
                    self.designer.cross_breed(seq_x, seq_y)
                else:
                    print("Mutating")
                    seq_x = self.gene_bank.random_choice()
                    self.designer.mutate(seq_x)

# 啟動遊戲的方法，i.e. lab.run()
def run(self):
    self.get_new_gen()
    x, y = self.get_start_point()
    cells = self.designer.generate_cells(x, y)
    self.game.set_cells(cells)

    # count 為世代編號
    count = 1
    self.game.destroy_world()
    # 無窮迴圈。你可以把它改成你想要執行的次數
    while True:
        try:
            # 套用規則
            if not self.game.everyone_alive():
                if count > self.survive_min:
                    # 最適者生存

                    self.gene_bank.add_gene(self.designer.genome)
                    self.survival_record = count

                print("Everyone died, making new gen")
                print("Species survived %s cycle" % count)
                self.sense.clear()
                self.get_new_gen()
                x, y = self.get_start_point()
                cells = self.designer.generate_cells(x, y)
                self.game.set_cells(cells)
                count = 1

            if count % random.randint(10, 100) == 0:
                print("let's spice thing up a little")
                print("destroying world")
                print("Species survived %s cycle" % count)
                self.game.destroy_world()
                self.gene_bank.add_gene(self.designer.genome)
                self.sense.clear()
```

```
                self.get_new_gen()
                x, y = self.get_start_point()
                cells = self.designer.generate_cells(x, y)
                self.game.set_cells(cells)
                count = 1

            canvas = []

            # 在此會把細胞 " 畫在 " 畫布上
            # 畫布是根據 gameoflife 腳本的格狀樣式而來
            for i in self.game.world:
                if not i:
                    canvas.append(WHITE)
                else:
                    canvas.append(RED)
            self.sense.set_pixels(canvas)
            self.game.run()
                count = count + 1
                time.sleep(0.1)
            except:
                print("Destroy world")
                print("%s generation tested" % len(self.gene_bank.bank))
                self.sense.clear()
                break

if __name__ == "__main__":
    # 建立 GeneLab 類別的實例
    lab = Genelab()
    # 遊戲開始
    lab.run()
```

第一個輔助腳本是 designer.py，我在以下程式中加入了個人註解：

```
import random

class CellDesigner(object):
    # 初始化
    def __init__(self, max_point=7, max_gene_length=10, genome=[]):
        self.genome = genome
        self.max_point = max_point
        self.max_gene_length = max_gene_length

    # 一個基因組是由 1 到 10 個基因所組成
```

```python
def generate_genome(self):
    length = random.randint(1, self.max_gene_length)
    print(length)
    for l in range(length):
        gene = self.generate_gene()
        self.genome.append(gene)

# 一個基因就是一組 (+/-x, +/-y) 的座標，數值範圍介於 0~7
def generate_gene(self):
    x = random.randint(0, self.max_point)
    y = random.randint(0, self.max_point)
    x_dir = random.choice([1, -1])
    y_dir = random.choice([1, -1])
    return ((x * x_dir), (y * y_dir))

def generate_cells(self, x, y):
    cells = []
    for item in self.genome:
        x_move, y_move = item
        new_x = x + x_move
        if new_x > self.max_point:
            new_x = new_x - self.max_point
        if new_x < 0:
            new_x = self.max_point + new_x

        new_y = y + x_move
        if new_y > self.max_point:
            new_y = new_y - self.max_point
        if new_y < 0:
            new_y = self.max_point + new_y
        cells.append((new_x, new_y))
    return cells

def cross_breed(self, seq_x, seq_y):
    if len(seq_x) > len(seq_y):
        main_seq = seq_x
        secondary_seq = seq_y
    else:
        main_seq = seq_y
        secondary_seq = seq_x

    for i in range(len(main_seq)):
        gene = random.choice([ main_seq, secondary_seq ])
        if i > len(gene):
```

```
                continue
            self.genome.append(gene[i])

    def mutate(self, sequence):
        # 只突變一個基因
        for i in sequence:
            mutate = random.choice([ True, False ])
            if mutate:
                gene = self.generate_gene()
                self.genome.append(gene)
            else:
                self.genome.append(i)
    def destroy(self):
        self.genome = []

class GeneBank(object):
    def __init__(self):
        self.bank = []
    def add_gene(self, sequence):
        self.bank.append(sequence)
    def random_choice(self):
        if not self.bank:
            return None
        return random.choice(self.bank)
```

第二個輔助腳本是 gameoflife.py，不過它只有一小部分是真的用於輔助主腳本。為求完整，我還是列出所有程式碼，如果後續你想要執行單一世代的生命遊戲，後續也會討論到。完整程式碼與我自己的註解如下：

```
import time
world = [
    0, 0, 0, 0, 0, 0, 0, 0,
    0, 0, 0, 0, 0, 0, 0, 0,
    0, 0, 0, 0, 0, 0, 0, 0,
    0, 0, 0, 0, 0, 0, 0, 0,
    0, 0, 0, 0, 0, 0, 0, 0,
    0, 0, 0, 0, 0, 0, 0, 0,
    0, 0, 0, 0, 0, 0, 0, 0,
    0, 0, 0, 0, 0, 0, 0, 0,
]

max_point = 7 # 為了簡化，使用正方形的世界
```

```python
class GameOfLife(object):
    def __init__(self, world=world, max_point=max_point,
value=1):
        self.world = world
        self.max_point = max_point
        self.value = value

    def to_reproduce(self, x, y):
        if not self.is_alive(x, y):
            neighbor_alive = self.neighbor_alive_count(x, y)
            if neighbor_alive == 3:
                return True
        return False

    def to_kill(self, x, y):
        if self.is_alive(x, y):
            neighbor_alive = self.neighbor_alive_count(x, y)
            if neighbor_alive < 2 or neighbor_alive > 3:
                return True
        return False

    def to_keep(self, x, y):
        if self.is_alive(x, y):
            neighbor_alive = self.neighbor_alive_count(x, y)
            if neighbor_alive >= 2 and neighbor_alive <= 3:
                return True
        return False

    def is_alive(self, x, y):
        pos = self.get_pos(x, y)
        return self.world[pos]

    def neighbor_alive_count(self, x, y):
        neighbors = self.get_neighbor(x, y)
        alives = 0
        for i, j in neighbors:
            if self.is_alive(i, j):
                alives = alives + 1
        # 因為鄰居一定會和本體在一起，這樣只是為了簡化
        if self.is_alive(x, y):
            return alives - 1
        return alives

    def get_neighbor(self, x, y):
```

```
    #neighbors = [
    #     (x + 1, y + 1), (x, y + 1), (x - 1, y + 1),
    #     (x + 1, y), (x, y), (x, y + 1),
    #     (x + 1, y - 1), (x, y - 1), (x - 1, y - 1),
    #]
    neighbors = [
        (x - 1, y - 1), (x - 1, y), (x - 1, y + 1),
        (x, y - 1), (x, y), (x, y + 1),
        (x + 1, y - 1), (x + 1, y), (x + 1, y + 1)
    ]
    return neighbors

def get_pos(self, x, y):
    if x < 0:
        x = max_point
    if x > max_point:
        x = 0
    if y < 0:
        y = max_point
    if y > max_point:
        y = 0

    return (x * (max_point+1)) + y

# 我認真考慮要加入多個物種
def set_pos(self, x, y):
    pos = self.get_pos(x, y)
    self.world[pos] = self.value

def set_cells(self, cells):
    for x, y in cells:
        self.set_pos(x, y)

def unset_pos(self, x, y):
    pos = self.get_pos(x, y)
    self.world[pos] = 0

def run(self):
    something_happen = False
    operations = []
    for i in range(max_point + 1):
        for j in range(max_point + 1):
            if self.to_keep(i, j):
                something_happen = True
```

```
                continue
            if self.to_kill(i, j):
                operations.append((self.unset_pos, i, j))
                something_happen = True
                continue
            if self.to_reproduce(i, j):
                something_happen = True
                operations.append((self.set_pos, i, j))
                continue
    for func, i, j in operations:
        func(i, j)
    if not something_happen:
        print("weird nothing happen")

def print_world(self):
    count = 1
    for i in self.world:

        if count % 8 == 0:
            print("%s " %i)
        else:
            print("%s " %i) #, end = "")
        count = count + 1
    print(count)

def print_neighbor(self, x, y):
    neighbors = self.get_neighbor(x, y)
    count = 1

    for i, j in neighbors:
        pos = self.get_pos(i, j)
        if count %3 == 0:
            print("%s " %self.world[pos])
        else:
            print("%s " %self.world[pos]) #, end = "")
        count = count + 1
    print(count)

def everyone_alive(self):
    count = 0
    for i in self.world:
        if i:
            count = count + 1
        if count:
```

```python
                return True
            return False

    def destroy_world(self):
        for i in range(len(self.world)):
            self.world[i] = 0

def main():
    game = GameOfLife()
    cells = [ (2, 4), (3, 5), (4, 3), (4, 4), (4, 5) ]
    game.set_cells(cells)
    print(cells)
    while True:
        try:
            game.print_world()

            game.run()
            count = 0
            time.sleep(5)
        except KeyboardInterrupt:
            print("Destroy world")
            break

def debug():
    game = GameOfLife()
    cells = [ (2, 4), (3, 5), (4, 3), (4, 4), (4, 5) ]
    game.set_cells(cells)
    test_cell = (3, 3)
    game.print_neighbor(*test_cell)
    print("Cell is alive: %s" % game.is_alive(*test_cell))
    print("Neighbor alive: %s" % game.neighbor_alive_
    count(*test_cell))

    print("Keep cell: %s" % game.to_keep(*test_cell))
    print("Make cell: %s" % game.to_reproduce(*test_cell))
    print("Kill cell: %s" % game.to_kill(*test_cell))
    game.print_world()
    game.run()
    game.print_world()

if __name__ == "__main__":
    main()
    #debug()
```

測試執行

首先，請確定 genelab.py、designer.py 和 gameoflife.py 各個腳本都在 pi 的 home 目錄中。之後，請執行以下指令：

```
python genelab.py
```

Raspberry 需要一點時間來載入全部的資料。接著在 Sense HAT 的 LED 陣列上應該會出現各個細胞，終端機畫面也會看到一些狀態訊息。圖 10-9 是程式執行中的 LED 陣列。

圖 10-9 執行生命遊戲中的 *Sense HAT LED* 陣列

圖 10-10 是遊戲執行中的終端機畫面。

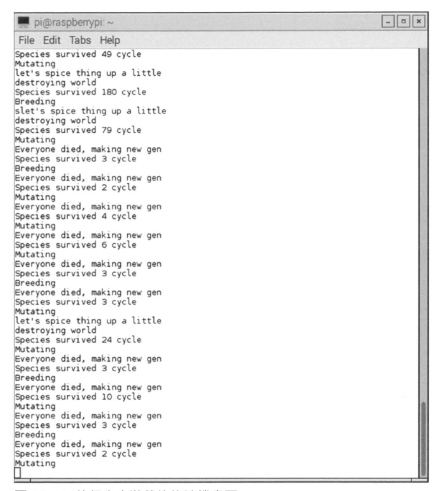

圖 10-10　執行生命遊戲的終端機畫面

單一世代的生命遊戲

如果想讓生命遊戲只執行單一個世代也沒問題。以下腳本繼承了之前的鄰近
細胞規則，不允許細胞或基因發生突變。以下腳本名為 **main.py**，你可以在與
前一份程式相同的 **GitHub** 網站下載。

```python
from sense_hat import SenseHat
from gameoflife import GameOfLife
import time

WHITE = [ 0, 0, 0 ]
RED = [ 255, 0, 0 ]

def main():

    game = GameOfLife()

    sense = SenseHat()
    # cells = [(2, 4), (3, 5), (4, 3), (4, 4), (4, 5)]
    cells = [(2, 4), (2, 5), (1, 5), (1, 6), (3, 5)]
    game.set_cells(cells)

    while True:
        try:
            canvas = []
            for i in game.world:
                if not i:
                    canvas.append(WHITE)
                else:
                    canvas.append(RED)
            sense.set_pixels(canvas)
            game.run()
            if not game.everyone_alive():
                sense.clear()
                print("everyone died")
                break
            time.sleep(0.1)
        except:
            sense.clear()
            break
if __name__ == "__main__":
    main()
```

輸入以下的指令來執行這個腳本：

```
python main.py
```

初始細胞配置是由以下指令來設定：

cells = [(2, 4), (2, 5), (1, 5), (1, 6), (3, 5)]

另外還有一個設定不妨一試，你可以取消上述腳本中關於 cells 陣列的註解再把現在這個註解起來。我這樣做之後再跑一次程式，出現了不尋常的畫面，在此先不多說，留待你自行發現。

我先警告喔，接著要討論的東西非常容易上癮，就是去測試一系列不同初始排列的結果。有非常多的 AI 研究者在細胞自動機的領域上奉獻了他們的一生，其中當然也包括研究生命遊戲中那些令人眩目的演化圖形。

圖 10-11 是一些你會想嘗試的初始配置。各個圖形旁邊就是對應的相鄰細胞設定陣列值。

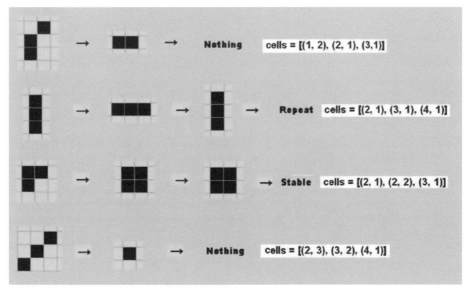

圖 10-11 生命遊戲的初始圖形範例

其中兩個圖形立刻就消失了（細胞死亡），第三個進入了雙重穩定的交替狀態，而第四個進入了一種固定陣型。我測試了各種陣型，確認了它們的確如圖所示。

圖 10-12 是其他你也可以實驗的其他初始排列，看看它們會如何演化。搭配圖形的細胞陣列值如一旁所示。

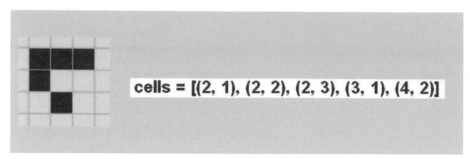

圖 10-12 其他初始圖形

這些系列的圖形是動態的，代表它們不斷地在方形格板上移動且重複圖形。圖 10-13 顯示了如滑翔翼的圖形會不斷移動，每四代就會重複圖形。

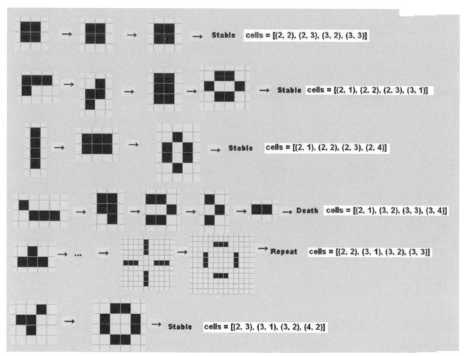

圖 10-13 滑翔翼圖形

一個相似的動態圖形看起來像輕型太空梭，如圖 10-14 所示，此圖形也會不斷在格狀板上移動。

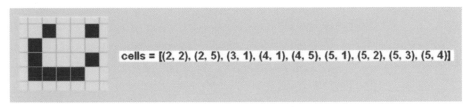

圖 10-14　輕型太空梭圖形

康威發現某些圖形要花上好幾個世代才會開始演化，並且形成可預測的重複模式。恰巧地，他並沒有使用電腦的輔助來發現這個情形。他稱這些圖形為「Methuselahs」（瑪土撒拉），這是以猶太聖經中最長壽的人來命名（據說活了 969 年）。第一個可以無限循環的圖形為 F- 五格骨牌，如圖 10-15 所示。在 1101 代之後會開始穩定下來。

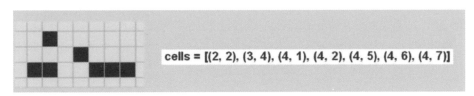

圖 10-15　*F-* 五格骨牌圖形

圖 10-16 中的橡實圖形也是另一個 Methuselah 的例子，它會在 5,206 個世代之後進入穩定狀態。

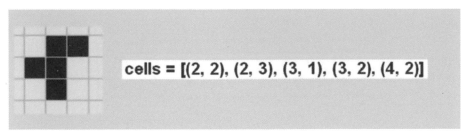

圖 10-16　橡實圖形

想嘗試更多圖形的讀者，歡迎去 Alan Hensel 的網站（radicaleye.com/lifepage/picgloss/picgloss.html）瞧瞧，這個網站整理了相當大量的常見圖形。

以康威的生命遊戲為工具來探討細胞自動機的初始探究到此告一段落。你現在應該對使用這個工具感到信心十足，能夠繼續在這個強大的 AI 主題上獲得更多的自信和經驗。我也強烈推薦 Stephen Wolfram 博士的書《A New Kind of Science》（Wolfram Media, 2002），他在此書中使用自創的 Mathametica 軟體來檢視整個細胞自動機的研究領域。順帶一提，Mathametica 現在已經內建在 raspberrypi.org 上的 Raspian 中。

總結

本章探討的是演化運算（EC）。我首先以一篇故事來說明演化與突變在 EC 概念上的重要性。

第一個範例中，我們看到演化編碼中的演化與圖片技巧可被應用來解決相當簡單的問題。我們先用手動方式計算解答，之後使用 Python 腳本自動演算。

第二個範例介紹了 EC 中的子題：基因演算法以及基因編碼。我使用了 Python 版的康威的生命遊戲作為途徑，並且解釋與演示了其中的概念。這個部分也介紹了細胞自動機的概念，其為遊戲的核心。

我們示範了遊戲的兩個版本：一個版本使用基因演化和突變，另外一個版本則是你可以自行決定開始的圖形排列。後者版本更多是用來檢測一系列的細胞排列陣形的不尋常表現。

在生命遊戲的範例中，我們使用的是 Sense HAT 擴充板搭配 Raspberry Pi 3 來完成範例。

## CHAPTER 11

行為導向式機器人學

行為導向式機器人學（Behavior-based robotics, BBR）是一種研究動物與昆蟲行為而來的機器人控制方法。本章會深入討論這種方法。

零件清單

本章第二個範例所需零件列如表 11-1。

表 11-1 零件清單

說明	數量	說明
Pi Cobbler 擴充板	1	40 腳位版本，T 型或 DIP 型都可以
免焊麵包板	1	300 孔，並有電源供應軌
免焊麵包板	1	300 孔，不需電源供應軌
跳線	1 包	
超音波感測器	2	型號 HC-SR04
LED	2	如果顏色可選的話，請用綠色與黃色
4.9kΩ 電阻	2	1/4 瓦特
10kΩ 電阻	5	1/4 瓦特
MCP3008	1	8 通道 ADC 晶片，DIP 型

本章範例所用到的機器人,你可參考附錄的指引完成組裝。清單中的零件可滿足基礎機器人的需求。

位於 BBR 底層的正式架構叫做包容式架構(*subsumption architecture*)。Rodney Brooks 博士在 1985 年寫了一份名為「A Robust Layered Control Mechanism for Mobile Robots」的內部技術文件。當時,Brooks 博士正任職於 MIT 的人工智慧實驗室。這份文件在 1986 年於 *IEEE Journal of Robotics and Automation* 公開發表。這份文件改變了多年以來機器人學研究上的本質與方向。該文的主旨在介紹包容式架構這個機器人控制系統。本架構所立足之理論則是部分來自於人腦的演化發展。

人類的腦部結構

以非常廣義的說法而言,人類的腦部可以分為三層或三部分。最底層就是最原始的部分,負責基本的維生活動,例如呼吸、血壓、體溫維持等等。腦幹(brain stem)則是管理這些原始機能的腦組織。圖 11-1 是腦幹與腦邊緣(limbic)系統。

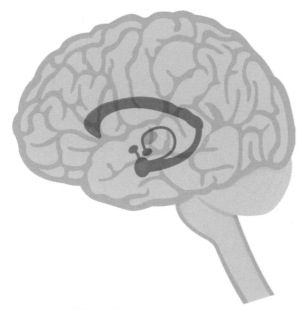

圖 11-1 腦幹與腦邊緣系統

高一層的腦功能則稱為*爬蟲類*（*reptile*）*腦*或*邊緣*（*limbic*）*系統*。它負責進食、睡眠、繁殖、飛行或打架等類似的行為。邊緣是由海馬體、杏仁體與腦下垂體所組成。最後，也是最高的認知層則是新皮層（或新皮質，neocortex），負責學習、思考與其他類似的高階複雜活動。組成新皮質，或稱大腦皮質的腦組織，則包括額葉、顳葉、枕葉與頂葉。圖 11-2 是組成大腦皮質的這四個部分。

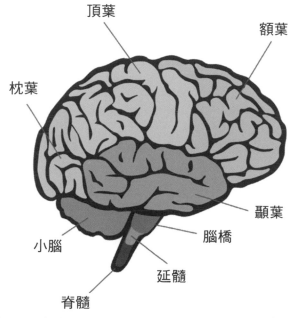

圖 11-2 大腦皮質

一般來說，這些不同層的腦功能在運作上與彼此是獨立的，但還是會（而且常常）發生衝突。也許你屬於「高度敏感型」的人格，並把吃東西視為一種放鬆壓力的方式。較高階的腦功能知道吃太多錯誤種類的食物對身體不好，但低階的爬蟲類腦還是很渴望。

究竟哪一層的腦會獲勝來改變你的行為實屬隨機。有時候是低階腦勝利，有時候則是高階腦。不過，如果你已經上癮的話，那應該都會是較低階獲勝來影響行為，這通常就是最糟的狀況。我們在某個時間點都可能會有多個不同層腦行為準備好被觸發，但只會有一個"獲勝"來顯示出當下的行為。腦行為彼此間的交互作用正是 Brook 教授包容式架構的靈感來源之一。

包容式架構

在此介紹包容式的定義，對你應該有些幫助。不過，真的需要定義的是**包容**（*subsume*）這個字，因為包容式的定義正是根據包容的行為而來。

> subsume：將事物整合到一個更為一般性的分類中；將事物納入一個更大的群組或更高階的群組中

這項定義暗示了一個複雜的行為可以被分解為多個較簡單的行為。本定義還需要加入另一個觀點，就是**反應式**（*reactive*），因為在現實世界中，機器人需要仰賴感測器的輸入來做出反應或修正自身的行為。這些輸入在機器人所處的環境中彼此不斷交互作用來發生各種改變。反應式行為也稱為刺激/反應（*stimulus/response*）行為，這很適用於昆蟲。

與哺乳類相比，昆蟲算是較低階的生命型態，且不具備高度發展的學習能力。牠們所具備的是**熟習**（*habituation*），讓牠們足以適應某些類型的環境變化。只要對蟑螂吹口氣就能輕鬆看出這個現象。蟑螂一開始會去閃躲這陣風。不過，一再地對這隻蟑螂吹氣會讓牠忽略這件事，因為牠覺得這件事不會危及生命。這類型的低階學習對機器人來說相當有用，尤其是自動機器人。

圖 11-3 是反應式系統的傳統做法。

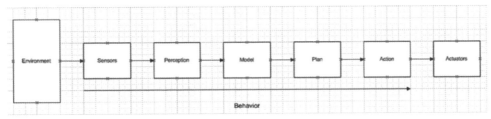

圖 11-3 以感測器為基礎之系統流程圖

這一系列處理的集合，從感測器到動作，也許就可視為行為。這樣的序列式處理（或任務）的處理速度很慢且彈性相對低很多。感測器只會單純取得資料而不會以任何方式去試著處理它。這件事會留給感知（Perception）方塊來處理，就得在傳給建模方塊先把所有相關的感測資料整理一遍。建模（Model）方塊會把這筆濾波過的資料轉換為一種情境式（contextual）的感知或狀態。

規劃（Plan）方塊具有以來自建模方塊傳來的狀態為基礎的各種規則。最後，動作（Action）方塊會收到並執行來自規劃方塊的某些規則，並發送所需的控制訊號給各個致動器，就是上圖中的最後一個方塊。以序列式的架構來排列所有方塊會讓反應變慢，這對機器人來說不是件好事。

上圖中的一連串方塊代表了可由單一層來呈現的某個複雜行為。行為感知中的某一層則可視為代理或機器人所要達成的目標。

單一複雜行為有可能被分解為多個較簡易的行為，而這就是包容式架構的關鍵所在。圖 11-4 是把圖 11-3 中較複雜的單層行為流拆解成雙層的結果。

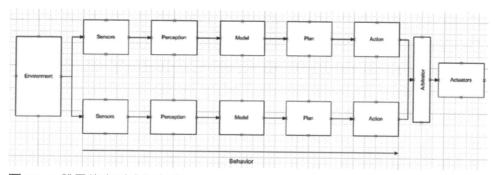

圖 11-4　雙層的序列式行為流

每一層或路徑可視為與某個任務相關，例如沿著牆壁行走或偵測障礙物。這就是 Brooks 教授所說的包容式架構。請注意還有一個仲裁（arbitrator）方塊，它會先處理所有來自動作方塊的訊號再決定如何發送給致動器。仲裁方塊是包容式架構的另一個重要元素。

把單一的複雜行為轉換為多個平行路徑來處理，就能讓系統的反應變得更好。不難想像，在不干擾任何既有層的前提下加入更多層，這是可行的。在不修改既有程式碼來擴充，這個功能非常類似於先前章節中所說的軟體分解原則。能夠擴充既有程式碼又不會對現有程式碼產生太多「干擾」，怎麼看都是好事一樁。

對於如何把單一複雜行為分解成多個簡易任務,包容式架構並未提供任何指示。再者,感知方塊一般來說都被認為是所有方塊中最難定義與實作的一個。問題在於如何從數量有限的環境感測器去建立有意義的資料集。這筆資料集會被送入建模方塊來建立機器人的世界或狀態。這時,BBR 已經與傳統作法有相當大的差異了。我會先討論傳統作法接著才是 BBR。

傳統做法

以往的做法是這樣的,建模方塊中會有一個能讓機器人悠遊其中的真實世界精準模型。有許多做法來做到這件事,但通常是某些地理座標系統,移動式機器人可以此建立當下的狀態並預測未來狀態。感測器資料一定要經過校正,才能精確判定各種狀態。理想的狀態資訊可被儲存起來,或根據感測器資料集計算而得。誤差,也就是現實與理想狀態的差異,會被送到規劃方塊,好採取合適的控制方法將誤差降到最低。控制器或致動器也需要一定的精確度才能確保所執行的動作是與規劃與動作方塊的指令是高度一致的。

傳統作法通常需要大量的電腦記憶體來儲存或計算所需的狀態資訊。這比 BBR 方法慢多了,也因此會讓機器人的反應慢了一點。

行為導向式的機器人作法

在討論 BBR 之前有必要先來點題外話。在動物行為研究領域中,也稱為動物行為學(*ethology*),事實顯示海鷗寶寶會對父母的實體模型有反應。圖 11-5 是一個海鷗的成鳥模型,特徵點在圖中圈出來了,這會激發海鷗寶寶本能的進食行為。

圖 11-5　海鷗的動物行為學

對海鷗寶寶來說，唯一重要的事情就是海鷗爸媽的模型是否有個尖尖的喙，而且在喙尖端有一個色斑。寶寶會張開嘴巴並等候食物送過來。這些小海鷗只用到了非常有限的真實世界表象（representation），但事實證明已非常足以讓海鷗族群存活。

相似地，真實世界中的機器人一樣能運用有限的真實世界表象或模型，因此應足以完成我們的需求而不必仰賴一個極端細節化的世界模型。

這些有限的表象通常被認為是它們現處環境的「快照」（snapshot）。行為則是被設計去回應這些快照。在此有兩個重點，一是移動式機器人不需要地理座標系統，另一則是它也不需要用到耗費大量記憶體的真實世界模型。運用近乎反射的直接回應，移動式機器人就能把建模、規劃與動作方塊的複雜度降到最低。這個行為流差不多就能反向推導出一個簡易的行為圖，如圖 11-6。

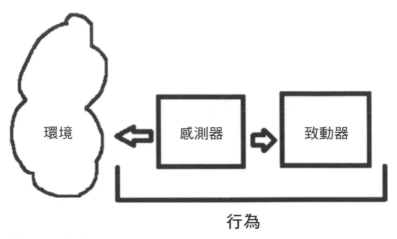

圖 11-6 簡易的行為流

環境快照如何能和機器人行為結合起來呢？首先要建立一個資料集來存放環境狀況發生時感測器資料，這會觸發我們所希望的反射性機器人行為。這些行為稱為感測器簽章（*sensor signature*）。

現在要做的事情就是透過解譯程式把這個簽章與某個行為連起來，這通常是由預測方塊所完成。不過，如果感測器資料簽章品質較差的話，就可能同時發生不同的刺激／回應組合。對各行為指定不同的優先權可以改善這個狀況。再者，預設性或是長期性行為的優先權一般來說會比緊急或「戰術性」（tactical）的行為來得低。如果機器人遇到了需要機器人控制系統立即處理的狀況，就會產生戰術性簽章。

設立行為優先權還有一個意料之外的好處。機器人通常都是在執行某個相同行為，例如向前走。所有要依序執行的行為都得努力去維持這個正常狀況。只有當發生特定環境狀況時，才允許某個行為讓機器人偏離正常狀況。發生偏差時，優先權較高的行為會接管並試著回到正常狀況。

BBR 還運用了長期發展指示器（long-term progress indicator）來避免落入「循環」狀況，如機器人不斷在兩個障礙物之間來回跑或是困在牆角。這些長期發展指示器可在當機器人沿著大略性方向或路徑移動時，有效產生一個策略性軌跡。發生阻礙時，就會選用另一組不同的行為來嘗試回到正常狀態。

在多層的包容式模型中，低階層的目標可能是「避開障礙物」。這種層應該是位於像是「四處晃晃」這種較高階層的下層。像是「四處晃晃」這種較高的階層即可視為去包容「避開障礙物」這種較低階的行為。所有層都能存取感測器來偵測環境變化，並具備控制致動器的能力。有個整體性的限制就是每個任務都可以抑制輸入，並禁止輸入訊號被送到致動器去。這樣一來就會讓最低階層對於環境變化的反應速度非常快，好比是生物的反射行為一樣。較高階層則抽象程度較高，且會致力去完成某些目標。

以下行為都可用各種圖形化或數學模型來呈現：

- 函數標記（Functional notation）
- 刺激／回應圖（Stimulus/response diagram）
- 有限狀態機（Finite state machine, FSM）
- 基模（Schema）

我採用 FSM 模型的原因是因為它不需要太多的數學抽象化就能順利把行為互動呈現出來。基本的 FSM 模型如圖 11-7。

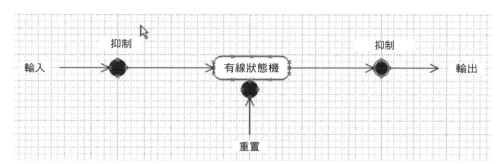

圖 11-7　基本 *FSM* 模型

圖 11-8 說明了多個行為與其互動關係，包含感測抑制（sensory inhibition）與致動器抑制（actuator suppression）。請注意我們已經討論過多層的行為序列與行為的優先權了。

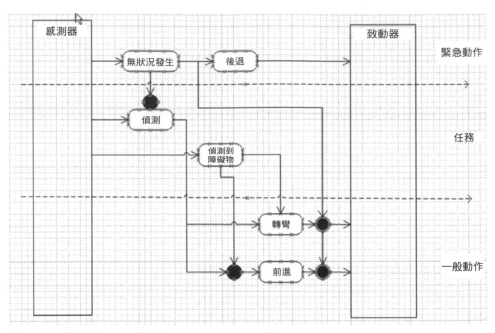

圖 11-8 多層的 *FSM* 模型

討論到此，是時候示範一個執行在 Raspberry Pi 的 Python 包容式架構範例了。不過，接著我要岔題一下來討論一個很棒的機器人模擬專題，不但可做到包容式架構還有更多功能。

範例 11-1：breve 專題

Breve 專題是 Jon Klein 的作品，這是他大學與研究所論文的一部分。請參閱 Jon 的網站[1]。本專題支援 Windows、Linux 與 Mac 等作業系統，筆者是在 MacBook Pro 上執行，跑起來相當完美。請注意，Jon 在他的網站上有說他將不再積極更新這套程式，但東西還是可用，至少在 Mac 平台上是這樣。

以下是 Jon 對於 breve 的說明：「breve 是款免費且開放原始碼的軟體套件，能加速建置多代理人（multi-agent）系統與虛擬生命的 3D 模擬。運用 Python 或另一個名為 steve 的簡易腳本語言，你就能在 3D 世界中去定義代理人的行

---

1 www.spiderland.org

為並觀察它們的互動方式。Breve 支援物理性模擬與碰撞偵測，你可藉此來模擬各種栩栩如生的生物。它也具備一個 OpenGL 顯示引擎來將模擬世界視覺化呈現。」

網站上有非常多的 HTML 格式文件，我強烈建議你一定要看看；尤其是介紹頁面上說明了如何去執行諸多現成的範例。這些腳本支援 "steve" 這套前端語言，當然也支援 Python。這麼多文件根本不可能全部都講過一遍，都足以變成一本書了呢。不過我的確使用了 breve 去執行以下這個 Python 腳本，檔名為 RangerImage.py。我把程式碼列在這讓你看看使用 breve 的威力與彈性。

```python
import breve
class AggressorController( breve.BraitenbergControl ):
    def __init__( self ):
        breve.BraitenbergControl.__init__( self )
        self.depth = None
        self.frameCount = 0
        self.leftSensor = None
        self.leftWheel = None
        self.n = 0
        self.rightSensor = None
        self.rightWheel = None
        self.simSpeed = 0
        self.startTime = 0
        self.vehicle = None
        self.video = None
        AggressorController.init( self )

    def init( self ):
        self.n = 0
        while ( self.n < 10 ):
            breve.createInstances( breve.BraitenbergLight, 1 ).
            move( breve.vector( ( 20 * breve.breveInternal
            FunctionFinder.sin( self, ( ( self.n *
            6.280000 ) / 10 ) ) ), 1, ( 20 * breve.
            breveInternalFunctionFinder.cos( self, ( ( self.n *
            6.280000 ) / 10 ) ) ) ) )
            self.n = ( self.n + 1 )

        self.vehicle = breve.createInstances( breve.
        BraitenbergVehicle, 1 )
        self.watch( self.vehicle )
```

```
        self.vehicle.move( breve.vector( 0, 2, 18 ) )
        self.leftWheel = self.vehicle.addWheel( breve.vector
        ( -0.500000, 0, -1.500000 ) )
        self.rightWheel = self.vehicle.addWheel( breve.vector
        ( -0.500000, 0, 1.500000 ) )
        self.leftWheel.setNaturalVelocity( 0.000000 )
        self.rightWheel.setNaturalVelocity( 0.000000 )
        self.rightSensor = self.vehicle.addSensor( breve.
        vector( 2.000000, 0.400000, 1.500000 ) )
        self.leftSensor = self.vehicle.addSensor( breve.vector
        ( 2.000000, 0.400000, -1.500000 ) )
        self.leftSensor.link( self.rightWheel )
        self.rightSensor.link( self.leftWheel )
        self.leftSensor.setBias( 15.000000 )
        self.rightSensor.setBias( 15.000000 )
        self.video = breve.createInstances( breve.Image, 1 )
        self.video.setSize( 176, 144 )
        self.depth = breve.createInstances( breve.Image, 1 )
        self.depth.setSize( 176, 144 )
        self.startTime = self.getRealTime()

    def postIterate( self ):
        self.frameCount = ( self.frameCount + 1 )
        self.simSpeed = (self.getTime()/(self.getRealTime()- self.
        startTime))
        print '''Simulation speed = %s''' % ( self.simSpeed )
        self.video.readPixels( 0, 0 )
        self.depth.readDepth( 0, 0, 1, 50 )
        if ( self.frameCount < 10 ):
            self.video.write( '''imgs/video-%s.png''' %
            (self.frameCount))

        self.depth.write16BitGrayscale('''imgs/depth-%s.png''' %
        (self.frameCount))

breve.AggressorController = AggressorController

# 建立控制器物件的實例來初始化模擬
AggressorController()
```

圖 11-9 是由上述腳本所建立，機器人在 breve 畫面中的實際執行畫面。

圖 11-9 *breve* 的世界

你 應 該 注 意 到 了 ， 程 式 中 參 照 了 BraitenbergControl、BraitenbergLight 與 BraitenbergVehicle 等物件。這是根據一位義奧籍的模控學者 Valentino Braitenberg 所 執 行 的 思 考 實 驗（thought experiment），他 有 一 本 著 作 《*Vehicles: Experiments in Synthetic Psychology*（The MIT Press,1984）》，如 果你想要學到更多關於它在機器人學中的創新方法，我大力推薦本書。在實 驗中，他假設車輛可以完全由感測器所控制。最終的行為可能看起來相當複 雜，甚至有智能的感覺。但這實際上是多個簡易行為所組成的。這應該會讓你 想到包容式架構的運作方式。

Braitenberg 小車或許可視為一個代理人，可根據自身的感測輸入來自主移 動。在這些思考實驗中，感測器都相當原始且只會去量測某種刺激，通常就只 是個點光源。感測器也都是直接與馬達致動器連接，因此感測器可在接收到 刺激之後馬上去啟動某個馬達。這應該會再次讓你回想到如圖 11-4 中的簡易 行為流。

Braitenberg 小車至終所產生的行為則視感測器與馬達彼此的連接方式而定。 在圖 11-10 中有兩種不同的感測器與馬達設定。左側小車的連線方式會讓它去 避開光源或朝著光源反向移動。這與右側的小車剛好相反，右側小車會朝著 光源移動。

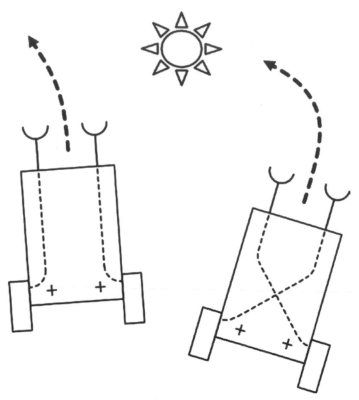

圖 11-10 *Braitenberg* 小車

如果要說左邊的小車「害怕」光源且右邊的小車「喜歡」光源，這樣應該不會太超過。我已經對機器人賦予了類似人類的行為了，這正是 Braitenberg 所追尋的結果。

另一台具有單一光感測器的 Braitenberg 小車則具備以下行為：

- 亮度提高會使其動作加快。
- 亮度減低會使其動作變慢。
- 完全黑暗會使其靜止。

這樣的行為可解釋為機器人對於光源感到害怕，並會快速遠離光源。它的目標是找個暗暗的地方躲起來。

當然啦,一台完全相反配置的 Braitenberg 小車就會呈現出以下的行為:

- 亮度減低會使其動作加快。
- 亮度提高會使其動作變慢。
- 充分照射光線會使其靜止。

在這情況下,就可解釋為機器人會去尋找光源並快速朝著光源移動。它的目標是找到最亮的地方之後停下來。

Braitenberg 小車可在具有多重刺激來源的環境中展現出相當複雜的動態行為。根據各感測器與致動器彼此的設定,Braitenberg 小車就能去接近某個東西但不會撞上去、快速逃走或以某一點繞圈或八字形路線。圖 11-11 是這些複雜的行為。

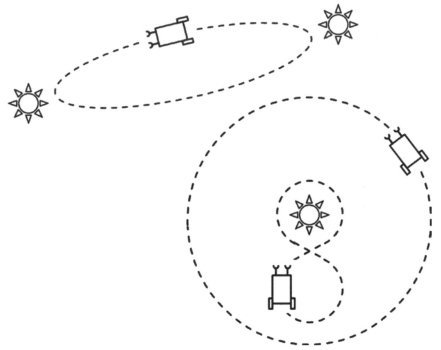

圖 11-11 執行複雜行為的 *Braitenberg* 小車

這些行為看起來有點目標導向、具備適應性甚至可說是智能，這相當類似於蟑螂行為所呈現的最低階智能。不過真相是代理人是以純機械的方式在運作，執行過程中沒有任何的認知或推論過程。

在進入製作你個人的 **Braitenberg** 小車逐步教學範例之前，在 breve 的 Python 範例中還有一些要深入說明的地方。要注意的第一件事是所有的 breve 模擬都需要一個控制器物件，用於指定關於模擬的各項設定。本次模擬中的控制器名稱為 **AggressorController**。在控制器的定義中至少會有一個名為 init 的初始化方法。由於本範例是一個 Python 腳本，因此還有另一個名為 __init__ 的初始化方法。第一個初始化方法會在實例化一個 breve 物件時被呼叫。第二個初始化方法會在實例化一個 Python 物件時被呼叫。breve 會使用第三個名為 bridge 的物件來處理 breve 與 Python 物件之間的關係。一般來說，你根本不用去在意這些 bridge 物件。事實上如果你只使用 steve 腳本語言（不使用 Python）的話，就根本不會用到這個 bridge 物件。

init 方法會建立十個輕量化的 **Braitenberg** 物件，有一些你可在圖 11-9 中看到。它們是圍繞著 Braitenberg 機器人且名為 'n' 的球體，一樣是透過 init 方法所建立並被視為一台車。

__init__ 方法會產生模擬要用到的所有屬性，接著呼叫 init 方法來實例化所有必需的模擬物件，並對各屬性指派實際數值。完成之後，只要按下 **play** 按鈕就能看到模擬世界。

這個逐步說明的範例由此開始。以下程式會建立一個不會動的 Braitenberg 小車，還有一個光源：

```
import breve
class Controller(breve.BraitenbergControl):
    def __init__(self):
        breve.BraitenbergControl.__init__(self)
        self.vehicle = None
        self.leftSensor = None
        self.rightSensor = None
        self.leftWheel = None
        self.rightWheel = None
        self.simSpeed = 0
        self.light = None
```

```
        Controller.init(self)

    def init(self):
        self.light = breve.createInstances(breve.BraitenbergLight, 1)
        self.light.move(breve.vector(10, 1, 0))
        self.vehicle = breve.createInstances(breve.BraitenbergVehicle, 1)
        self.watch(self.vehicle)

    def iterate(self):
        breve.BraitenbergControl.iterate(self)

breve.Controller  = Controller
Controller()
```

我把本檔案命名為 firstVehicle.py，代表這是在開發一個可運作的模擬環境過程中的第一個。圖 11-12 是在 breve 應用程式中載入並執行本腳本的執行結果。

圖 11-12 *firstVehicle* 腳本所建立的 *breve* 世界

本腳本定義了一個 Controller 類別，其中有兩個先前已經介紹過的初始化方法。方法建立了一個 Braitenberg 輕量化物件還有一台 Braitenberg 小車。__init__ 方法建立了一串屬性清單，會由後續的腳本來填滿。本方法也會呼叫 init 方法。

另外還有一個名為 iterate 的新方法，它會讓模擬世界持續執行。

接著要在程式中,幫小車加入感測器與輪子,讓它能夠四處移動並探索 breve
世界。以下語法加入了輪子並設定了一個初始速度,讓機器人原地打轉。以下
語法都是放在 init 方法中。

```
self.vehicle.move(breve.vector(0, 2, 18))
self.leftWheel = self.vehicle.addWheel(breve.
vector(-0.500000,0,-1.500000))
self.rightWheel = self.vehicle.addWheel( breve.
vector(-0.500000,0,1.500000))
self.leftWheel.setNaturalVelocity(0.500000)
self.rightWheel.setNaturalVelocity(1.000000)
```

下一段語法是用來新增感測器,一樣也是放在 init 方法中。兩個感測器分別
連到對應那一側的輪子(意即右側感測器控制左側輪子,反之亦同)。setBias
方法用於設定感測器對於所連接輪子的影響力。預設值為 1,代表感測器對
於輪子有小幅度的正向影響。數值為 15 代表感測器對於輪子有強烈的正向影
響。偏差值也可為負數,代表會讓輪子反向觸發。

```
self.rightSensor = self.vehicle.addSensor(breve.vector(2.000000, 0.400000,
1.500000))
self.leftSensor = self.vehicle.addSensor( breve.vector(2.000000, 0.400000,
-1.500000 ) )
self.leftSensor.link(self.rightWheel)
self.rightSensor.link(self.leftWheel)
self.leftSensor.setBias(15.000000)
self.rightSensor.setBias(15.000000)
```

以上語法都是加在 init 方法中。腳本名稱改為 secondVehicle.py。感測器設
計為朝向任何可能的光源移動。然而,如果感測器沒有偵測到任何光源的話,
就不會觸發它們所連接的輪子。在這支腳本的設定中,感測器其實不會馬上
開始偵測光源,小車會靜止不動,這就是為什麼我會對每一個輪子都設定一
個初始速度的原因。這樣能確保機器人一定會動。它可能不一定真的會朝著
光源的方向走,但總是會動。圖 11-13 是加入改良版小車後的新視界。

圖 11-13 *secondVehicle* 腳本所建立的 *breve* 世界

到目前為止，模擬世界運作起來了，但看起來有點笨，因為小車除了原地打轉之外沒別的功能，偶爾可能看到點光源。該是時候賦予小車一個更棒的目標來理解模擬背後的原理了。這個目標非常簡單，就像是 "hello world" 這種等級而已，幫助你釐清 breve 模擬世界的運作方式，而非弄得更亂。我所設立的目標是讓小車去尋找某個數量的光源並 "穿過" 它們。

這些額外的 Braitenberg 光源是由 `init` 方法中的迴圈所建立的。

```
self.n = 0
   while (self.n < 10):
      breve.createInstances( breve.BraitenbergLight, 1).move(
      breve.vector((20 * breve.breveInternalFunctionFinder.
      sin(self, ((self.n * 6.280000) / 10)), 1,(20 * breve.
      breveInternalFunctionFinder. cos(self, ((self.n *6.280000 ) / 10)))))
      self.n = ( self.n + 1 )
```

我把在最初腳本中的單光源先註解起來了。再者，我把自然速度重設回 0.0，因為現場的光源數量已足以讓小車上的感測器偵測到了。圖 11-14 是更新後的 breve 世界，可以看到一些額外的光源，小車會試著去穿過它們。

這份新的腳本命名為 thirdVehicle.py。

圖 11-14 *thirdVehicle* 腳本所建立的 *breve* 世界

最後一份腳本完成了我的介紹課程,也就是如何使用 Python 語言在 breve 環境中建立一個模擬機器人。這個課程只談到了 breve 的皮毛而已呢!它不只限於機器人模擬,還能用於其他 AI 用途。看看圖 11-15,還記得這是什麼嗎?

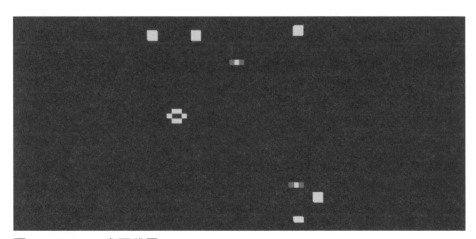

圖 11-15 *breve* 畫面截圖

上圖是執行在 breve 中 Conway 生命遊戲,腳本名稱為 PatchLife.py。從 Demo 選單中就能找到它,並支援 Python 與 steve 兩種格式。事實上,大多數的範例都提供兩種格式。還有很多值得一玩的範例,包括以下:

- Braitenberg：車輛、燈光

- 化學（Chemistry）：Gray Scott 擴散、超循環

- DLA：有限擴散凝聚（diffusion limited aggression，又稱為碎形成長）

- 遺傳（Genetics）：2D 與 3D 版的生命遊戲

- 音樂（Music）：播放 midi 與 wav 音效檔

- 神經網路（Neural networks）：多層神經網路

- 物理（Physics）：彈簧、關節、走路

- 蟲（Swarms）：蟲形或其他型態的機器人

- 地形（Terrain）：機器人、生物去探索各種地形特徵

關於 breve 的討論就在此結束，回頭討論包容式架構吧。

範例 11-2：製作包容式架構之機器人小車

本段目標是說明如何在 Raspberry Pi 上透過程式來直接控制機器小車。機器小車與第七章所用的是同一台，但現在要運用包容式架構來控制小車的行為。我們一樣使用 Python 來實作包容式類別與程式腳本。

找遍各個 GitHub 之後，我受到 Alexander Svenden 所寫一篇關於樂高 EV3 的文章所啟發，說到如何使用 Python 來實作一般性的包容式架構。多虧了我本身的經驗才能順利用 leJOS 開發出包容式 Java 類別。更多關於這些 Java 類別的資料請參考 www.lejos.org。在此會用到兩個主要的類別：一個名為 `Behavior` 的抽象類別，另一個則是 `Controller`。`Behavior` 類別會使用以下方法類別來封裝小車的行為：

- `takeControl()`：回傳一個布林值代表某個行為是否可取得控制權。

- `action()`：實作小車要執行的某個行為。

- `suppress()`：立即停止執行中的行為，接著把小車狀態傳給要接管的下一個行為。

```
import RPi.GPIO as GPIO
import time
```

```
class Behavior(self):
    global pwmL, pwmR

    # 採用 BCM 腳位編號
    GPIO.setmode(GPIO.BCM)

    # 設定馬達控制腳位
    GPIO.setup(18, GPIO.OUT)
    GPIO.setup(19, GPIO.OUT)

    pwmL = GPIO.PWM(18,20) # 腳位 18 控制左輪 pwm 值
    pwmR = GPIO.PWM(19,20) # 腳位 19 控制右輪 pwm 值

    # 馬達轉速一定要從 0 開始
    pwmL.start(2.8)
    pwmR.start(2.8)
```

Controller 類別包含了主要的包容式邏輯，根據來優先權與觸發需求來決定哪些行為要被觸發。以下是本類別中的一些方法：

- __init__()：初始化控制器物件。

- add()：在可用的行為清單中再加入一個行為。它們被加入的順序就代表了行為的優先權。

- remove()：從可用行為清單中移除某個行為。如果下一個高優先權行為覆寫它的話，就停止所有執行中的行為。

- update()：停止舊行為並執行新行為。

- step()：找到下一個已觸發的行為並執行。

- find_next_active_behavior()：找到下一個希望觸發的行為。

- find_and_set_new_active_behavior()：找到下一個希望觸發的行為並觸發。

- start()：執行所選定的動作方法。

- stop()：停止當下的動作。

- continously_find_new_active_behavior()：即時監控想要觸發的新行為。

- __str__()：回傳當下行為的名稱。

Controller 物件的運作方式好比是排程器（scheduler），同一時間只允許一個行為被觸發。The active 行為是否觸發則是由感測器資料與其優先權所決定。當另一個優先權較高的行為告知它想要執行的時候，任何舊的已觸發行為會被停止。

使用 Controller 類別有兩種方法。第一種方法是讓這個類別透過 start() 方法來處理排程器。另一個方式是透過呼叫 step() 方法來強制啟動排程器。

```python
import threading
class Controller():

    def __init__(self):
        self.behaviors = []
        self.wait_object = threading.Event()
        self.active_behavior_index = None

        self.running = True
        #self.return_when_no_action = return_when_no_ action

        #self.callback = lambda x: 0

    def add(self, behavior):
        self.behaviors.append(Behavior)

    def remove(self, index):
        old_behavior = self.behaviors[index]
        del self.behaviors[index]
        if self.active_behavior_index == index: # 如果新行為覆寫的話，停止
                                                # 舊行為
            old_behavior.suppress()
            self.active_behavior_index = None

    def update(self, behavior, index):
        old_behavior = self.behaviors[index]
        self.behaviors[index] = behavior
        if self.active_behavior_index == index: #如果新行為覆寫的話，停止
                                                # 舊行為
            old_behavior.suppress()

    def step(self):
        behavior = self.find_next_active_behavior()
        if behavior is not None:
```

```python
            self.behaviors[behavior].action()
            return True
        return False

    def find_next_active_behavior(self):
        for priority, behavior in enumerate(self.behaviors):
            active = behavior.takeControl()
            if active == True:
                activeIndex = priority
        return activeIndex

    def find_and_set_new_active_behavior(self):
        new_behavior_priority = self.find_next_active_behavior()
        if self.active_behavior_index is None or self.active_ behavior_
        index > new_behavior_priority:
            if self.active_behavior_index is not None:
                self.behaviors[self.active_behavior_index].suppress()
            self.active_behavior_index = new_behavior_priority

    def start(self): # 執行 action 方法
        self.running = True
        self.find_and_set_new_active_behavior() # force it once
        thread = threading.Thread(name="Continuous behavior checker",
                                  target=self.continuously_find_new_active_
                                  behavior, args=())
        thread.daemon = True
        thread.start()

        while self.running:
            if self.active_behavior_index is not None:
                running_behavior = self.active_behavior_index
                self.behaviors[running_behavior].action()

                if running_behavior == self.active_behavior_index:
                    self.active_behavior_index = None
                    self.find_and_set_new_active_behavior()
            self.running = False

    def stop(self):
        self._running = False
        self.behaviors[self.active_behavior_index].suppress()

    def continuously_find_new_active_behavior(self):
        while self.running:
```

```
        self.find_and_set_new_active_behavior()

    def __str__(self):
        return str(self.behaviors)
```

Controller 類別使用一般性方法來允許實作各種行為，因此用途相當廣泛。takeControl() 方法允許某個行為去告知大家：它想要控制機器人，但它是如何做到的我們稍後再談。action() 方法是讓某個行為得以控制機器人的方式。當感測器在機器人路徑上偵測到障礙物的時候，避障行為就會執行自身的 action() 方法。具備較高優先權的行為會透過 suppress() 方法來停止或抑制優先權行為較低行為的 action()。當避障行為藉由停止前進行為的 action() 方法並觸發自身的 action() 方法，這樣就會使得避障行為得以接管原本的前進行為了。

Controller 類別需要行為物件的清單或陣列，其中包含了機器人的所有行為。Controller 實例會從 Behavior 類列中具有最高索引值的項目開始，並檢查 takeControl() 方法的回傳值。如果為真，它會呼叫該行為的 action() 方法。反之為假的話，控制器會去檢查下一個行為物件之 takeControl() 方法的回傳值。指定優先權是藉由將陣列的索引值與各個行為物件相連所完成的。

Controller 類別會不斷掃描所有行為物件，如果當某個優先權較低行為的 action() 方法已被觸發時，另外有個優先權較高的行為要求取用 takeControl() 方法的話，就會將優先權較低的行為停下來。圖 11-16 是加入所有行為後的流程示意圖。

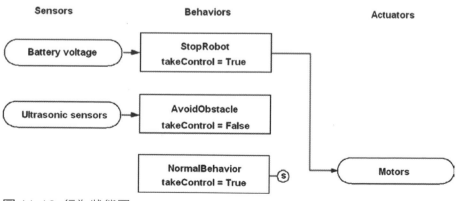

圖 11-16 行為狀態圖

現在，準備要建立一個相對簡單的行為導向式機器人範例了。

範例 11-3：Alfie 機器小車

在此使用的機器人仍然是先前章節登場過的 Alfie 機器小車。優先權正常或較低的行為是向前直走。優先權較高的行為則是避開障礙物，會用到超音波感測器來偵測機器人路徑上的障礙物。避障行為的內容是停止、後退並向右轉90 度。

以下類別叫做 NormalBehavior，它可加強多層的行為方法。本類別具備了所有必需的行為方法實作。

```
class NormalBehavior(Behavior):
    def takeControl():
        return true
    def action():
        # 直走
        pwmL.ChangeDutyCycle(3.6)
        pwmR.ChangeDutyCycle(2.2)
    def suppress():
        # 全部停止
        pwmL.ChangeDutyCycle(2.6)
        pwmR.ChangeDutyCycle(2.6)
```

takeControl() 方法的回傳值應該永遠為邏輯值 true。優先權較高的行為會不斷被 Controller 類別所允許；優先權較低的行為是否要求控制則無關緊要。

action() 方法的運作方式相當簡單：使用全速設定來去驅動馬達，使機器人向前直走。

suppress() 方法也不難理解：讓兩顆馬達都停下來。

不過，避開障礙物的行為就複雜多了。它一樣會實作在 Behavior 介面中所指定的那三個方法。我將本類別命名為 AvoidObstacle 來代表其基礎行為。

```
class AvoidObstacle(Behavior):
global distance1, distance2
```

```
def takeControl():
    if distance1 <= 25.4 or distance2 <= 25.4:
        return True
    else:
        return False

def action():
    # 後退
    pwmL.ChangeDutyCycle(2.2)
    pwmR.ChangeDutyCycle(3.6)
    time.sleep(1.5)
    # turn right
    pwmL.ChangeDutyCycle(3.6)
    pwmR.ChangeDutyCycle(2.6)
    time.sleep(0.3)
    # 停止
    pwmL.ChangeDutyCycle(2.6)
    pwmR.ChangeDutyCycle(2.6)

def suppress():
    # 全部停止
    pwmL.ChangeDutyCycle(2.6)
    pwmR.ChangeDutyCycle(2.6)
```

這個類別還有一些要注意的地方，當超音波感測器與障礙物之間的距離小於等於 10 英吋時，`takeControl()` 方法會回傳一個邏輯值 true。沒有這個 true 值的話，本行為永遠不會觸發。

`action()` 方法會讓機器人後退 1.5 秒，由 `time.sleep(1.5)` 語法所指定。機器人接著停止右側馬達但保持左側馬達轉動來旋轉 0.3 秒。機器人接著就會停下來並等候下一個被觸發的行為。

由於不再有其他明顯的行為意圖去終止避障行為，因此 `suspense()` 方法只會讓兩顆馬達停止轉動。

下一步是建立一個名為 `testBBR` 的測試類別，它建立了所有先前討論過類別的實例以及一個 `Controller` 物件。請注意，我在此加入了 `StopRobot` 類別，後續才會介紹。之所以這樣做是為了避免再次用一大堆程式碼占版面。以下程式檔名為 subsumption.py：

```python
import RPi.GPIO as GPIO
import time
import threading
import numpy as np

# 請根據附錄說明來安裝以下兩個函式庫
import Adafruit_GPIO.SPI as SPI
import Adafruit_MCP3008

class Behavior():
    global pwmL, pwmR, distance1, distance2

    # 採用 BCM 腳位編號
    GPIO.setmode(GPIO.BCM)

    # 設定馬達控制腳位
    GPIO.setup(18, GPIO.OUT)
    GPIO.setup(19, GPIO.OUT)

    pwmL = GPIO.PWM(18,20) # 腳位 18 控制左輪 pwm 值
    pwmR = GPIO.PWM(19,20) # 腳位 19 控制右輪 pwm 值

    # 馬達轉速一定要從 0 開始
    pwmL.start(2.8)
    pwmR.start(2.8)

class Controller():

    def __init__(self):
        self.behaviors = []
        self.wait_object = threading.Event()
        self.active_behavior_index = None

        self.running = True
        #self.return_when_no_action = return_when_no_action

        #self.callback = lambda x: 0

    def add(self, behavior):
        self.behaviors.append(behavior)

    def remove(self, index):
        old_behavior = self.behaviors[index]
        del self.behaviors[index]
```

```python
        if self.active_behavior_index == index:  # stop the old one if the
        new one overrides it
            old_behavior.suppress()
            self.active_behavior_index = None

    def update(self, behavior, index):
        old_behavior = self.behaviors[index]
        self.behaviors[index] = behavior
        if self.active_behavior_index == index: # 如果新行為覆寫的話，停止
                                                 # 舊行為
            old_behavior.suppress()

    def step(self):
        behavior = self.find_next_active_behavior()
        if behavior is not None:
            self.behaviors[behavior].action()
            return True
        return False

    def find_next_active_behavior(self):
        for priority, behavior in enumerate(self.behaviors):
            active = behavior.takeControl()
            if active == True:
                activeIndex = priority
        print 'index = ', activeIndex
        time.sleep(2)
        return activeIndex

    def find_and_set_new_active_behavior(self):
        new_behavior_priority = self.find_next_active_behavior()
        if self.active_behavior_index is None or self.active_behavior_index
        > new_behavior_priority:
            if self.active_behavior_index is not None:
                self.behaviors[self.active_behavior_index].suppress()
            self.active_behavior_index = new_behavior_priority
            print 'priority = ', self.active_behavior_index

    def start(self):  # 執行 action 方法
        self.running = True
        self.find_and_set_new_active_behavior()  # 找到合適者就強制執行
        thread = threading.Thread(name="Continuous behavior checker",
                                  target=self.continuously_find_new_
                                  active_behavior, args=())
        thread.daemon = True
```

```
            thread.start()
            while self.running:
                if self.active_behavior_index is not None:
                    running_behavior = self.active_behavior_index
                    self.behaviors[running_behavior].action()

                    if running_behavior == self.active_behavior_index:
                        self.active_behavior_index = None
                        self.find_and_set_new_active_behavior()
                self.running = False

    def stop(self):
        self._running = False
        self.behaviors[self.active_behavior_index].suppress()

    def continuously_find_new_active_behavior(self):
        while self.running:
            self.find_and_set_new_active_behavior()

    def __str__(self):
        return str(self.behaviors)

class NormalBehavior(Behavior):

    def takeControl(self):
        return True

    def action(self):
        # 前進
        pwmL.ChangeDutyCycle(3.6)
        pwmR.ChangeDutyCycle(2.2)

    def suppress(self):
        # 全部停止
        pwmL.ChangeDutyCycle(2.6)
        pwmR.ChangeDutyCycle(2.6)

class AvoidObstacle(Behavior):

    def takeControl(self):
        #self.distance1 = distance1
        #self.distance2 = distance2
        if self.distance1 <= 25.4 or self.distance2 <= 25.4:
            return True
```

```python
        else:
            return False

    def action(self):
        # 後退
        pwmL.ChangeDutyCycle(2.2)
        pwmR.ChangeDutyCycle(3.6)
        time.sleep(1.5)
        # 右轉
        pwmL.ChangeDutyCycle(3.6)
        pwmR.ChangeDutyCycle(2.6)
        time.sleep(0.3)
        # 停止
        pwmL.ChangeDutyCycle(2.6)
        pwmR.ChangeDutyCycle(2.6)

    def suppress(self):
        # 全部停止
        pwmL.ChangeDutyCycle(2.6)
        pwmR.ChangeDutyCycle(2.6)

    def setDistances(self, dest1, dest2):
        self.distance1 = dest1
        self.distance2 = dest2

class StopRobot(Behavior):
    global voltage
    critical_voltage = 6

    def takeControl(self):
        if voltage < critical_voltage:
            return True
        else:
            return False

    def action(self):
        # 前進
        pwmL.ChangeDutyCycle(3.6)
        pwmR.ChangeDutyCycle(2.2)

    def suppress(self):
        # 全部停止
        pwmL.ChangeDutyCycle(2.6)
        pwmR.ChangeDutyCycle(2.6)
```

```python
# 測試類別
class testBBR():
    def __init__(self):

        # 實例化各個物件
        self.nb = NormalBehavior()
        self.oa = AvoidObstacle()
        self.control = Controller()

        # 根據優先權來設定行為陣列；最後加入者優先權最高
        self.control.add(self.nb)
        self.control.add(self.oa)

        # 初始化距離
        distance1 = 50
        distance2 = 50
        self.oa.setDistances(distance1, distance2)

        # 觸發行為
        self.control.start()

        threshold = 25.4 # 10 英吋

        # 採用 BCM 腳位編號
        GPIO.setmode(GPIO.BCM)

        # 超音波感測器腳位
        self.TRIG1 = 23 # 輸出
        self.ECHO1 = 24 # 輸入
        self.TRIG2 = 25 # 輸出
        self.ECHO2 = 27 # 輸入

        # 設定輸出腳位
        GPIO.setup(self.TRIG1, GPIO.OUT)
        GPIO.setup(self.TRIG2, GPIO.OUT)

        # 設定輸入腳位
        GPIO.setup(self.ECHO1, GPIO.IN)
        GPIO.setup(self.ECHO2, GPIO.IN)

        # 初始化感測器
        GPIO.output(self.TRIG1, GPIO.LOW)
        GPIO.output(self.TRIG2, GPIO.LOW)
```

```
        time.sleep(1)

        # 硬體 SPI 設定
        SPI_PORT   =  0
        SPI_DEVICE = 0
        self.mcp = Adafruit_MCP3008.MCP3008(spi=SPI.SpiDev(SPI_PORT, SPI_
        DEVICE))

    def run(self):
        # 無窮迴圈
        while True:
            # 感測器 1 讀數
            GPIO.output(self.TRIG1, GPIO.HIGH)
            time.sleep(0.000010)
            GPIO.output(self.TRIG1, GPIO.LOW)

            # 偵測回聲脈衝的時間長度
            while GPIO.input(self.ECHO1) == 0:
                pulse_start = time.time()

            while GPIO.input(self.ECHO1) == 1:
                pulse_end = time.time()

            pulse_duration = pulse_end - pulse_start

            # 計算距離
            distance1 = pulse_duration * 17150

            # 距離值取到小數點兩位
            distance1 = round(distance1, 2)

            time.sleep(0.1) # 確保感測器 1 在這段時間內不作用

            # 感測器 2 讀數
            GPIO.output(self.TRIG2, GPIO.HIGH)
            time.sleep(0.000010)
            GPIO.output(self.TRIG2, GPIO.LOW)

            #偵測回聲脈衝的時間長度
            while GPIO.input(self.ECHO2) == 0:
                pulse_start = time.time()

            while GPIO.input(self.ECHO2) == 1:
                pulse_end = time.time()
```

```
        pulse_duration = pulse_end - pulse_start

        # 計算距離
        distance2 = pulse_duration * 17150

        # 距離值取到小數點兩位
        distance2 = round(distance2, 2)

        time.sleep(0.1) # 確保感測器 2 在這段時間內不作用

        self.oa.setDistances(distance1, distance2)

        count0 = self.mcp.read_adc(0)
        # 約略設定 1023 = 7.5V
        voltage = count0 / 100

        self.control.find_and_set_new_active_behavior()

        print 'distance1 = ', distance1
        print
        print 'distance2 = ', distance2
        print
        print 'voltage = ', voltage
        print
        time.sleep(5)

# 建立一個 testBBR 實例
bbr = testBBR()

# 執行
bbr.run()
```

現在是個好機會來說明其實很容易就能加入其他的行為。

加入其他行為

這個新類別封裝了一個以電池電壓來判斷的停止行為。你一定會希望機器人
能在電池電壓低於一定程度時自己停下來，但這需要自己弄一個電池監控電
路才行，如圖 11-17。

Battery supply (7.5V max)

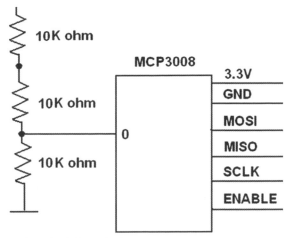

圖 11-17　電池電力監控示意圖

本電路採用先前章節已使用過的 MCP3008 ADC 晶片。由於它採用 SPI 通訊介面，請回顧一下它的安裝與設定說明，也會用到一個特殊的 Python 介面函式庫。

新的行為子類別叫做 StopRobot，它實作了所有的三項 Behavior 包容式方法，另外還設定了即時的電壓準位。以下是本類別的程式碼：

```
class StopRobot(Behavior):

    critical_voltage = 6.0 # 修改本數值來配合機器人實際狀況

    def takeControl(self):
        if self.voltage < critical_voltage:
            return True
        else:
            return False

    def action(self):
        # 全部停止
        pwmL.ChangeDutyCycle(2.6)
        pwmR.ChangeDutyCycle(2.6)

    def suppress(self):
        # 全部停止
```

```
        pwmL.ChangeDutyCycle(2.6)
        pwmR.ChangeDutyCycle(2.6)

    def setVoltage(self, volts):
        self.voltage = volts
```

testBBR 類別同樣需要修改一下才能接受這個額外的行為。以下是要加入
testBBR 類別中的兩個語法。請注意，StopRobot 這個行為是最後才加入的，
所以它的優先權是最高的一設計上就是這樣子。

self.sr = StopRobot() （請將這句加入已建立之行為子類別的清單最末處）

self.sr.setVoltage(voltage) （請將這句加入電壓量測語法之後）

測試執行

我們透過 SSH 連線來執行，好讓機器小車能完全自主執行，且不再需要接上
麻煩的傳輸線了。請用以下指令來執行本腳本：

python subsumption.py

機器人會馬上直線前進，直到碰到障礙物為止，就是一個紙箱。當機器人離紙
箱差不多 10 英吋時，它很快會停下來、右轉並繼續直線前進。對本範例的目
的來說，做到這樣就夠了；不過之後很可能會加入更多需求，所以機器人的行
為還是會不斷微調。

想要深入研究 BBR 的讀者，請參考以下網站與線上教學：

- https://sccn.ucsd.edu/wiki/MoBILAB

- http://www.sci.brooklyn.cuny.edu/~sklar/teaching/boston-college/
  s01/mc375/iecon98.pdf

- http://robotics.usc.edu/publications/media/uploads/pubs/60.pdf

- http://www.ohio.edu/people/starzykj/network/Class/ee690/EE690
  Design of EmbodiedIntelligence/Reading Assignments/robot-
  emotion-Breazeal-Brooks-03.pdf

總結

本章主題為行為導向機器人學（Behavior-based robotics, BBR）。BBR 是以動物與昆蟲的行為模式，尤其是關於有機生命體如何對於所在環境中的感官刺激做出回應。

有一段在討論人腦是如何展示出多層的行為功能，囊括了基礎的生存行為到複雜的推論行為。接著介紹了何謂包容式架構；它的建模方式與人腦的多層行為模型非常相似。

再來就深入討論了從簡易到複雜的行為模型。本章的機器小車範例則採用有限狀態模型（FSM）。

我接著示範一個開放原始碼的圖形化機器人模擬系統，叫做 breve。我們建立並執行了一個簡易的模擬 Braitenberg 小車，並進一步示範刺激 / 回應行為模式的運作原理。

本章最後的範例用到了 Alfie 機器小車，使用包容式架構模型並透過 Python 腳本來控制。本腳本包含了三種行為，各自有不同的優先權等級。我說明了以包容式架構為基礎的行為是如何根據所遇到的環境狀況來控制機器人的。

Alfie 機器小車組裝手冊

機器小車是由 Parallax 公司（www.parallax.com）所販賣的套件組裝而成，如圖 A-1。

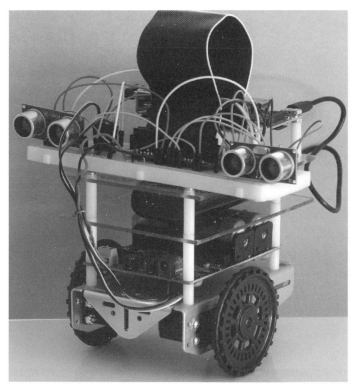

圖 A-1 機器小車完成圖

小車後視圖如圖 A-2。

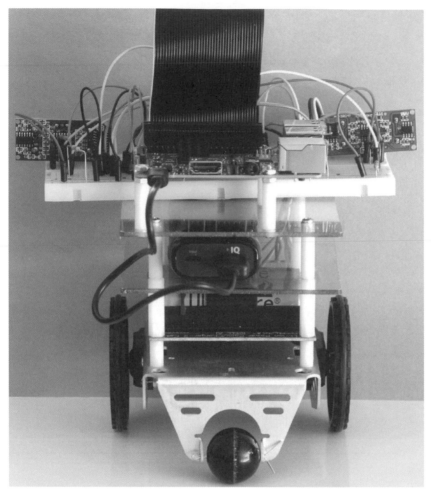

圖 A-2　機器小車完成品後視圖

Parallax 將這套機器人模型命名為 Boe-Bot，就是教育性機器人開發板（*board of education robot*）的簡寫。該公司有販售多種版本的 Boe-Bot，各自使用不同的微控制器。我購買的套件控制器為該公司自行生產的 Propeller Activity 開發板。不過，還有另一款不包含微控制器的零件包（型號 28124），讓你可以組裝出一個機器小車平台，之後再加裝 Raspberry Pi 即可。

這台小車是由兩顆裝在機器人底部的連續轉動型（continuous rotation, CR）
伺服馬達所帶動，如圖 A-3。

圖 A-3 機器小車底部視圖

組裝機器小車平台可說是又快又簡單。如果想要先看看平台套件中有哪些東
西的話，請到 Parallax 網站下載組裝手冊。

機器小車的電源供應模組

驅動機器小車的這兩顆 CR 伺服機所需的電壓與電流比用來驅動 Raspberry Pi 的來得高。幸好，Parallax 有一個相當不錯的電源供應模組，可以驅動這兩顆伺服機。再者，它的外型與機器小車的車體搭配得相當好。圖 A-4 是裝在機器小車本體上的鋰電池電源供應模組。

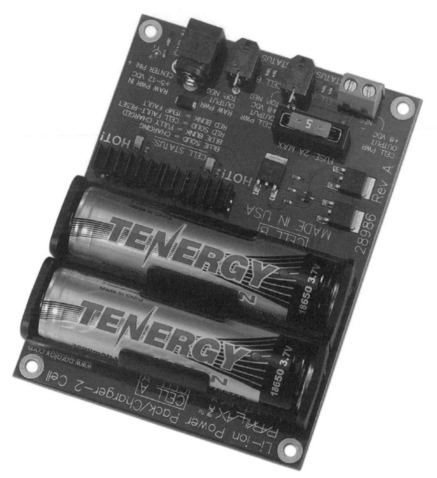

圖 A-4 裝在機器小車本體上的鋰電池電源供應模組

這個雙鋰電池電源模組於 Parallax 公司的產品編號為 28989。它內建有一組可對兩個鋰離子電池的充電系統。充飽電之後，每顆電池可以提供 3.7V 的直流電壓與 1A 的電流。兩個電池串聯之後可對 CR 伺服機以 7.4V 直流電壓來供電，這足以在必要時讓伺服機得以全力運作。

CR 伺服機的驅動 PWM 技術

機器小車所採用的馬達為連續型轉動（CR）伺服機，也就是說必須以正確的脈衝頻寬調變（Pulse Width Modulation, PWM）訊號才能驅動它們。對於機器小車的 CR 伺服機來說，PWM 脈衝的時間長度範圍是在 1.0 到 2.0 毫秒（ms）之間。發送 1.5 ms 的脈衝訊號會讓 CR 伺服機維持不動。Python 的 ChangeDutyCycle(arg) 可用於設定伺服機的轉速。根據實際測試，arg 數值與動作對應如下：

- 2.6：不轉動
- 3.6：逆時針全速轉動
- 2.2：順時針全速轉動

本書中各個用來控制機器小車的 Python 腳本中都會看到這些數值。

我使用的是 Raspberry Pi model 3，它有兩個獨立的 PWM 腳位，適合用於直接控制本專題中的 CR 伺服機。如果你是用較舊的 Raspberry Pi model 2 B 或 B+，這些板子上只有一個 PWM 通道而已。你需要一個外部的多工板才能控制 CR 伺服機。我推薦你看一下 Adafruit 公司的教學文章[1]，文章以相當不錯的手法介紹了如何安裝與設定該公司的 16 通道多工伺服機驅動板。在其他專題中，我根據教學文章來設定這款擴充板，輕鬆搞定。

安裝板

機器小車包含了兩片安裝板，分別是用於固定鋰電池供電模組與 Raspberry Pi。圖 A-5 是機器小車的側視圖，所有的板子、電池模組、Raspberry Pi 與免焊麵包板都裝好了。

1　https://learn.adafruit.com/adafruit-16-channel-servo-driver-withraspberry-pi/overview

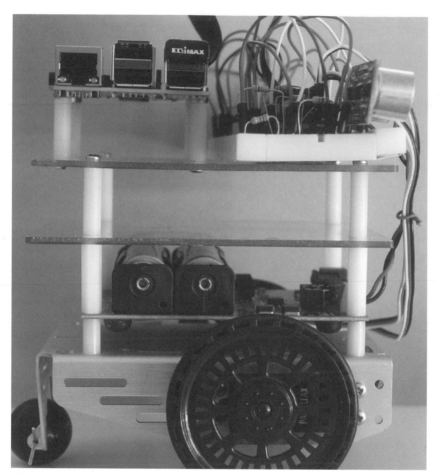

圖 A-5 機器小車側視圖

我選用四片 1/2 英吋的無螺孔尼龍墊片以及四根 7/8 英吋的 4-40 機械螺絲來把鋰電池模組安裝在小車車體上。4-40 機械螺絲可用本身的 4-40 螺紋來攻進 1 英吋尼龍墊片的 4-40 螺絲孔中。電池模組安裝板是位於 1/2 英吋尼龍墊片的上方與 1 英吋有螺絲孔的尼龍墊片的下方。圖 A-6 是電池整流器供電模組之安裝板詳細圖面。

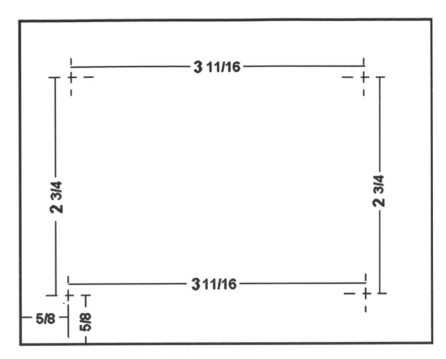

材料：1/8 英吋 Lexan 底板
所有尺寸單位：英吋
所有孔位：直徑 1/8 英吋

圖 A-6 電池模組安裝板的組裝圖

另一片安裝板則用於固定 Raspberry Pi 與免焊麵包板。圖 A-7 是本安裝板的組裝圖。

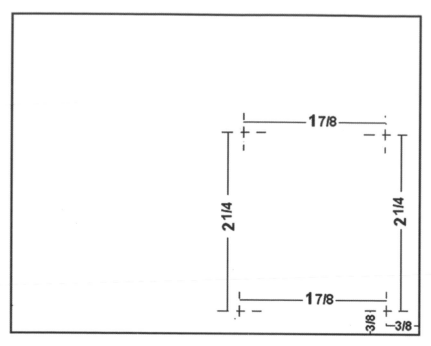

材料：1/8 英吋 Lexan 底板

所有尺寸單位：英吋

所有孔位：做法同圖 A-6，並包含安裝 Raspberry Pi 的孔位

圖 A-7 *Raspberry Pi* 安裝板

這片板子使用四片 1 英吋的有螺絲孔尼龍墊片與四根 1/2 英吋的 4-40 機械螺絲來與電池模組安裝板組在一起。

最後，請用 7/8 英吋的無螺孔尼龍墊片搭配 1-1/4 英吋的 4-40 機械螺絲與螺帽來把 Raspberry Pi 裝在另一片安裝板上。

我把兩個超音波感測器與 MCP3008 ADC 晶片都插上麵包板了。圖 A-8 是把所有元件插上免焊麵包板的特寫。

圖 A-8 所有元件插上免焊麵包板

免焊麵包板使用雙面膠固定在安裝板上,這樣做很方便拆裝。我強烈建議你不要用黏膠來固定免焊麵包板,因為一旦把麵包板黏上塑膠安裝板之後可說是再也拿不下來。

機器小車的機械相關的組裝就到這裡了。接著我要說明用於驅動小車與感測器的電子元件與接線。

電路與接線說明

小車的電路接線相當簡單,圖 A-9 的示意圖中有伺服機驅動與超音波感測器的接線說明。

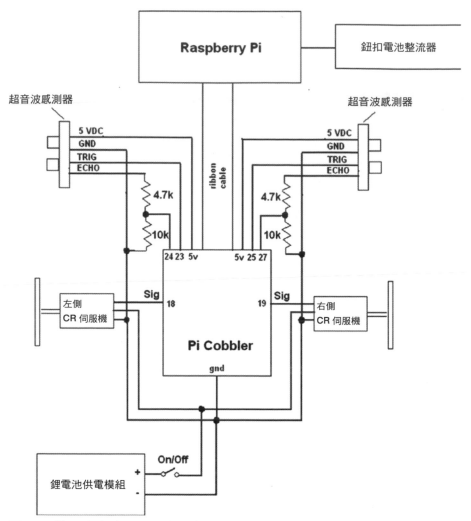

圖 A-9 機器小車的電子電路示意圖

兩顆 CR 伺服機的主要電力是來自鋰電池電源供應模組,可供應 7.4 VDC,當充飽電時的電量大概是 2600 mAh。這樣應足以讓 CR 伺服機運作 6 小時以上才需要再次充電。

Raspberry Pi 則是由鈕扣電池整流器模組來供電。Raspberry Pi model 3 平均消耗電流為 120 ma,代表容量為 2100 mAh 的電池 整流器模組可對 Raspberry Pi 供電超過 15 小時才需要再次充電。

超音波感測器

我在 Amazon.com 購買了一些平價的 HC-SR04 超音波感測器。圖 A-10 是這款感測器的正反面特寫。

圖 A-10 *HC-SR*04 超音波感測器

超音波感測器本體中有一個嵌入式的微處理器,它用來控制超音波的發射 / 接收轉換器,藉由對物體發送不連續的超音波脈衝並計算音波從感測器的發射器發出之後再次回到感測器的接受器經過了多少時間,藉此完成物理性測距。由於音波的速度差不多就是每秒 1130 英尺,所以很容易由此算出距離遠近。這種運作方式與蝙蝠在洞穴與閣樓中導航的方式很相似。圖 A-11 是感測器與所有主要元件的功能方塊圖。

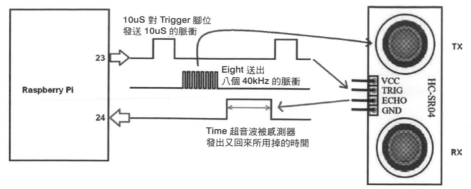

圖 A-11　超音波感測器功能方塊圖

距離與數位脈衝的長度成正比，這個脈衝可被任何有需要的處理器來取用（以本例來說就是 Raspberry Pi）。由超音波感測器所產生的數位脈衝，其量測時間的精度為 10μs，轉換後的最遠測量距離約為 100 英吋，誤差約為 1 英吋。當然，測量距離也會受到反射物體的大小與表面材質所影響。堅硬牆面的反射效果相當好，但如果是窗簾的話就會有點問題。

請注意超音波感測器的電源需要 5V 的直流電，因此超音波感測器所產生的數位輸出脈衝自然也是 5V 的直流電壓。這麼高的電位當然不相容於 Raspberry Pi 的最高 3.3 VDC GPIO 輸入電位。這就是我使用電阻來製作分壓電路的原因，如圖 A-9 所示。

超音波感測器與 Raspberry Pi 之間的數位通訊協定是開始於 Raspberry Pi（主端裝置）產生了一個 10μs 的觸發脈衝，進而造成超音波感測器發出一段 40-kHz 的超音波。這股聲波會在會在空氣中移動、撞到物體並回彈至超音波感測器。超音波感測器會在接收到主端裝置的觸發脈衝時同時發出一個數位脈衝。當偵測到回聲時，脈衝就會終止。因此，數位脈衝的寬度與物體距離成正比。

圖 A-9 中的電路示意圖說明了 Raspberry Pi 與超音波感測器的接線情形。除了 VCC 與接地這兩條線之外，每個超音波感測器還要多接兩條線到 Raspberry Pi：一條會把來自 Raspberry Pi 的觸發脈衝傳給超音波感測器 Ping，另一條則是把數位計時脈衝從感測器回傳給 Raspberry Pi。實際上的距離量測就是由 Raspberry Pi 的 Python 腳本來算出。

MCP3008 類比 - 數位轉換器（ADC）

Raspberry Pi 的主要缺點之一（至少用它來做實驗的人都這麼覺得），就是它不具備任何類比 - 數位轉換器。不同於多數常見的微控制器板，例如 Arduino Uno 或 Beaglebone Black，Raspberry Pi 從未有過這個東西。因此，要達到這個功能就需要外接一個晶片。有個普遍又便宜的方案就是 Microchip 公司的 MCP3008 這款八通道的 10 位元 ADC 晶片。圖 A-12 為本晶片的腳位配置。

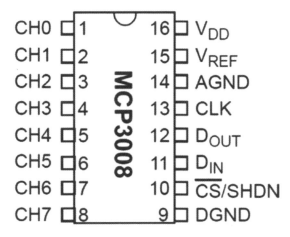

圖 A-12 *MCP*3008 晶片腳位說明

以下腳位是用於將類比電壓轉換為對應的數位數值：

- V_{DD} （電源）
- V_{REF} （類比電壓參照）
- DGND （數位接地）
- AGND （類比接地）
- DOUT （MCP3008 資料輸出）
- CLK （時脈腳位）
- DIN （接收來自 Raspberry Pi 的資料輸入腳位）
- /CS （晶片選擇）
- 類比輸入，通道 0 到 7

表 A-1 列出了本書多次使用的機器小車電路接線說明。

表 A-1 MCP3008 晶片與 *Pi Cobbler* 擴充板的接線說明

MCP 腳位	MCP 說明	Pi Cobbler 腳位	Pi Cobbler 說明
9	DGND	6	GND
10	$\overline{CS}$ /SHDN	24	CE0
11	DIN	19	MOSI
12	DOUT	21	MISO
13	CLK	23	SCLK
14	AGND	6	GND
15	V_{REF}	1	3.3V
16	V_{DD}	1	3.3V
1	類比通道 1	N/A	

軟體安裝

我使用 Adafruit 的 MCP3008 函式庫來讓 Raspberry Pi 得以控制 MCP3008 晶片。首先，請先確認 Raspberry Pi 的 Jessie 作業系統中是否已啟用 SPI 介面。如果尚未啟用的話，請用 raspi-config 系統工具來啟用 SPI。SPI 介面啟用之後，請輸入以下指令：

```
sudo apt-get update
sudo apt-get install build-essential python-dev python-smbus python-pip
sudo pip install adafruit-mcp3008
```

安裝好 Adafruit 函式庫之後，會在 Adafruit_Python_MCP3008 目錄下看到一個 examples 資料夾。請切換到 examples 目錄下並執行以下指令：

```
python simpletest.py
```

你應該會看到類似圖 A-13 的畫面。

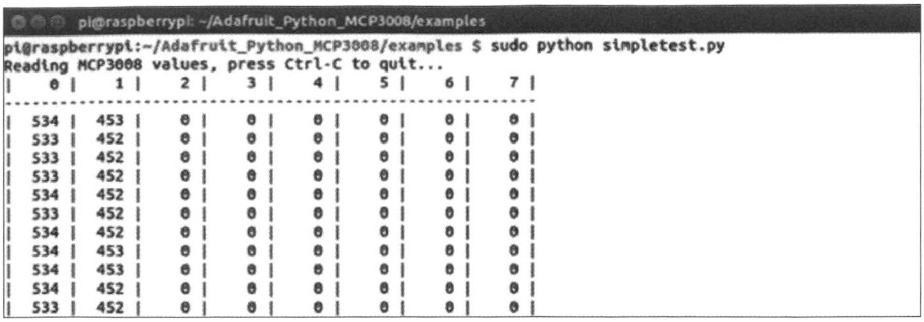

```
pi@raspberrypi: ~/Adafruit_Python_MCP3008/examples
pi@raspberrypi:~/Adafruit_Python_MCP3008/examples $ sudo python simpletest.py
Reading MCP3008 values, press Ctrl-C to quit...
|    0 |    1 |    2 |    3 |    4 |    5 |    6 |    7 |
---------------------------------------------------------
|  534 |  453 |    0 |    0 |    0 |    0 |    0 |    0 |
|  533 |  452 |    0 |    0 |    0 |    0 |    0 |    0 |
|  533 |  452 |    0 |    0 |    0 |    0 |    0 |    0 |
|  533 |  452 |    0 |    0 |    0 |    0 |    0 |    0 |
|  534 |  452 |    0 |    0 |    0 |    0 |    0 |    0 |
|  533 |  452 |    0 |    0 |    0 |    0 |    0 |    0 |
|  534 |  452 |    0 |    0 |    0 |    0 |    0 |    0 |
|  534 |  453 |    0 |    0 |    0 |    0 |    0 |    0 |
|  534 |  453 |    0 |    0 |    0 |    0 |    0 |    0 |
|  534 |  452 |    0 |    0 |    0 |    0 |    0 |    0 |
|  533 |  452 |    0 |    0 |    0 |    0 |    0 |    0 |
```

圖 A-13 *simpletest.py* 執行畫面

最後的一點想法

我相信在此提供的資訊應足以讓你完成本書機器小車專題的組裝與設定，你可以自行嘗試不同的做法，當然也可以修改與調整這份組裝說明書來處理你所遇到的狀況。這就是身為自造者的樂趣所在。

Raspberry Pi x Python x Prolog｜虛實整合的 AI 人工智慧專案開發實戰

作　　者：Donald J. Norris
譯　　者：CAVEDU 教育團隊　曾吉弘
企劃編輯：莊吳行世
文字編輯：江雅鈴
設計裝幀：張寶莉
發 行 人：廖文良

發 行 所：碁峰資訊股份有限公司
地　　址：台北市南港區三重路 66 號 7 樓之 6
電　　話：(02)2788-2408
傳　　真：(02)8192-4433
網　　站：www.gotop.com.tw
書　　號：ACH022000
版　　次：2018 年 10 月初版
建議售價：NT$580

國家圖書館出版品預行編目資料

Raspberry Pi x Python x Prolog：虛實整合的 AI 人工智慧專案開發實戰 / Donald J. Norris 原著；曾吉弘譯. -- 初版. -- 臺北市：碁峰資訊, 2018.10
　　面；　公分
譯自：Beginning Artificial Intelligence with the Raspberry Pi
ISBN 978-986-476-938-4(平裝)
1.人工智慧　2.電腦程式設計
312.83　　　　　　　　　　　　　　　　　107016830

讀者服務

● 感謝您購買碁峰圖書，如果您對本書的內容或表達上有不清楚的地方或其他建議，請至碁峰網站：「聯絡我們」\「圖書問題」留下您所購買之書籍及問題。（請註明購買書籍之書號及書名，以及問題頁數，以便能儘快為您處理）
http://www.gotop.com.tw

● 售後服務僅限書籍本身內容，若是軟、硬體問題，請您直接與軟體廠商聯絡。

● 若於購買書籍後發現有破損、缺頁、裝訂錯誤之問題，請直接將書寄回更換，並註明您的姓名、連絡電話及地址，將有專人與您連絡補寄商品。

● 歡迎至碁峰購物網
http://shopping.gotop.com.tw
選購所需產品。